高等学校"十二五"规划教材

新编计算机导论

张丽娜　周　苏　王　文　金海溶　等编著

U0390504

中国铁道出版社
CHINA RAILWAY PUBLISHING HOUSE

内容简介

本书是全新设计编写的学科综述性导引课程教材,全书针对计算机及相关专业学生的发展需求,结合一系列知识的学习和实验,把计算机学科的概念、理论和技术知识融入实践当中,使学生保持浓厚的学习热情,以加深对专业知识的认识、理解和掌握。

本书内容包含了计算机学科的各个方面,涉及计算机与数据,硬件基础与体系结构,软件基础,操作系统和文件管理,数据组织与数据存储,文字处理、电子表格和演示文稿,多媒体与数字艺术,局域网和无线局域网,因特网与 Web 技术,云计算与物联网,算法与程序设计,数据库、数据仓库与数据挖掘,软件工程与开发方法,信息安全与风险责任,职业、职业素质与法律等。

本书以实验和引导学生自主学习的方式,介绍了 Word、Excel、PowerPoint、Access、Visio 和 Project 等常用软件,理论联系实际,教学与实验内容丰富、生动。

本书适合作为高等学校计算机及相关专业"计算机导论"课程的教材。

图书在版编目(CIP)数据

新编计算机导论 / 张丽娜,等编著. —北京 : 中国
铁道出版社,2012.5(2018.8 重印)
高等学校"十二五"规划教材
ISBN 978-7-113-14523-1

Ⅰ. ①新… Ⅱ. ①张… Ⅲ. ①电子计算机－高等学校
－教材 Ⅳ. ①TP3

中国版本图书馆 CIP 数据核字(2012)第 066835 号

书　　名:新编计算机导论
作　　者:张丽娜　周　苏　王　文　金海溶　等编著

策　　划:秦绪好　王春霞　　　　　　读者热线:(010)63550836
责任编辑:秦绪好　徐盼欣
封面设计:刘　颖
封面制作:白　雪
责任印制:郭向伟

出版发行:中国铁道出版社(100054,北京市西城区右安门西街 8 号)
网　　址:http:// www.tdpress.com/51eds
印　　刷:北京虎彩文化传播有限公司
版　　次:2012 年 5 月第 1 版　　2018 年 8 月第 2 次印刷
开　　本:787mm×1092mm　1/16　印张:19　　字数:465 千
印　　数:3 001～4 000 册
书　　号:ISBN 978-7-113-14523-1
定　　价:36.00 元

前　言

在学科综述性导引课程的构建问题上，人们容易将"计算机文化"与"计算机导论"混为一谈。其实，这是两门性质不同的课程。"计算机文化"（或"大学计算机基础"等）要解决的是人们对计算机功能的工具性认识，其目的在于培养学生操作计算机的初步能力，所以常着眼于应用操作的具体细节；而"计算机导论"除了培养学生操作计算机的能力之外，关键是要解决计算机及相关专业学生对本专业以及对计算本质的认识问题。IT 专业的学生不能局限于仅仅把"计算"看成一种工具，而更应该理解和掌握计算学科的基本原理、根本问题，以及解决问题的思维模式。换句话说，在不降低操作技能要求的同时，应该着眼于专业知识面的开拓，这才叫"宽基础、高素质"。

另一方面，高等教育的大众化对强调应用型、教学型的相关专业课程的教学提出了更高的要求，新的高等教育形势需要我们积极进行教学改革，研究和探索新的教学方法。在长期的教学实践中，我们体会到，"因材施教"是教育教学的重要原则之一，把实验实践环节与理论教学相结合，以实验实践教学促进学科理论知识的学习，是有效改善教学效果和提高教学水平的重要方法之一。

本书是全新设计编写的学科综述性导引课程教材，主要基于以下几个目的：

1）引导学生重视对本专业以及对计算本质的认识，理解和掌握计算学科的基本原理、根本问题，以及解决问题的新的思维模式，着眼于专业知识面的开拓，打好"宽基础、高素质"的坚实基础。

2）通过主要基于因特网的实验活动，培养学生借助于网络环境进行自主学习的能力。

3）通过主要针对 Word、Excel、PowerPoint、Project、Visio 和 Access 等常用软件的实验活动，培养学生的动手能力。

4）通过对教材和专业文章的阅读，培养学生探究性学习、理性思考和创新思维的能力。

本书适合作为高等学校计算机及相关专业"计算机导论"（"计算机概论"）课程的具有较强实践性的教材。本书针对 IT 专业学生的发展需求，通过一系列计算机学科知识的学习和实验，把计算机学科的概念、理论和技术知识融入实践当中，从而使学生保持浓厚的学习热情，加深对专业知识的认识、理解和掌握。课程和实验内容包含了计算机学科的各个方面。

本书以以往教材建设为基础（一部分是在原书基础上修改），在教材总篇幅保持基本不变的情况下，对内容作了积极的补充和调整。

1）根据计算机网络技术和因特网应用的迅速发展，对网络及其应用部分进行了扩充，原有的"计算机网络与因特网"一章扩展成"局域网和无线局域网"、"因特网与 Web 技术"以及"云计算与物联网"三章。

2）原有的"计算机软件及信息标准化"一章扩展成"软件基础"、"操作系统和文件管理"两章，并增加了"手持设备操作系统"等内容。

3）涉及全书实践环节的软件环境进行了升级，但由于微软产品各个版本之间的兼容性，相关实验也可以在 Windows XP + Office 2003 软件环境下进行。这样，既保证了教学内容的先进性，也兼顾了实验环境的实际情况。同理，全书的其余各部分都做了有益的扩充与调整。

4）"计算作为一门学科"这部分内容理论性较强，相对起点较高，学生刚开始接触专业时在学习和理解上存在着一定的困难。但是，站在计算机和 IT 专业的角度来思考，对帮助学生对本学科发展的认识、对专业课程的学习和理解等都具有非常重要的意义，应该得到足够重视。在教材的发展中，我们考虑把这部分内容作为附录（限于教材篇幅，以电子稿形式提供给任课教师），在实际教学中由任课教师来决定是作为第 0 章开展教学，还是作为最后一章来深化对学科知识的理解，当然也可以作为自学、阅读内容来处理。此外，也将部分习题参考答案以电子稿的形式提供给任课教师。

本书由张丽娜、周苏、王文、金海溶等编著，张高燕、俞雪永、陈园园、魏金岭、张琦、王云武、左伍衡、何洁、顾小花等参加了本书的部分编写工作。本书的编写得到了浙江大学城市学院、浙江工业大学之江学院、浙江商业职业技术学院、温州大学城市学院等院校领导和师生的大力支持，在此一并表示感谢！欢迎教师索取为本书教学配套的 PPT 和相关资料并与我们进行交流。邮箱为：zhousu@qq.com，QQ：81505050，个人博客 http://blog.sina.com.cn/zhousu58；也可从中国铁道出版社教材服务网（www.51eds.com）下载本书的电子教案 PPT。

周　苏

2012 年初夏于西子湖畔

读者指南

本书是一本计算机及相关专业的入门级基础教材，内容涉及计算机学科的各个方面，其设计意图在于勾画出计算机科学体系的框架，为有志于 IT 行业的学生奠定计算机学科知识的基础，架设一座深入学习专业理论的桥梁。

读者对象

本书是全新设计编写的计算机学科综述性导引课程教材，适合作为大学计算机及相关专业"计算机导论"（"计算机概论"）课程的具有较强实践性的教材。本书叙述流畅，内容全面，也是学习计算机基础知识的良好自学读物。相信本书将有助于"计算机导论"课程的教与学，有助于读者对理解、掌握和应用本课程的内容建立起足够的信心和兴趣。

课程内容

本书针对计算机及相关专业学生的发展需求，通过一系列计算机学科知识与应用的学习和实验，把计算机学科的概念、理论和技术知识融入实践当中，从而使学生保持浓厚的学习热情，加深对专业知识的认识、理解和掌握。全书共分 16 章和 1 个附录，内容涵盖了计算机学科的各个方面（见图 1），包括计算机与数据，硬件基础与体系结构，软件基础，操作系统和文件管理，数据组织与数据存储，文字处理、电子表格和演示文稿，多媒体与数字艺术，局域网和无线局域网，因特网与 Web 技术，云计算与物联网，算法和程序设计，数据库、数据仓库与数据挖掘，软件工程与开发方法，信息安全与风险责任，职业、职业素质与法律等，附录 A "计算作为一门学科"（限于教材篇幅，以电子稿形式提供给任课教师）则系统地介绍了计算学科体系的知识。本书还以实验和引导学生自主学习的方式，介绍了 Word、Excel、PowerPoint、Access、Visio 和 Project 等常用软件，理论联系实际，教学与实验内容丰富、生动。

本书特点

重概念宽基础

本书始终强调概念要比其他更重要。限于篇幅，本书没有展开深入讨论计算机学科的各个主题，但试图覆盖计算机学科的更多相关主题。经验表明，学生掌握了数据的表示和处理，就能够更好地进行程序设计，而掌握了有关计算机学科的一般知识，则可以更容易地学好本专业的各门课程。因此，本书是对计算机学科的一个鸟瞰式的纵览。

阅读与思考

广泛阅读专业文章，了解和学习前人的卓越成就，将有助于培养学生的专业精神，提高学生的专业意识。本书中，各章都精选了一些阅读材料，以有益于培养学生探究性学习与表达、理性思考和创新思维的能力。

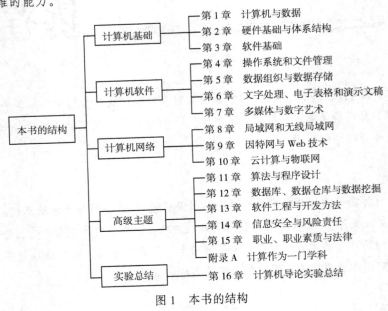

图 1　本书的结构

习题与实验

　　高等教育的大众化对强调应用型、教学型的相关专业课程的教学提出了更高要求，新的高等教育形势需要我们积极进行教学改革，研究和探索新的教学方法。在长期的教学实践中，我们体会到，"因材施教"是教育教学的重要原则之一，把实验实践环节与理论教学相融合，以实验实践教学促进学科理论知识的学习，是有效改进教学效果和提高教学水平的重要方法之一。

　　本书根据各章内容，精心选编了大量的习题，学生可以通过完成这些题目，检查自己是否理解了课程的内容。部分习题参考答案以电子稿形式提供给任课教师。

　　为方便教师对教学的组织，本书在实验内容的选择、实验步骤的设计和实验文档的组织等诸方面都作了精心的考虑和安排。教师和学生都可以通过本书的实验练习来研究概念的实现。

实验要求

　　本书实验内容的设计十分丰富，部分实验在有限的上机实验时间中不一定能完成。根据不同的教学安排和要求，教师可以根据实际情况、条件以及需要，从中选取部分实验必须完成，部分实验由学生作为作业选择完成。以自主学习为特征的课程实验有助于"让学生课余时间忙起来"，促进学生学习能力、动手能力的提高，甚至也有助于学风的改善。

致教师

　　计算机科学与工程知识本身就具有鲜明的应用性，我们应该充分重视本课程的实验环节，以实验与实践教学来促进理论知识的学习。

　　本书的全部实验都经过了严格的教学实践的检验，取得了良好的教学效果。根据经验，实验活动的开展在学生中普遍存在两个方面的问题：

1）常常会忽视对教学内容的阅读和理解，而急功近利，只求完成实验步骤。

2）在实验步骤完成之后，没有投入时间对实验内容进行消化，从而不能很好地进行相关的实验总结。

因此，为了保证实验的质量，建议教师重视对教学实践环节的组织。例如：

1）在实验之前要求学生对教学和实验内容进行预习。指导老师在实验开始时应该对学生的预习情况进行检查，并计入实验成绩。

2）明确要求学生重视对实验内容的理解和体会，认真完成"实验总结"等环节，并把这些内容作为实验成绩的主要评价成分，以激励学生对所学知识进行积极和深度的思考。

3）每个实验均留有"教师评价"部分，第16章还设计了"课程学习能力测评"等内容。希望以此方便师生交流对学科知识、实验内容的理解与体会，以及对学生学习情况进行必要的评估。

如果需要，教师还可以在现有实验的基础上，在应用实践方面做出一些要求、指导和布置，以进一步发挥学生的潜能，并激发学生学习的主动性和积极性。

本书附录 A "计算作为一门学科"（电子稿）的学习内容一直以来都被忽视了。事实上，从计算机和 IT 专业的角度来思考，这是我国教育部计算机教育指导委员会相关蓝皮书的主要内容，对帮助学生对本学科发展的认识、对专业课程的学习和理解等都具有非常重要的意义，应该得到足够重视。但如果受限于学时数，在实际教学中也可以作为自学、阅读内容来处理。

关于实验的评分标准

合适的评分标准有助于促进实验的有效完成。在实践中，我们摸索出了如下评分安排，即：对于每个实验以 5 分计算，其中，阅读教学和实验内容（要求学生用彩笔标注，留下阅读记号）占 1 分，完成全部实验步骤占 2 分（完成了但质量不高则只给 1 分），认真撰写"实验总结"占 2 分（写了但质量不高则只给 1 分）。以此强调对教学内容的阅读，并通过撰写"实验总结"来强化实验效果。

致学生

计算机科学与技术是一个充满了挑战和发展机遇的学科：计算机网络将地球上每一个角落的人们连接在一起，虚拟现实创造了炫目的三维图像，宇宙空间探险的成功也部分归功于计算机技术的发展，计算机建立的特技效果改变了电影工业，计算机在遗传学研究中也扮演了一个重要的角色……毫无疑问，这里充满着挑战和令人兴奋的职业机会，但也需要迎接挑战的足够信心和积极的努力。

计算机技术发展方兴未艾，其所具有的鲜明的应用性，需要我们在学习过程中重视实践，重视通过动手来牢固掌握相关的知识，也需要通过实践把认识上升到一定的理论高度。本书为读者提供了一个深入了解和研究计算机知识的新的学习方法，下面两点对于提高学生的学习和实验效果非常重要：

1）在开始每一个实验之前，请务必预习各章的教学内容，其中包含着本课程知识的主体，和实验内容有着密切的联系。

2）实验完成后，请认真撰写每个实验的"实验总结"和最后的"课程实验总结"，完成"课程学习能力测评"，把感受、认识、意见和建议等表达出来，这能起到"画龙点睛"的作用，也可就此和老师进行积极的交流，并对自己的学习情况进行必要的评估。

另一方面，可能仅靠本书所提供的实验还不够。如果需要，可以在这些实验的基础上，结合应用项目进一步实践，以发挥自己的潜能，激发自己学习的主动性与积极性。

关于网络环境下的自主学习

编者认为，大学课程的学习，一方面是老师尽心尽职地教，一方面是学生积极主动地学；一方面是课堂上老师的讲授引导，一方面是学生课余的自主探索。哪个方面都很重要。我们有幸生活在网络时代，依托因特网环境，培养自主学习能力，是时代的恩惠，也是时代的象征。本书或者本课程所展示的，都会因你的勤奋努力而得到发展，不可限量。

实验设备

个人计算机在学生尤其是计算机相关专业学生中的普及，使得我们有机会把实验任务分别利用课内和课外时间来完成，以获得更多的锻炼。

实验设备与环境

大多数实验和知识探索都基于 Windows 和因特网环境，因此，用来开展本课程实验的计算机，应该具有良好的上网条件。

在利用个人计算机完成实验时，要重视理解操作系统所显示的提示甚至警告信息，注意保护自己数据和计算环境的安全，做好必要的数据备份工作，以免产生不必要的损失。

没有设备时使用本书的方法

如果读者由于某些客观原因无法获得必要的实验设备，也不用失望，我们相信你仍能从本书中受益。全书以循序渐进的方式进行介绍，读者通过认真阅读和仔细分析实验的操作步骤，在一定程度上定能有所收获。

Web 资源

几乎所有软件工具的生产厂商都对其产品的用户提供了足够的因特网支持，用户可利用这些支持网络来修改错误、升级系统并获得更新，获得更为详尽和丰富的技术资料。

由于网络资料的日新月异，我们不便在本书中一一罗列，有要求的读者可以利用 Google（谷歌）、百度等搜索引擎即时进行检索。

此外，还可以从中国铁道出版社教材服务网（www.51eds.com）或者联系编者（QQ：81505050），选择下载与本书内容相配套的教学课件，帮助教师做一点基础的备课准备，使学生在课堂上可以更好地集中注意力，也方便学生课前预习和课后复习。

目 录

第**1**章

计算机与数据

计算机曾被称为"智力工具",因为它可以完成通常是由脑力劳动来执行的任务。计算机擅长诸如快速计算、大量数据的处理,以及在大型信息库中搜索等工作。与人工相比,计算机完成这些工作要快得多,也准确得多。使用计算机是对人类智力的一大补充。

1.1　冯·诺依曼的定义

在 1940 年以前出版的字典中,Computer 被定义为"执行计算任务的人"。当时虽然一些机器也能执行计算任务,但它们称为计算器,而不叫计算机。1940 年,应第二次世界大战中军事需要而开发的第一台电子计算装置问世之后,人们才开始使用"计算机"这一术语。

英国的一台名叫"巨人"(Colossus)的计算机早在 1943 年就投入了运行,用于破译德国的密码,但由于英国政府在 1970 年之前一直对它保密,人们对其并不了解。因此,一般认为,美国宾夕法尼亚大学于 1946 年 2 月 14 日研制成功的 ENIAC(electronic numerical integrator and calculator,电子数字积分计算器)是世界上第一台多功能电子数字计算机(又称通用电子数字计算机),如图 1-1 所示。

图 1-1　世界上第一台多功能电子数字计算机 ENIAC

以 John W. Mauchly 和 J. Presper Eckert 为首的小组于 1943 年开始研发 ENIAC,它在当时来说是一台巨大的多用途电子计算机,主要用来为美国陆军计算弹道表,但是直到第二次世界大战结束后 3 个月，即 1945 年 11 月才完成。ENIAC 长 30.48 m，宽 1 m，占地面积约 170 m²，有 30 个操作台，重达 30 t，功率为 150 kW，造价 48 万美元。它包含了 17 468 个真空管、7 200 个晶体二极管、70 000 个电阻器、10 000 个电容器、1 500 个继电器，6 000 多个开关，每秒执行 5 000 次加法或 400 次乘法，是继电器计算机的 1 000 倍、手工计算的 20 万倍。需要手工连接电缆并设置了 6 000 个开关进行编程——这个过程一般需要两天的时间来完成。与此同时，同样类型的被称为 EDSAC 的计算机由英国剑桥大学的 Maurice Wilkes 制造产生。

ENIAC 于 1946 年 2 月 15 日被正式捐献给了宾夕法尼亚大学莫尔电机工程学院，之后立即投入到原子能和新型导弹弹道技术的计算中。ENIAC 此后进行过几次升级，一直使用到 1955 年。

1945 年，一组工程师开始为美国军方的一个秘密项目工作，他们要研制"电子离散变量自动计算机"（electronic discrete variable automatic computer，EDVAC）。当时，杰出的数学家约翰·冯·诺依曼以"关于 EDVAC 的报告草案"为题，起草了长达 101 页的总结报告，在报告中对 EDVAC 计划进行描述，广泛而具体地介绍了制造电子计算机和程序设计的新思想。这个报告被视为"计算机科学历史上最具影响力的论文"，是最早对计算机部件明确给出定义并描述了它们功能的文献之一，是计算机发展史上一个划时代的文献。第一台基于冯·诺依曼思想的计算机于 1950 年在美国宾夕法尼亚大学诞生，即 EDVAC（见图 1-2）。

图 1-2　EDVAC（电子离散变量自动计算机）

基于冯·诺依曼提出的概念，可以把计算机定义为一个能接收输入、处理数据、存储数据，并产生输出的设备，如图 1-3 所示。

1）接收输入。所谓"输入"是指送入计算机系统的任何数据，也指把数据送进计算机的过程。输入可能是由人、环境或其他计算机所提供的。计算机可以处理多种类型的输入，例如，文档里的单词和符号、用于计算的数字、图形、温度计的温度、传声器（俗称麦克风）的音频信号，以及完成某个处理过程的指令等。输入设备收集输入信息，并把它们转化为计算机可以处理的形式。通常把键盘作为主要的输入设备。

2）处理数据。数据泛指那些代表某些事实和思想的符号。计算机可以用很多方法操作数据，通常将这种操作称为"处理"。例如，计算机处理数据的方式包括执行计算，对词汇或数字的列表进行排序，按用户指令修改文档或图片，以及绘图。在计算机术语里，把处理定义为计算机操作数据时采取的一系列系统性活动。计算机在一个称为中央处理器（CPU）的设备中处理数据。

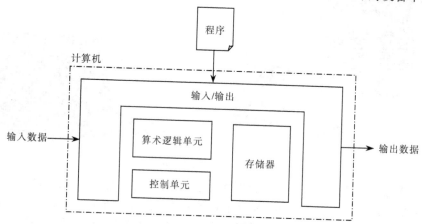

图 1-3 冯·诺依曼模型

3）存储数据。计算机必须能存储数据，以便处理数据。依照数据被使用的方式不同，计算机通常在不止一个地方存储数据。对于正等待被处理的数据，计算机把它们放到一个地方（内存）；当数据不需要立即处理时，计算机又把它们放到另一个长期保存数据的地方（外存）。

4）产生输出。"输出"是指计算机生成的结果，也指产生输出结果的过程。报表、文档、音乐、图形、图片都是计算机输出的形式。输出设备用来显示、打印或传输计算机的处理结果。

冯·诺依曼对计算机所做的定义仍然适用于今天的几乎所有计算机。

1.2 计算机系统基础

计算机系统一般包括硬件和软件。硬件是指计算机本身和被称为外围设备的部件，即操作数据的电子和机械设备。外围设备扩展了计算机的输入、输出和存储能力。

计算机硬件本身并不提供所谓的"智力工具"。为使计算机具有使用价值，还需要使用计算机软件。软件中的程序是一些指令的集合，它告诉计算机如何执行某个特定的任务。在与其他计算机连接后，人们可以共享信息，计算机的效用也就更大了。

1. 软件

软件用来指挥计算机执行某些特定的任务，告诉计算机如何与用户交互，如何处理用户数据等。没有软件的计算机只是一个带有电源开关的"摆设"，就像没有唱片的唱机、没有 CD 盘片的CD 播放机。如今软件得到迅速发展，对于成千上万形形色色的任务，都能找到解决它们的软件。

2. 计算机分类

按照传统分类方法，依据计算机的处理能力，计算机被从低到高依次分成四类，即微型计算机、小型计算机、大型计算机和巨型计算机。一台计算机被划归哪一类，主要由它的技术、功能、物理尺寸、性能和成本等因素来决定。随着技术的发展，分类标准也在发生变化，类别之间的界限并不十分清晰。当功能更强大的计算机出现后，分类界限也会随之上移。

微型计算机（见图 1-4）一般用在家庭、办公场合和小型机构里。衡量微型计算机能力的一个重要指标是它的处理器速度。可以以单机方式使用微型计算机，也可以连接到其他计算机（网络），与其他用户共享数据和程序。但是，即使连接到其他计算机，它也主要是处理自己的任务。

图 1-4　微型计算机

　　小型计算机比微型计算机处理能力更强，它可以同时执行多个人的处理任务，这些人都通过终端与小型计算机相连。所谓终端实际上就是一个由键盘和屏幕组成的输入/输出设备，没有处理数据的能力。当在终端发出一个处理请求时，该请求被传送到小型计算机主机，主机按要求处理数据，然后把结果送回终端。

　　大型计算机是高速、昂贵的计算机，通常用在大型机构中，为大量数据提供集中化的存储、操作和管理。大型计算机可以为许多用户同时提供处理服务，用户只需在自己的终端输入处理请求即可。与小型计算机相比，大型计算机能为更多的用户服务。为了处理大量数据，当可靠性、安全性和集中控制等因素非常重要时，就要考虑使用大型计算机。

　　巨型计算机（又称超级计算机）实际上是一个巨大的计算机系统（见图 1-5），一般每秒可执行百万亿条指令，主要用来承担重大的科学研究、国防尖端技术和国民经济领域的大型计算课题及数据处理任务。如大范围天气预报，整理卫星照片，原子核物的探索，研究洲际导弹、宇宙飞船等，制定国民经济的发展计划。这些任务因其项目繁多，时间性强，要综合考虑各种各样的因素，依靠巨型计算机能较顺利地完成。

图 1-5　巨型计算机及其内部

　　我国是世界上少数几个能够研制和生产超级计算机的国家之一。由国防科技大学研制的"银河"、"天河"系列计算机（见图 1-6）不仅使我国成为世界上少数几个能发布中期数值天气预报的国家，而且对重大自然灾害的预报能力也明显提高。

　　本书主要讨论微型计算机，因为人们最有可能使用这种类型的计算机。同时，其概念大多同样适用于小型计算机、大型计算机和巨型计算机系统。

（a）天河一号

（b）银河巨型计算机 I

图 1-6 超级计算机

3. 微型计算机的兼容性

全世界有许许多多公司都在生产微型计算机，但这些微型计算机都基于有限的几种计算机平台，当前主要的微型计算机平台是 PC 和 Mac。

美国苹果（Apple）公司首创了个人计算机，在现代计算机的发展中树立起了众多的里程碑，无论是在硬件界面设计方面，还是在软件界面设计方面，都起了关键性的作用。苹果公司不但在世界上最先推出了塑料机壳的一体化个人计算机，倡导图形用户界面和运用鼠标，而且采用连贯的工业设计语言不断推出令人耳目一新的计算机，如著名的苹果 II 型计算机（见图 1-7）、Mac 系列机、牛顿掌上计算机、Powerbook 笔记本式计算机等，1998 年苹果公司推出了全新的 iMac 计算机。这些努力彻底改变了人们对计算机的看法和使用方式，使日常工作变得更加友善和人性化。由于苹果公司一开始就密切关注每个产品的细节，并在后来的一系列产品中始终如一地关注设计，从而成了有史以来最有创意的设计组织。

图 1-7 苹果 II 型计算机

PC（个人计算机）基于 IBM 公司生产的第一台微型计算机（IBM PC）的体系结构，使用标准的可购买部件。现在，惠普、Dell、联想①等许多公司都在生产 PC。为 PC 设计的软件常被称为 Windows 软件，因此，也把 PC 平台称为 Windows 平台。

所谓兼容机，是指它们的运行方式在本质上相同。如果两个计算机平台可以使用相同的软件，连接相同的外围设备，就称它们是兼容的。但并不是所有的微型计算机都彼此兼容。PC 和

---

① 2005 年 5 月 1 日，联想公司正式宣布完成收购 IBM 全球 PC 业务，合并后的新联想以 130 亿美元的年销售额一跃成为全球第三大 PC 制造商。

Mac 机被视为不兼容的平台,因为它们不能使用相同的硬件设备,不能运行相同的软件,除非添加必要的硬件或软件来进行转换。过去,在不同平台间共享数据非常困难,甚至是不可能的。在当前广泛应用的微型计算机中,有 90% 是 PC,因此,本书主要讨论 PC 平台。

4.外围设备

所谓"外围设备"是指那些可以附加到计算机系统中用来加强计算机功能的设备,如打印机就是常用的外围设备。虽然键盘、监视器、鼠标和光盘驱动器等设备一般都包含在计算机的基本系统中,但有时也被归为外围设备。

外围设备能扩充或改变基本的计算机系统。例如,买计算机时一般配备鼠标;可能需要增加扫描仪输入图像来扩充计算机的功能;配置调制解调器可以将计算机连接到电话系统中,从而可以访问存储在其他计算机中的信息等。

当购买外围设备时,通常附有专门设计的软件(设备驱动程序)。Windows 操作系统提供了"即插即用"功能以实现外围设备驱动程序的自动安装。

5.计算机网络

计算机网络是一组连接在一起实现共享数据、硬件和软件等的计算机和其他设备,网络用户可以向网上其他用户发送消息或从中心存储设备上检索数据。使用网络上的计算机与使用独立的计算机并无太多不同,只是能访问更多数据,能与他人通信。

世界上最大的计算机网络是因特网(Internet),它提供了遍及全球数百万台计算机之间的互联,提供了许多信息服务,其中最常用的应用是万维网(WWW),简称为 Web。

网络必须能阻止非授权访问以保护其所保存的数据。大多数机构通过要求用户使用唯一的用户名和密码进行登录以限制对网上软件和数据的访问。

1.3　用户界面

要有效地使用计算机作为智力工具,必须与其通信,例如告诉计算机要执行的任务,精确地解释计算机提供的信息等。这些人与计算机通信的手段称为用户界面。

用户界面是软件和硬件的综合体,控制用户界面的软件定义了界面特性,例如,是通过操纵图形对象还是输入命令来完成任务等。常用的软件界面要素有提示、向导、命令、菜单、对话框和图形对象等;而硬件界面的要素则包括指示设备、键盘和监视器等。

1.提示

"提示"是计算机显示的消息,要求用户响应提示、输入信息或按照指令操作。在"提示"用户界面中,需要人与计算机进行对话。但是,提示对话的交互过程是线性的,用户必须从头开始并顺序响应每一个提示;第二,由于人类自然语言的模糊性,如果一个提示内容不清楚,对话就不能正常进行。

一般情况下,PC 软件都使用"向导"对话形式。向导是一组屏幕提示,指导用户通过多步操作完成软件任务。向导常使用图形来帮助解释提示,并允许用户回退和修改响应信息。

2.命令

命令即用户输入以告诉计算机执行任务的指令,例如早期的微型计算机 DOS 界面和大型计算机界面。命令中的每个词都将导致计算机的特定动作。命令字通常是英文单词,如 print、list 等;但是,有些命令字含义模糊,例如,ls 表示列表,cls 表示清除屏幕,而"!"表示退出。

　　输入的命令要遵守特殊的语法。语法表示命令字、参数的序列和标点。如果拼错了命令、丢掉了所需要的标点或者命令字顺序出错，将出现语法错误，计算机将显示出错消息。显示出错消息时，必须找出命令是在何处出错，并重新输入正确命令。用户输入命令的界面称为"命令提示符"（见图 1-8）。在命令提示符界面中，通常可以输入 help 命令来寻求帮助，或者需要阅读用户参考手册。

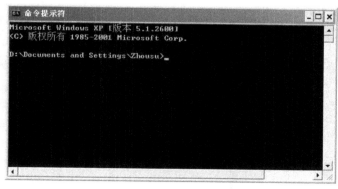

图 1-8　命令提示符界面

3. 菜单和对话框

　　命令提示符界面中的命令字和语法很难记住，菜单就是为克服这样的困难而开发的。菜单（见图 1-9）显示了一组命令或选项，每行菜单称为菜单项或菜单条。

　　菜单是常用的用户界面元素。使用菜单时，只要在列表中选择所需要的命令即可。因为列表中所有的命令都是有效的，所以不会产生语法错误。更多的菜单选项有子菜单和对话框。

　　子菜单是在主菜单中选择一项后，计算机继续显示的一组附加命令。有时，一个子菜单还会继续显示更进一步的子菜单以提供更多的命令选项。有些菜单会导出对话框，在其中显示与命令有关的选项，用户需要填充该对话框以指示如何执行命令，如图 1-10 所示。对话框中显示了一些屏幕"控制项"，比如按钮和列表等，可以用鼠标操作来指定设置和命令参数。

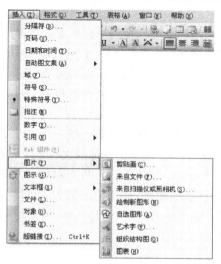

图 1-9　菜单

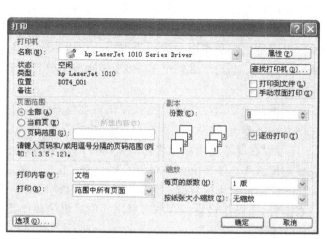

图 1-10　对话框

4．图形对象

图形对象是屏幕上可以用鼠标或其他输入设备来进行操作的小图片，每个图形对象可表示一个计算机任务、命令或真实对象。在图形用户界面（GUI）下，操作图形对象而不用输入命令或选择菜单项，就能告诉计算机想让它做的事。

图形对象包括图标、按钮和窗口等，如图 1-11 所示。

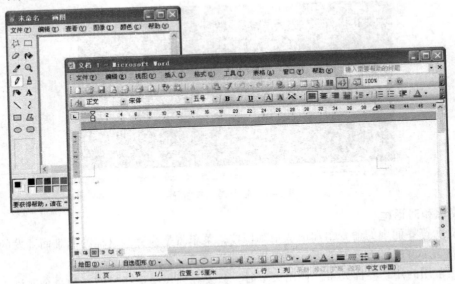

图 1-11　图形对象

图形对象是 GUI 的关键元素。GUI 建立在使人们能够直观地使用计算机的思想基础上，即用户只需最少的训练就可以操作表示任务或命令的屏幕对象。除了显示图形对象外，GUI 还经常显示菜单和提示，因为设计人员发现，很难用图标和工具来表示所有可能的任务。通常，软件程序的所有命令都会显示在菜单中，而最常用的命令会使用图形对象来表示。

5．指示设备

作为用户界面一部分的指示设备（如鼠标、跟踪球或光笔等）可以帮助操作对象并选择菜单项，最常用的指示设备是鼠标。鼠标在 20 世纪 70 年代初由道格·恩格尔巴特（Doug Engelbart）开发，以支持比键盘更高效的输入方法。恩格尔巴特的工作与制作图形用户界面的努力目标是一致的，但是，直到苹果公司于 1983 年制造了具有图形用户界面的 Macintosh 计算机后，鼠标才开始流行。

当在桌面上移动鼠标时，指针便出现在屏幕上，它随着鼠标的移动而移动。按下并放开鼠标左键可在屏幕上选定一个对象，称为"单击"。有些操作需要连续快速单击鼠标两次，称为"双击"。还可以在屏幕上用鼠标将对象从一个地方拖动到另一个地方，即先将指针指向对象，再按下鼠标按键，然后移动鼠标将对象放到一个新位置，最后释放鼠标按键，这个过程称为"拖动"。

Mac 计算机的鼠标只有一个键，而 PC 则常使用两键或三键鼠标。两键鼠标允许单击右键（称为"右击"）来操作对象，右击可弹出操作对象的快捷菜单。

6．键盘

实际上每种计算机用户界面都要使用键盘（见图 1-12）。为了有效地使用计算机，应当熟悉计算机键盘，其中所包含的特殊按键可用来操作用户界面。

图 1-12　计算机键盘

可以通过键盘输入命令、响应提示并输入文档文本。"光标"是出现在屏幕上的闪烁的下画线，"插入点"是出现在屏幕上的闪烁竖条。光标或插入点表示的输入的字符将出现在什么地方。可以用箭头键或鼠标改变光标或插入点的位置。

按下<Shift>（上挡）键的同时再按其他键，可以输入大写字母或输入双符号键的上挡符号。

<Backspace>（回退）键和<Delete>（<Del>，删除）键可用于删除字符。<Backspace>键删除光标左边的字符，<Delete>键删除光标右边的字符。如果想删除一个对象或一幅图的一部分，通常也使用<Delete>键。

键盘右侧的数字键盘是提供计算器风格的数字和算术符号的输入设备。注意数字键盘上有些键包括两种符号。当<NumLock>（数字锁定）键激活时，数字键盘上的键产生数字，否则这些键可以来移动光标。<NumLock>、<CapsLock>和<Insert>键都是切换键，可以在两种模式中变换。按<CapsLock>键时变为大写模式，再按<CapsLock>键时，回到小写模式。当激活<Insert>键时，输入的任何文本都会被添加在插入点，否则（改写）输入的任何文本都会覆盖原有文本。键盘右侧上方的指示灯可以显示切换键的状态。

功能键，即位于键盘最上一排的<F1>～<F12>键，主要用于启动命令。例如，许多软件包中<F1>键是帮助键。功能键没有标准的含义，在某个程序中按<F7>键可以保存文档；而在另一个程序中，可能要按<F5>键来保存文档。

<Alt>键和<Ctrl>键一般与字母键配合使用（称为快捷键），可用来代替鼠标选择菜单命令。

7. 监视器

监视器（显示器）是每台计算机必备的用户界面输出设备，计算机通过监视器显示结果、提示、菜单和图形对象等与用户通信。

早期的微型计算机显示器和目前许多大型计算机终端的显示器都是基于字符的。基于字符的显示器将屏幕分成若干矩形格子，每格显示一个字符，屏幕可以显示的字符集是不可变的。大型计算机很少支持 GUI（图形用户界面）的一个原因，就是因为与大型计算机系统连接的都是基于字符的终端。

位图显示将屏幕分成小点（称为像素）矩阵。计算机在屏幕上显示的任何字符或图形必须由屏幕矩阵中的像素构造。屏幕可显示的像素越多，分辨率就越高。高分辨率的显示器比低分辨率的显示器更容易产生复杂的图形和易于阅读的文字。现在微型计算机显示器都具有位图显示能力，这就可以灵活地显示 GUI 所需的字符和图形对象。

8. 联机帮助

Windows 软件的信息源主要是"联机帮助"（见图 1-13）。大多数软件都可以通过单击屏幕顶部菜单栏中的"帮助（Help）"命令来启动联机帮助功能。在使用联机帮助时，通常首先搜索关键字列表，找到与需求相关的关键字。

图 1-13　Windows 的联机帮助

每个人都有不同的学习风格，而学习风格与最有效的学习方式密切相关。如果学生喜欢阅读并易于记住书中的内容，就可能喜欢使用印刷的手册或教程；如果学生爱探索，就可能喜欢自己摸索软件。基于图形和菜单的用户界面使这种摸索成为可能，联机帮助界面为这种可能提供了方便。

1.4　数据和数的表示

冯·诺依曼模型清楚地将计算机定义为数据处理机，它接收输入数据、处理数据并输出相应的结果。下面介绍不同类型的数据是怎样以 0 和 1 序列的二进制模式存储在计算机内部的。

1.4.1　存储和组织数据

冯·诺依曼模型并没有定义数据应该怎样存储在计算机中。由于计算机是电子设备，所以最好的数据存储方式应该是电子信号，以电子信号出现和消失的特定方式来存储数据，这就意味着计算机可以以两种状态之一的形式来存储数据。

日常使用的十进制数字可以是 0～9 这 10 种状态中的任何一个，但是不能（至少到目前为止）将这类信息直接存储到计算机内部，其他类型的数据（例如文本、图像、声音、视频等）也同样不能直接存储到计算机当中，除非将这类信息变换成只使用两种状态（0 和 1 序列）的系统。

另一方面，尽管数据只能以一种形式（二进制模式）存储在计算机内部，但在计算机外部却可以表现为多种形式，如数字、文字、图像、音频和视频等。在存储到计算机中之前，数据被组织成许多小的单元，再由这些小的单元组成更大的单元。

1.4.2　计算机内部的数据

数据往往是多种类型的混合。例如，银行主要处理数字，但它也需要以文本形式存储客户的名字；图像则通常是图形和文本的混合。所有计算机外的数据类型都采用统一的数据表示法，经过转换后存入计算机，当数据从计算机输出时再还原回来，这种通用的格式称为位模式。

1．位

位（bit，比特）是存储在计算机中的最小数据单位，即 0 或 1。位代表设备的某一状态，这些设备只能处于两种状态中的某一种状态。例如，开关合上或者断开。按惯例用 1 表示合上状态，用 0 表示断开状态。电子开关能表示位，换句话说，开关能存储一个位的信息。现在，计算机使用各种各样的两态设备来存储数据。

2．位模式

由于要存储更大的数、文本、图形等，单个"位"并不能解决数据表示问题。为了表示数据的不同类型，可以使用"位模式"，它是一个 0 和 1 的序列，例如 1000101010111111 展示了由 16 个位组成的位模式。这就意味着，如果要存储一个由 16 个位组成的位模式，就需要 16 个电子开关。如果要存储 1 000 个位模式，每个 16 位，那么就需要 16 000 个开关。

计算机存储器仅仅将数据以位模式存储，至于解释位模式是数字类型、文本类型或其他的数据类型，则由输入/输出设备或程序来完成。换句话说，当数据输入计算机时，它们被编码，当呈现给用户时，它们被解码，如图 1-14 所示。

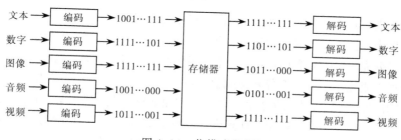

图 1-14　位模式举例

3．字节

通常长度为 8 的位模式称为字节（byte，单位符号为 B），这个术语同样被用做测量内存或其他存储设备的大小。例如，一台能存储 100 万位信息的计算机有 1 MB 的内存容量。

$$1 \text{ MB} = 1\ 024 \text{ KB} = 1\ 024 \times 1\ 024 \text{ B}$$

1.4.3　表示数据

位模式可以用来表示不同类型的数据。

1．文本

位模式可以表示任何一个符号。例如，由四个符号组成的"BYTE"文本可采用四个位模式表示，每个模式定义一个符号：BYTE 分别表示为 1000010、1011001、1010100、1000101。

在一种语言中，位模式需要多少位来表示一个符号取决于该语言集中有多少个不同的符号。

位模式长度与符号数量的关系是对数关系。例如，如果需要两个符号，则位模式长度是 1 位（$\log_2 2=1$），即 0、1；如果需要四个符号，则位模式长度是 2 位（$\log_2 4 = 2$），即 00、01、10 和 11，这些形式中的任何一种都可用来代表一个字符。同样，3 位的位模式有八种不同的形式：000、001、010、011、100、101、110 和 111。

不同的位模式集合被设计用于表示文本符号，每一个集合称为"代码"，表示符号的过程称为"编码"。常用的代码有：

1）ASCII：美国信息交换标准码，由美国国家标准学会（ANSI）开发。此代码使用 7 位表示每个符号，即可以定义 $2^7=128$ 种不同的符号。

2）扩展 ASCII 码：为了使每个位模式大小统一为 1 B（8 位），ASCII 位模式通过在左边增加额外的 0 来进行扩充，使每一个模式都能很容易地恰好存入 1 B 大小的内存中。在扩展 ASCII 码中，第一个模式是 00000000，最后一个是 01111111。

3）Unicode：为适应更大容量代码的需要，硬件和软件制造商联合起来，共同设计了一种名为 Unicode 的代码，这种代码使用 16 位，能表示多达 $2^{16}=65\ 536$ 个符号。代码的不同部分被分配用于表示世界上不同语言的符号，其中还有部分代码被用于表示图形和特殊符号。Java 语言就使用这种代码来表示字符。

微软公司的 Windows 使用了 Unicode 前 256 个字符的一个变化版本。

2．数

在计算机中，使用二进制系统即位模式（一系列的 0 和 1）来表示数。而像 ASCII 码这样的代码并没有用来表示数，这主要是因为数的表示方法不同于非数字形式的其他数据。

3．图像

图像在计算机中有两种表示方法，即位图图形或矢量图形。

在位图图形中，图像被分成像素矩阵，每个像素是一个小点。像素的大小取决于分辨率。例如，图像可以分成 1 000 或者 10 000 个像素。图像显示分辨率越高，需要的内存空间就越大。

把图像分成像素之后，每一个像素被赋值为位模式。模式的尺寸和值取决于图像。对于仅由黑白点组成的图像，1 位模式已足够表示像素，例如 0 模式表示黑像素，1 模式表示白像素。然后，模式被一个接一个记录并存储在计算机中。图 1-15 显示了这种图像及其表示方法。

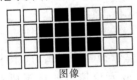

```
00011000
00111100
00111100
00011000
```
矩阵表示

图像

00011000　00111100　00111100　00011000
线性表示

图 1-15　黑白图像的位图图形表示方法

如果一幅图像不是由纯黑、纯白像素组成，那么可以增加位模式的长度来表示灰度。例如，可以使用 2 位模式来显示四重灰度级。黑色像素被表示成 00，深灰色像素被表示成 01，浅灰色像素被表示成 10，白色像素被表示成 11。如果是表示彩色图像，则每一种彩色像素被分解成三种主色：红（R）、绿（G）和蓝（B），然后测出每一种颜色的强度，并把位模式（通常 8 位）分配给它。换句话说，每一个像素有三个位模式：一个表示红色的强度，一个表示绿色的强度，一个表示蓝色的强度。例如，图 1-16 显示采用四个位模式表示彩色图像中的像素。

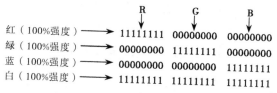

	R	G	B
红（100%强度）→	11111111	00000000	00000000
绿（100%强度）→	00000000	11111111	00000000
蓝（100%强度）→	00000000	00000000	11111111
白（100%强度）→	11111111	11111111	11111111

图 1-16　彩色像素的表示方法

　　在位图图形中，一幅特定的图像采用精确位模式表示后存储在计算机中，随后，如果想重新调整图像的大小，就必须改变像素的大小，这将产生波纹状或颗粒状的图像。

　　而矢量图表示方法不存储位模式，它是将图像分解成曲线和直线的组合，其中每一曲线或直线由数学公式表示。例如，一条直线可以通过它的端点坐标来作图，圆则可以通过它的圆心坐标和半径来作图。这些公式的组合被存储在计算机中。当要显示或打印图像时，将图像的尺寸作为输入传给系统，系统根据新的尺寸重新设计图像并用相同的公式画出图像。

4．音频

　　音频表示声音和音乐。音频本质是模拟数据，它是连续性的（模拟的），并不是离散的（数字的）。音频转换成数字数据，并使用位模式存储它们，其具体步骤如下：

　　1）对模拟信号进行采样，就是以相等的间隔来测量信号的值，如图 1-17 所示。

　　2）量化采样值，就是给采样值分配值。例如，如果一采样值为 29.2，可以考虑量化该采样值赋值为 29。

　　3）将量化值转换成位模式。例如，把 29 转换为位模式 00011101。

　　4）存储该位模式。

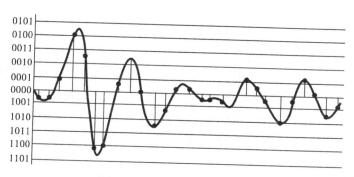

图 1-17　声音的采样和量化

5．视频

　　视频是图像（帧）在时间上的表示。电影就是一系列的帧一帧接一帧地播放而形成的运动图像。所以，如果知道如何将图像存储在计算机中，也就知道了如何存储视频；每一幅图像或帧转化成一系列位模式并存储。这些图像组合起来就可表示视频。视频通常是被压缩存储的。

1.4.4　十六进制与八进制

　　数据存储在计算机中时是采用位模式表示的，但人们了解位模式时却很困难，一长串的 0和 1 非常乏味且容易出错，这时，可以采用十六进制来加以简化。

十六进制以 16（hexadec 在希腊语中表示 16）为基数，这意味着有 16 个符号（十六进制数字），即 0～9、A、B、C、D、E、F。十六进制数字与四个位对应，表 1-1 给出了位模式和十六进制数字间的关系。

表 1-1 位模式与十六进制数字间的关系

位 模 式	十六进制数字	位 模 式	十六进制数字
0000	0	1000	8
0001	1	1001	9
0010	2	1010	A
0011	3	1011	B
0100	4	1100	C
0101	5	1101	D
0110	6	1110	E
0111	7	1111	F

将位模式转换成十六进制数，是将模式（从右边开始）每四个组成一组，找到与每组相对应的十六进制数字即可。例如，1111 1100 1110 0100 可表示成十六进制数的 F C E 4。

不同计算机系统、编程语言对于十六进制数值有不同的表示方法。通常，十六进制有两种写法：

1）在数的后面加 H（Hex）来代表十六进制。例如，A34H 表示一个十六进制数。

2）将数字基数（16）作为表示法的下标。例如，$A34_{16}$ 表示一个十六进制的值。

例 1 将二进制数 110011100010 转换成十六进制数。

解 将该二进制数分成每 4 位一组，即 1100 1110 0010，再转换成对应的十六进制数字，最后得到的十六进制数为 xCE2。

例 2 将十六进制数 x24C 转换成位模式。

解 将每一个十六进制数字转换成相对应的位模式，最后得到的位模式为 0010 0100 1100。

另一种简化位模式的分组表示法是八进制法。八进制法以 8 为基数，这意味着有八个符号（八进制数字），即 0～7。每个八进制数字对应于三个位。与十六进制类似，通常在数的后面加 O（Octal）来代表当前的表示方法为八进制。例如，12O 表示一个八进制数。或者将数字基数（8）作为表示法的下标。例如，12_8 表示一个八进制的值。

1.4.5 十进制和二进制

在现代计算机中，十进制和二进制这两种计数系统占主导地位。第一个使用十进制计数系统的是 8 世纪的古埃及人。巴比伦人则改进了埃及人使用的计数系统，使得位置在计数系统中变得有意义。十进制系统底数为 10，因此，第一位为 10^0，第二位为 10^1，第三位为 10^2，依此类推。例如，十进制的 243 可分解为：$2 \times 10^2 + 4 \times 10^1 + 3 \times 10^0$。

与十进制底数为 10 不同，二进制系统底数为 2。例如，十进制数 243 转换为二进制数是 11110011，同理可分解为：$1 \times 2^7 + 1 \times 2^6 + 1 \times 2^5 + 1 \times 2^4 + 0 \times 2^3 + 0 \times 2^2 + 1 \times 2^1 + 1 \times 2^0$。

与十六进制类似，通常在数的后面加 D（Decimal）表示十进制数，或者将数字基数（10）作为表示法的下标；在数的后面加 B（Binary）表示二进制数，或者将数字基数（2）作为表示法的下标。

1．二进制数向十进制数转换

给出一个二进制数，将其每个二进制数字分别乘以它的权值，再将结果相加，即得到相应的十进制数。

例 1 将二进制数 10011 转换成对应的十进制数。

解 写出每位上的数值和相应的权值，然后将每位上的数值和对应的权值相乘，最后将结果相加，即得到相应的十进制数。即：

$$10011_2 = 1 \times 2^4 + 0 \times 2^3 + 0 \times 2^2 + 1 \times 2^1 + 1 \times 2^0 = 1 \times 16 + 0 \times 8 + 0 \times 4 + 1 \times 2 + 1 \times 1 = 19_{10}$$

2．十进制数向二进制数转换

采用除 2 取余法。以十进制数 45 为例，被底数 2 连除，得二进制 101101，如图 1-18 所示。

例 2 将十进制数 35 转换成相对应的二进制数。

解 用除 2 取余法，如图 1-19 所示。

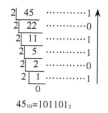

$$45_{10} = 101101_2$$

图 1-18 十进制数 45 转换成二进制数

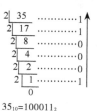

$$35_{10} = 100011_2$$

图 1-19 十进制数 35 转换成二进制数

1.4.6 整数表示法

整数即没有小数部分的完整数。例如，134 是整数，而 134.23 不是整数。整数可以是正的或负的。负整数的范围是从负无穷到 0，正整数的范围是从 0 到正无穷。

为了高效地利用计算机的存储空间，人们设计开发了两种使用广泛的整数表示法，即无符号整数和有符号整数。有符号整数最常用的表示法是二进制补码。

1．无符号整数格式

无符号整数的范围介于 0 到正无穷之间。通常，计算机都定义一个最大无符号整数的常量。这样，无符号整数的范围就介于 0 到该常量之间。而最大无符号整数取决于不同计算机的存储能力。无符号整数的范围可定义为 $0 \sim (2^N - 1)$，这里 N 就是计算机中分配用于表示一个无符号整数的二进制位数。

存储无符号整数的过程可以简单地概括为以下步骤：

1）将整数变成二进制数。

2）如果二进制位数不足 N 位，则在二进制数的左边补 0，使它的总位数为 N 位。

例 1 将 7 存储在 8 位存储单元中。

解 首先将这个数转换为二进制数 111。在该二进制数的左边加五个 0，使总的位数为 $N(8)$，即得到 00000111。再将该数存储到计算机的存储单元中。

无符号整数表示法可以提高存储的效率，因为不必存储整数的符号。这就意味着所有分配的位单元都可以用来存储数。只要无须用到负数，就都可以用无符号整数表示法。无符号数一般用在计数、寻址等情况下。

2．二进制补码格式

二进制补码表示法是最普遍、最重要，也是应用最广泛的整数表示法，其整数表示范围是：$-(2^{N-1}) \sim +(2^{N-1}-1)$。

这里，N 是计算机分配用于存储二进制补码整数的位数。

表 1-2 给出了现代计算机整数表示的一般范围。系统中只有一个 0。

表 1-2   二进制补码数的范围

位　　数	范　　　　围
8	$-128 \sim -0$，$+0 \sim +127$
16	$-32\,768 \sim -0$，$+0 \sim +32\,767$
32	$-2\,147\,483\,648 \sim -0$，$+0 \sim +2\,147\,483\,647$

存储二进制补码需要进行以下步骤：

1）将数转换成二进制，符号被忽略。

2）如果二进制位数不足 N 位，在数的左边补 0，直到总的位数为 N。

3）如果符号为正，就不需再作变动。如果符号为负，则将最右边的所有 0 和首次出现的 1 保持不变，其余位取反。

在二进制补码表示法中，最左边的位定义为符号位。如果为 0，数为正；如果是 1，数为负。

例 2   将 +7 用二进制补码表示法存储在 8 位存储单元中。

解   首先把数转换成二进制 111，加上五个 0 使总的二进制位数为 N(8)，得到 00000111。因为符号为正，不用再进行变化。

例 3   将 -40 用二进制补码表示法存储在 16 位存储单元中。

解   首先把数转换成二进制 101000，然后补上 10 个 0 使总的位数为 N(16)，得到 0000000000101000。因为符号为负，所以，从右边的 0 到第一个 1（包括 1）不变，其余的换成它的反码形式。结果是 1111111111011000。

1.4.7   浮点表示法

为了表示浮点数（既包含整数又包含小数的数），数被分为两部分：整数部分和小数部分。例如，浮点数 14.234 就有整数部分 14 和小数部分 0.234。

1．转换成二进制

把浮点数转换成二进制数，步骤如下：

1）把整数部分转换成二进制（在前面已经介绍过）。

2）把小数部分转换成二进制。

3）在两部分之间加上小数点。

为把小数转换成二进制数，可以用连乘的方法，即"乘 2 取整法"。例如，把 0.125 转换成二进制数：将该数乘以 2，得 0.250，结果的整数部分（0）被提取出来，作为二进制数最左边的数字。接着继续用 2 来乘以 0.250 得 0.50。同样，将结果的整数部分提取出来作为二进制数的下一位。如此反复，直到小数部分变成 0 或者达到所需的位数。

例 1   将小数 0.875 转换成二进制数。

解   将该数不断用 2 来乘，提取出整数部分作为二进制位，直到该数小数部分为 0，得 0.111_2。

例 2　将小数 0.4 转换成 6 位的二进制数（保留 6 位有效数字）。

解　将该数不断用 2 来乘，并提取出整数部分作为二进制位。在这个例子中，不可能恰好得到该小数正确的二进制表示，因为在乘的过程中原始小数再次出现，因此只需要取到题目所要求的 6 位就可以停止，得 0.011001_2。

2．规范化

为了表示数 71.3125 (+1000111.0101)，需要将符号、所有的位以及小数点的位置存储于内存中。这种方法虽然具有可行性，但使得对数的运算变得困难。为此，需要浮点数标准表示法。解决的办法称为规范化，即移动小数点使小数点的左边只有一个 1，即 1.xxxxxxxxxxxxxxxxxxxx。

为了表示这个数原始的值，将它乘以 2^e，这里 e 表示这个数的小数点所移动的位数；e 为正数则左移，e 为负数则右移。根据该数的正负将正负号加在最前面。表 1-3 给出了规范化的例子。

表 1-3　规范化示例

原　始　数	移　　位	规 范 化 后
+1010001.11001	← 6	$+2^6 \times 1.01000111001$
+111.000011	← 2	$+2^2 \times 1.11000011$
+0.00000111001	6 →	$+2^{-6} \times 1.11001$
−0.001110011	3 →	$-2^{-3} \times 1.110011$

3．符号、指数和尾数

数在规范化之后只存储了这个数的三部分信息：符号、指数和尾数（小数点右边的位）。例如，+1000111.0101 规范化后成为

$$+ \qquad 2^6 \qquad \times \qquad 1.0001110101$$
符号　　指数：6　　　　　尾数：0001110101

注意到小数点左边的 1 并没有存储，这种省略是可以理解的。

1）符号。数的符号可以用一个二进制位来存储（0 或者 1）。

2）指数。指数（2 的幂）定义小数点移动的位数。幂可以为正也可以为负。

3）尾数。尾数是指小数点右边的二进制数，它定义了数的精度。尾数作为无符号整数存储。

1.5　习　　题

一、填空题

1．计算机完成的四大功能是输入、_____、存储和输出。

2．_____表示由计算机处理的内容。

3．计算机在一个称为_____处理器的装置中处理数据。

4．计算机将数据暂存在_____中等待处理。

5．当数据不需要处理时，计算机将其存放在_____中。

6．_____通常也只执行唯一一个用户的处理任务。

7．_____是一个像微型计算机但没有任何处理能力的设备。

8．如果一个组织机构想提供多于 200 个用户的处理能力，并要求可靠、安全和集中控制，_____最能满足这些要求。

9．大多数微型计算机配备有_____作为主要的输入设备，并配备_____作为主要的输出设备。

10. IBM PC 与 Dell（戴尔）计算机是_____的，因为它们基本上采用同样的工作方式。

11. 计算机_____允许从集中的存储设备中访问数据。

12. _____，如 "Enter your name:"，是计算机告诉用户如何去做的一种方式。

13. 不用提示对话，当今的软件都采用_____来指导用户通过多个步骤的软件任务，如创建一个图示或创建一个传真封面。

14. 当使用命令行界面时，在命令输入结束后要按_____键。

15. 当输入命令时，如果忘记所需要的空格，将会出现_____错误。

16. 当选择菜单时，可能出现_____或对话框让用户输入更多细节信息，指导计算机完成任务。

17. _____是屏幕上的工作区，就像在桌子上打开的不同书籍和文件一样。

18. 闪烁的下画线表示处在屏幕上的位置，称为_____，闪烁的竖条称为_____。

二、选择题

1. 存储一个字节，需要（　　）个电子开关。

    A. 1　　　　　　B. 2　　　　　　C. 4　　　　　　D. 8

2. 一个字节有（　　）位。

    A. 2　　　　　　B. 4　　　　　　C. 8　　　　　　D. 16

3. 10 位的位模式可表示（　　）个符号。

    A. 128　　　　　B. 256　　　　　C. 512　　　　　D. 1 024

4. 图像在计算机中通过（　　）方法表示。

    A. 位图图形　　　B. 矢量图　　　C. 矩阵图形　　　D. a 或 b

5. 采用（　　）图形表示方法在计算机中表示图像，重新调节图像时会产生波纹状或颗粒状图像。

    A. 位图　　　　　B. 矢量　　　　　C. 量化　　　　　D. 二进制

6. 要在计算机上下载音乐，音频信号必须（　　）。

    A. 采样　　　　　B. 量化　　　　　C. 编码　　　　　D. 上面全是

三、基本运算题

1. 将下列二进制数转换为十六进制数。

    1）100011110000B_____　　　2）1000001101B_____

    3）10001B_____　　　　　　4）11111111B_____

2. 将下列十六进制数转换为二进制数。

    1）120H_____　　　　　　　2）2A34H_____

    3）00H_____　　　　　　　　4）FFH_____

3. 将下列二进制数转换为八进制数。

    1）100011110000B_____　　　2）1000001101B_____

    3）10001B_____　　　　　　4）11111111B_____

4. 将下列八进制数转换为二进制数。

    1）120O_____　　　　　　　2）270O_____

    3）450O_____　　　　　　　4）200O_____

1.6　实验与思考：熟悉计算机基础操作

一、实验目的

1）熟悉和掌握计算机及其数据表示的基本概念。
2）学习计算机的基本用户界面，熟悉 GUI，掌握联机帮助的基本操作。
3）学习启动计算机、运行程序、打开应用软件等使用计算机的基础操作。
4）学习使用 Web 浏览器，搜索因特网信息等的基本操作。

二、工具/准备工作

在开始本实验之前，请回顾本章的相关内容。
需要准备一台带有浏览器并能够访问因特网的计算机。

三、实验内容与步骤

1. 概念理解

请结合阅读本章内容，思考并回答以下问题：
1）给出计算机能处理的五种基本的数据形式。
_____

2）计算机如何处理所有的数据类型？
_____
_____

3）位图图形表示法是如何来表示图像的？矢量图表示法与位图图形表示法相比有哪些优点？
_____
_____

4）音频数据转换成位模式的步骤有哪些？
_____
_____

5）一个采用四级灰度来数字化的灰度图像由 100×100 像素组成，那么需要多少位来表示该图像？
_____

6）某一音频信号采样频率为 8 000 次/s，每个采样值有 256 个不同的标准表示，则每秒需多少位来表示这个信号？
_____

2. 引导、运行、浏览和搜索

下面来学习和熟悉计算机的一些基础操作。

（1）引导计算机

如今，在大多数情况下，以何种顺序打开计算机、监视器和打印机并没有关系。

当计算机启动时，键盘的指示灯会闪烁，磁盘驱动器会响，并且屏幕上会出现多种启动信息。所有这些活动都是"引导"过程的一部分，在此期间，计算机进行一系列自检来确保所有部件工作正常。当 Windows 桌面出现在屏幕上时，引导过程就完成了。

操作：重复计算机的开机过程，仔细观察计算机的启动顺序，注意观察上述引导过程的细节。

（2）运行程序

按照计算机的专业术语，启动和使用软件程序的过程称为"运行"。启动和运行程序的方法很多，例如双击代表该程序的图标、在"开始"菜单中进行命令选择，或者直接输入运行命令等，可以任选其一。

假设希望访问因特网，并希望使用称为浏览器的软件来进行，应该启动相应软件，如双击桌面上的 Internet 图标。

操作：打开浏览器软件，完成上网的一般操作步骤。请将操作过程中出现的问题记录在下面（如果有的话）：

（3）搜索 Web

如果可以连接到因特网，那么访问因特网，学习搜索网上信息，就可以学习到更多的知识。

在启动浏览器软件之后，至少可以使用两种方式来查找信息。如果知道信息所存储的地址，比如 http://www.qq.com，可以直接在屏幕上方的"地址"栏中输入该地址，也可以使用 Web 搜索引擎来查找有关特定主题的信息。

为了使用搜索引擎，应该首先在浏览器中输入其地址。常见的搜索引擎包括 Yahoo!（www.yahoo.com）、Google（谷歌，www.google.com.hk）和百度（www.baidu.com）等。访问某个搜索引擎，就可以从列表中选择自己希望的主题，或者输入自己感兴趣主题的关键字。

请分析并回答：

1）你用来访问因特网的软件工具的名字是什么？

2）怎样访问你们学校的"主页"？

3）至少列出五个你在本次操作中访问的其他站点。你是怎样访问到这些站点的？如何回退到已经访问过的站点？

4）因特网除了是一个极佳的游戏、娱乐和聊天的环境外，在当今这个时代，更是丰富学习与工作内容的重要工具。你注意到了吗？请简述你的看法。

3．问题：计算机会思考吗

科幻小说常常把计算机描述成智能设备。1950 年，著名的英国数学家阿兰·图灵写到："我相信在本世纪末，某人说起机器能够思考时没有人会反对。"计算机能够思考吗？这是多年来计算机科学家和哲学家长期争论的问题。

我们先来想一想人类是怎样思考的。怎样知道某人能够思考？你不能进入这个人的大脑。相反地，你也许会使用某种逻辑，比如"我是人，并且我可以思考。其他人也是人，他们也一定能思考。"该逻辑看起来正确，但是你不能把这个逻辑应用到非人类的字体上。例如，你不能使用它来确定其他生物是否能够思考，或者计算机是否能够思考。那么，有其他方法可以评估某人或者某物是否能够思考吗？你也许会通过观察其行为来判断。比如，如果某人或者其他生物的行为具有智能，你会假设他可以思考。是否可以使用该标准来判断计算机会不会思考呢？实际上，这就是阿兰·图灵提出的策略。

阿兰·图灵提出了机器智能的"测试"方法，即图灵测试。图灵测试有点像电视游戏。测试者对幕后的两个被测试者（人和机器）发问，根据回答来确定回答者是人还是计算机。图灵认为，如果测试者不能分辨出计算机和人，那么，这台计算机就像人一样具有智能。行为和人类一样具有智能的计算机必须被认为是具有智能的，并且一定能够思考。

自从 1950 年以来，设计能够通过图灵测试的计算机已经逐渐发展成为一个研究领域，即人工智能（AI）。人工智能指能够像人类一样解决问题和执行任务的计算机的能力。AI 研究人员已经制造出可以移动和操作机械臂、对人类语言做出反应、诊断疾病、把文档从一种语言转换成其他语言、具有极高水平的下棋能力，以及能够学习新任务的计算机。然而到目前为止，尚没有计算机能够通过图灵测试。

即使计算机最终通过图灵测试，也并不是每个人都认为计算机能够思考。比如，哲学家 John Searle 就主张，即使计算机通过图灵测试，它仍然不理解与人类进行的交流。相反地，它仅仅是处理符号，尽管看起来正确回答了问题。

尽管多年来始终在争论，但"计算机能够思考吗"这个问题尚未得到确切答案，不过这些争论促进了对 AI 的研究，并且已经研究出能够提高人们生活质量的技术。

请针对下列问题选择你的回答：

1）计算机能够思考吗？	□ 能　　□ 不能　　□ 不确定
2）人类智能与机器智能有区别吗？	□ 有　　□ 没有　　□ 不确定
3）在国际象棋比赛中打败国际象棋大师的计算机能通过图灵测试吗？	□ 能　　□ 不能　　□ 不确定

资料来源：【美】PARSONS J J，OJA D.计算机文化[M]. 4 版.田丽辐，等，译，北京：机械工业出版社，2003.

4．操作：命令提示符界面

通过对命令提示符界面的操作能了解命令行用户界面的优缺点。

DOS 包含在原来的 IBM PC 中，供用户完成系统任务，如列出、移动或删除磁盘上的文件等。虽然一般的计算机用户更愿意使用图形用户界面，如 Windows，但是 DOS 命令仍然在大多数 IBM 兼容计算机和其他很多计算机中起作用。

请完成以下操作：

步骤 1：依次选择"开始"→"所有程序"→"附件"→"命令提示符"命令，进入命令提示符界面，了解和体验 DOS 操作。

步骤 2：输入命令：DIR、DIR/p 和 DIR/w，记录和分析出现的不同结果。

_____

_____

步骤 3：若输错命令，如将 DIR 错输成 DIT 时，会出现什么现象？按照什么步骤可以纠正这种错误？

_____

_____

步骤 4：输入命令：DIR/?，观察和解释所出现的结果；输入命令：VER/?，观察并解释所出现的结果。由此可以对命令参数"/?"做什么样的推广？

_____

_____

步骤 5：输入命令：VER/w。为什么能与 DIR 一起使用的"/w"与 VER 命令一起无效？

_____

_____

步骤 6：关闭命令提示符界面窗口，或用 EXIT 命令退出命令提示符界面。
步骤 7：请简单描述你对命令提示符界面的认识。

_____

_____

5．操作：熟悉键盘使用

要成为熟练的计算机用户，必须熟悉基本输入设备——键盘。

请尝试以每分钟多打 5 个汉字为目标来提高你的打字速度。例如，如果你目前打字速度为每分钟 10 个汉字，则你的目标是每分钟 15 个汉字。完成目标后，开始向下一个目标努力。

请记录：

姓名：_____

开始日期：_____   开始打字速度：_____

结束日期：_____   结束打字速度：_____

练习日期 /练习时间：_____

四、实验总结

_____

_____

_____

_____

五、实验评价（教师）

_____

_____

1.7　阅读与思考：人工智能之父——图灵

阿兰·麦席森·图灵（Alan Mathison Turing，1912.6.23—1954.6.7），英国数学家、逻辑学家，被誉为人工智能之父。1931 年，图灵进入剑桥大学国王学院，毕业后到美国普林斯顿大学攻读博士学位，二战爆发后回到剑桥，后曾协助军方破解德国的著名密码系统 Enigma，帮助盟军取得了二战的胜利。

图灵 1912 年生于英国伦敦，1954 年死于英国的曼彻斯特，他是计算机逻辑的奠基者，许多人工智能的重要方法也源自于这位伟大的科学家。图灵对计算机的重要贡献在于他提出的有限状态自动机，也就是图灵机的概念，对于人工智能，他提出了重要的衡量标准"图灵测试"，如果有机器能够通过图灵测试，那它就是一个完全意义上的智能机，和人没有区别了。杰出的贡献使他成为计算机界的第一人，人们为了纪念这位伟大的科学家，将计算机界的最高奖定名为"图灵奖"。

上中学时，图灵在科学方面的才能就已经显示出来，这种才能仅仅限于非文科的学科上，他的导师希望这位聪明的孩子也能够在历史和文学上有所成就，但是他都没有太大的建树。少年图灵感兴趣的是数学等学科。在加拿大他开始了职业数学生涯，在大学期间这位学生似乎对前人现成的理论并不感兴趣，什么东西都要自己来一次。大学毕业后，他前往美国普林斯顿大学，也正是在那里，他制造出了以后被称为图灵机的东西。图灵机被公认为现代计算机的原型，这台机器可以读入一系列的 0 和 1，这些数字代表了解决某一问题所需要的步骤，按这个步骤走下去，就可以解决某一特定的问题。这种观念在当时是具有革命性意义的，因为即使在 20 世纪 50 年代的时候，大部分的计算机还只能解决某一特定问题，不是通用的，而图灵机从理论上却是通用机。在图灵看来，这台机器只用保留一些最简单的指令，一个复杂的工作只需把它分解为这几个最简单的操作就可以实现了，在当时能够具有这样的思想确实是很了不起的。他相信有一个算法可以解决大部分问题，而困难的部分则是如何确定最简单的指令集，什么样的指令集才是最少的，而且又顶用，还有一个难点是如何将复杂问题分解为这些指令的问题。

1936 年，图灵向伦敦权威的数学杂志投了一篇论文，题为"论数字计算在决断难题中的应用"。在这篇开创性的论文中，图灵给"可计算性"下了一个严格的数学定义，并提出著名的"图灵机"（Turing Machine）设想。"图灵机"不是一种具体的机器，而是一种思想模型，可制造一种十分简单但运算能力极强的计算装置，用来计算所有能想象得到的可计算函数。"图灵机"与"冯·诺依曼机"齐名，被永远载入计算机的发展史中。1950 年 10 月，图灵又发表了另一篇题为"机器能思考吗"的论文，成为划时代之作。也正是这篇文章，为图灵赢得了"人工智能之父"的桂冠。1951 年，图灵以他杰出的贡献当选为英国皇家学会会员。

1952 年，图灵离开了英国国家物理实验室（NPL）。1954 年 6 月 8 日，图灵 42 岁，正逢他生命中最辉煌的创造顶峰。这天早晨，女管家走进他的卧室，发现台灯还亮着，床头上还有个苹果，只咬了一小半，图灵沉睡在床上，一切都和往常一样。但这一次，图灵永远地睡着了，不会再醒来……经过解剖，法医断定是剧毒氰化物致死，那个苹果是在氰化物溶液中浸泡过的。图灵的母亲则说他是在做化学实验时，不小心沾上的，她的"艾伦"从小就有咬指甲的习惯。但外界的说法是服毒自杀，一代天才就这样走完了人生。

资料来源：百度百科（http://baike.baidu.com/）

第❷章
硬件基础与体系结构

计算机体系结构是指计算机系统的设计和构造。按冯氏（冯·诺依曼）定义，计算机的基本组成部件可以分为三大类（或子系统），即 CPU（中央处理单元，又称中央处理器，主要包括运算器和控制器）、主存储器（内存）和输入/输出设备，如图 2-1 所示。

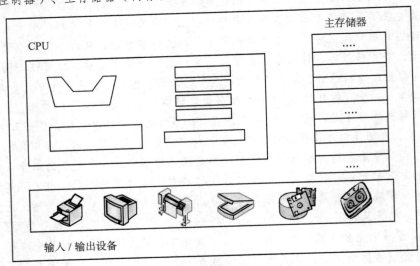

图 2-1　计算机硬件（子系统）

2.1　数　字　电　路

计算机的体系结构可以按照两个特点进行分类，即计算机使用的能源是什么和在物理上计算机是如何表示、处理、存储和移动数据的。大部分现代计算机都使用电作为能源，并且使用电信号和电路进行数据的表示、处理和移动。

1. 系统内部

计算机系统单元通常包含电路板、电源以及存储设备等。一些线缆把这些单元连接起来，如图 2-2 所示。

相对于图 2-2 所示的微型计算机机箱而言，笔记本式计算机内部的部件被压缩得更加紧密。微型计算机的主要部件与小型计算机、大型计算机甚至巨型计算机的部件很类似。因此，本章中介绍的大多数微型计算机体系结构的概念也同样适用于其他类型的计算机。

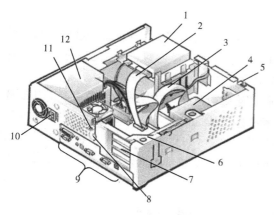

1—上部托架中的软盘驱动器；
2—软盘驱动器接口电缆；
3—硬盘驱动器接口电缆；
4—硬盘驱动器；
5—机箱防盗开关；
6—扩展卡固定框架；
7—扩展槽；
8—安全缆线孔；
9—I/O 端口和连接器；
10—交流电源插座；
11—挂锁扣环；
12—电源设备

（a）卧式机箱

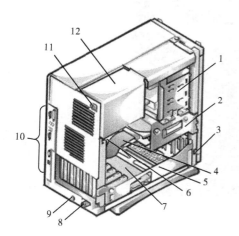

1—外部驱动器托架；
2—内部驱动器固定框架；
3—机箱防盗开关；
4—硬盘驱动器接口电缆；
5—扩展卡固定框架；
6—主机板；
7—提升板；
8—挂锁扣环；
9—安全缆线孔；
10—I/O 端口和连接器；
11—交流电源插座；
12—电源设备

（b）塔式机箱

图 2-2 微型计算机机箱内部结构

2．集成电路

计算机内部的大部分电子部件都是集成电路（IC），这是一个充满了微小电路器件（如导线、半导体元件、电容器和电阻器等）的很薄的硅晶片，一个小于 $1/4\ \text{in}^2$ 的集成电路芯片可以含有超过 100 万个微小的电路器件。通常集成电路芯片被封装在陶瓷中，通过引脚与其他计算机部件相连，如图 2-3 所示。

图 2-3 集成电路

3．主板

主板（见图 2-4）是计算机中最重要的部件之一。在计算机内部，芯片都被安装在主板电路板上。仔细观察就会发现有些芯片是焊接在主板上的，而另外一些芯片则是插在主板上的。焊接的芯片是永久连接的，而那些能插拔的芯片则可以在需要的时候进行升级。

微型计算机的主板上包含了处理器、内存和基本输入/输出处理芯片等，大致由以下几部分组成：CPU 插槽、内存插槽、高速缓存局域总线和扩展总线、硬盘、软驱或光驱、串口、并口等外围设备接口、时钟和 CMOS 主板 BIOS 控制芯片等。通常，购买主板部件是不包括 CPU 和内存的。主板上安装的 CPU 类型不同，采用的 CPU 的插座（槽）也就不同，主板的一个划分方法就是按 CPU 插座（槽）的类型进行的。

图 2-4　主板

4．数据传输

通常，计算机中的数据通过数据总线从一个位置移动到另外的位置，数据总线由一系列的连接主板上不同电子器件的电子线路组成。总线包含数据总线和地址总线。数据总线传输数据的信号，地址总线传输数据的地址，计算机依地址来寻找需要处理的数据。

2.2　内　　存

在计算机中，与处理器直接相连的存放数据的器件称为内存，内存用来保存数据和程序指令；不直接与处理器相连的介质（如磁盘）称为外存。

目前主要有四种类型的内存，即随机存储器（RAM）、虚拟内存、CMOS 存储器和只读存储器（ROM），它们根据保存的数据类型和使用的存储技术进行分类。

1．随机存储器

RAM 是计算机系统单元内在处理前后临时性保存数据的区域。例如，当输入一篇文档时，输入的字符并不是立刻就得到处理，而是被保存在 RAM 中，当需要的时候（如打印）才通过软件对它们进行处理。

在 RAM 中，称为电容器的微型电子部件保存着使用 ASCII、EBCDIC 或二进制编码表示的数据的电信号。可以形象地把电容器想象成可以打开和关闭的灯泡，充电的电容表示 on，放电的电容表示 off。每排电容有 8 位（1 个字节），每排 RAM 地址可以帮助计算机定位这一排数据。

从某种意义上讲，RAM 就像一个黑板，可以在黑板上写数学公式，擦除它们，再在上面写一个报告的大纲。和它相似，当使用电子表格的时候，RAM 可以保存使用的数字和公式，当使用文字处理软件写文章的时候，RAM 会保存用户的文章。RAM 的内容可以通过改变电容的状态来改变。由于 RAM 的内容可以改变，所以它是一个可重复利用的计算机资源。

与硬盘不同，绝大部分的 RAM 都是不持久的。换句话说，如果计算机关机或者掉电，保存在 RAM 中的数据就会立刻丢失。

RAM 保存了等待处理的数据，以及将要用于处理数据的指令。例如，当使用个人理财软件来结算账目时，输入要处理的数据，它们被存放在 RAM 中；个人理财软件发出处理 RAM 中这些数据的指令，处理器使用这些指令来处理数据，并将结果送回 RAM；通过 RAM，可以将结果存到磁盘上、显示或打印出来。

除了处理数据和软件指令外，RAM 还存放控制计算机系统基本功能的操作系统指令。这些指令在每次启动计算机的时候被加载到 RAM 中，一直到关机才消失。

RAM 的存储容量用 MB、GB 来衡量。现在的微机通常都有几 GB（1 GB=1 024 MB）的存储容量。计算机需要的 RAM 容量取决于所使用的软件。通常软件运行所需要的最小内存容量都在软件包装盒的外面有说明。用户可以根据自己机器的情况，通过购买额外的 RAM 芯片来扩充内存容量。

RAM 的速度非常重要。处理器一般以很高的速度在工作，但如果它要等待从 RAM 中读取数据，就会导致速度下降。

RAM 通常被配置为固定于 DIMM（dual in- line memory module）小电路板的一系列 DIPS 芯片上。DIMM 带有金属"牙齿"的一边插到主板上特殊的 RAM 插槽中，这样就可以很容易替换有缺陷的 RAM 或者添加 RAM 容量，如图 2-5 所示。

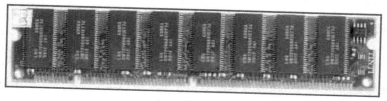

图 2-5　内存

2．虚拟内存

计算机可以使用硬盘空间来扩充内存，这种使用硬盘空间模拟内存的能力称为虚拟内存。虚拟内存使没有足够实际内存的计算机能运行大的程序、操作大的数据文件，以及实时地运行复杂程序。虚拟内存的运行速度不如 RAM 快，计算机从虚拟内存中检索数据要花费更多时间，因为磁盘是机械设备。

像 RAM 中的数据一样，虚拟内存中的数据在计算机掉电时也无法访问。因为，虽然在掉电时虚拟内存中的数据并不会从磁盘上删除，但是指导计算机定位虚拟内存的指令存储在 RAM 中，在掉电时会丢失。因此，即使给计算机重新加电，计算机仍不能访问原先虚拟内存中的数据。

3．只读存储器

存放在 ROM 中的指令是永久性的，要改变这些指令只有将 ROM 芯片从主板上取出，使用另外的芯片来替换。当打开计算机时，CPU 得到电能，开始准备执行指令。在 ROM 中保存了一个称为 ROM BIOS（基本输入/输出系统）的小型指令集合，BIOS 中的指令告诉计算机如何访问磁盘驱动器和其他外围设备。CPU 执行 ROM BIOS 中的指令来搜索磁盘上的操作系统主文件，并把这些文件调入 RAM 中，进行后面的计算工作。

4．CMOS 和 EEPROM

计算机只有在将操作系统文件从硬盘复制到 RAM 以后，才能准备好处理数据。而有了硬盘的格式化信息（如硬盘的柱面和扇区数目等）后，计算机才能访问硬盘上的数据。由于有可能对硬盘进行升级或者维护，所以不能把硬盘信息等存放在 ROM 中，必须使用一种灵活的方式来保存引导数据，为此需要一种特殊内存，保存信息的时间比 RAM 长，但又可以更改，这就是 CMOS。

CMOS（互补金属氧化物半导体）存储器只需要极少的电能就可以保持其中的数据。由于耗电极低，CMOS 芯片利用集成在主板上的电池供电，即使在关机后，数据也不会（或者说不易）丢失。正因为如此，位于 ROM BIOS 芯片载体中的 CMOS 保存着计算机系统配置等重要数据。

现在很多计算机都有即插即用的特征，当系统配置改变后（如换了新的硬盘或者扩充了更大的内存等）CMOS 中的数据会自动更新。

由于 CMOS 技术需要主板上的小型电池来供电以维持其中的信息，因此 EEPROM 技术逐渐取代了 CMOS。EEPROM（电可擦除可编程只读存储器）是一种非易失性芯片，它不需要电力就能存放数据。在更改计算机系统的配置（如增加内存）时，EEPROM 上的数据会被更新。一些操作系统能识别这种更改并自动完成更新。在计算机引导时按<F1>键可访问 EEPROM 设置程序，但要注意的是，如果弄错了这些设置，计算机可能就无法启动了。

5．地址空间

在存储器中存取每个字都需要有相应的标识符。尽管程序员使用命名的方式来区分字（或一组字的集合），但在硬件层次上，每个字都是通过地址来标识的。所有在存储器中可标识的独立地址单元的总数称为地址空间。例如，一个 64 KB、字长为 1 字节的存储器的地址空间的范围为 0～65 535。

2.3 中央处理器

数字计算机使用一系列的电信号表示数据，使用数据总线传输数据，使用内存保存数据。但计算机的主要工作是处理数据，即执行算术运算、排序、制作文档等。

中央处理器（CPU）是计算机中执行处理数据指令的器件。CPU 从 RAM 中接收数据和指令、处理这些指令，再将处理结果送回到 RAM 中，处理结果可以显示和存储起来。

2.3.1 CPU 体系结构

以前，计算机的 CPU 非常庞大、不可靠，而且要使用大量的电能。1944 年制造的 ENIAC，有 20 个处理单元，每个处理单元宽 2 in（1 in=2.54 cm），高 8 in，如图 2-6 所示，可是，今天的处理单元使用毫英寸（0.001 in）来度量。

大型计算机的 CPU 通常包含许多集成电路和电路板，而微型计算机的 CPU 是一个称为微处理器的集成电路（见图 2-7）。其由三部分组成：运算逻辑单元、控制器和寄存器，分别执行处理数据的特定任务。

图 2-6　电子管计算机的内部

图 2-7　Intel 奔腾 E2200 CPU

运算逻辑单元（ALU，又称算术逻辑单元或运算器）执行加减等算术操作，以及比较数据是否相等逻辑操作。ALU 使用寄存器来保存等待处理的数据。在运算中，算术操作或逻辑操作的结果暂时存放在累加器中。数据可以从累加器发送到 RAM，或者被进一步处理。

在 CPU 控制器的协调和控制下，运算器得到数据，并得知要执行的是逻辑运算还是算术运算。控制器使用指令指针来跟踪要处理的指令顺序。借助于指令指针，控制器顺序地从 RAM 中取出每个指令，并将它们放到特殊的寄存器——指令寄存器中。然后，控制器翻译指令以决定要实现的操作。按照指令解释，控制器向数据总线发送信号，从 RAM 中取数据，并发送信号到运算器进行处理。控制器在很大程度上影响着处理器的处理效率，它要执行一系列的指令。

寄存器是用来临时存放数据的高速独立的存储单元，CPU 的运算离不开多个寄存器。寄存器包括数据寄存器、指令寄存器和程序计数器等。

2.3.2　指令与指令周期

计算机通过执行一系列简单的步骤（指令）来完成一个复杂的任务。指令控制着计算机执行特定的算术、逻辑或控制运算。一条指令可以分为两部分：操作码和操作数。操作码就是一个类似累加、比较或跳转等操作的控制字。指令的操作数给出了需要处理的数据或数据的地址。

例如，在 JMP M1 这条指令中，操作码是 JMP，操作数是 M1。JMP 意味着跳转到另外一条指令，M1 是将要执行的指令的内存地址。指令 JMP M1 只有一个操作数，也有很多指令有多个操作数，例如指令 ADD REG1 REG2 就包含了两个操作数（REG1 和 REG2）。

CPU 可以执行的指令集合称为指令集，计算机要执行的任务必须由指令集中有限的指令通过组合而得到。表 2-1 给出了一个简单的指令集，计算机使用这些指令来完成所有的任务。

"指令周期"是指计算机执行一条指令的过程。每当计算机执行一条指令时都会重复指令周期。指令周期中的步骤：获取指令→解释指令→执行指令→指令指针加 1。

表 2-1　简单指令集

操作码	操 作	范 例
INP	将给定的值放到指定的内存地址	INP 7 M1
CLA	将累加器清零	CLA

续表

操作码	操　　　　作	范　例
MAM	将累加器中的值放到指定的内存地址	MAM M1
MMR	将指定内存地址中的值取到累加器中	MMR M1 REG1
MRA	将指定寄存器中的值取到累加器中	MRA REG1
MAR	将累加器中的值取到指定寄存器中	MAR REG1
ADD	将两个寄存器中的值相加，结果放在累加器中	ADD REG1 REG2
SUB	将第二个寄存器中的值减去第一个寄存器中的值，结果放在累加器中	SUB REG1 REG2
MUL	将两个寄存器中的值相乘，结果放在累加器中	MUL REG1 REG2
DIV	用第二个寄存器中的值去除第一个寄存器中的值，结果放在累加器中	DIV REG1 REG2
INC	将寄存器中的值加 1	INC REG1
DEC	将寄存器中的值减 1	DEC REG1
CMP	比较两个寄存器中的值，相等时将 1 或者不等时将 0 放在累加器中	CMP REG1 REG2
JMP	跳转到指定内存地址中的指令	JMP P2
JPZ	如果累加器中是 0，就跳转到指定地址	JPZ P3
JPN	如果累加器中不是零，跳转到指定地址	JPN P2
HLT	停止程序执行	HLT

2.3.3　CPU 的性能因素

集成电路技术是制造微型计算机、小型计算机、大型计算机和巨型计算机 CPU 的基本技术，它的发展使计算机的速度和能力有了极大的改进。1965 年，芯片巨人 Intel（英特尔）公司的创始人 Gordon Moore 给出了著名的"摩尔定律"，他预测芯片上的晶体管数量每隔 18～24 个月就会翻一番。让所有人感到惊奇的是，这个定律非常精确地预测了芯片 30 年的发展。1958 年第一代集成电路仅仅包含两个晶体管，但是在 1999 年，奔腾Ⅲ处理器已经包含了 950 万个晶体管。

集成的晶体管数量越大，就意味着芯片的计算能力越强。各种 CPU 的速度并不一样，它受到以下几个因素的制约：时钟频率、字长、高速缓冲存储器，以及指令集的大小。当然，使用高性能 CPU 的计算机系统并不意味着它在各方面都能够提供较高的性能。计算机系统也有它的薄弱环节，即使计算机配备了高性能 CPU，但如果硬盘速度很慢、没有高速缓冲，且 RAM 容量小，则执行某些任务也会很慢。

1. 时钟频率

计算机有一个系统时钟。与保存日期和时间的"实时时钟"不同，系统时钟用来定时发出脉冲，以控制所有系统操作的同步（节奏），设置数据传输和指令执行的速度或频率。

系统时钟的频率决定了计算机执行指令的速度，限制了计算机在一定时间内所能够执行的指令数。衡量时钟频率的单位是兆赫兹（MHz）。最初 IBM PC 的微处理器的时钟频率是 4.77 MHz，现在的微处理器的执行速度已经超过 600 MHz。CPU 的时钟频率越高，就意味着处理速度越快。

2. 字长

字长是 CPU 可以同时处理的位数，由 CPU 寄存器的大小和总线的数据线个数所决定。例如，字长为 32 位的 CPU 称为 32 位处理器，它的寄存器是 32 位，可以同时处理 32 位数据。

字长较长的计算机在一个指令周期中能比字长短的计算机处理更多数据。单位时间内处理的数据越多，处理器的性能就越高。例如，最初的微型计算机使用 8 位处理器，现在基本使用 64 位处理器。

3．高速缓冲存储器

影响 CPU 性能的另一个因素是高速缓冲存储器（见图 2-8），这是一个特别的存储器。由于 CPU 的速度非常快，所以它的大部分时间都在等待与 RAM 传送数据。使用高速缓冲存储器可以使 CPU 一旦请求就可以迅速访问到数据。

CPU

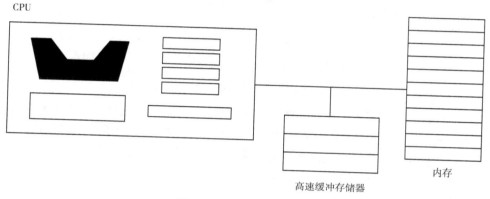

高速缓冲存储器　　　　　　内存

图 2-8　高速缓冲存储器

当启动某个任务的时候，计算机预测 CPU 可能会需要哪些数据，并将这些数据预先送到高速缓冲存储器区域。当指令需要数据的时候，CPU 首先检查高速缓冲存储器中是否有所需要的数据。如果有，CPU 就从高速缓冲存储器中直接读取数据而无须访问 RAM。在其他条件相同的情况下，高速缓冲存储器越大，处理数据的速度就越快。

4．指令集的复杂性

随着计算机指令集的扩充，程序员开始使用越来越多的复杂指令，这些指令占用很多内存空间，执行它们所需要的时钟周期也更多。基于使用复杂指令集的 CPU 的计算机称为复杂指令集计算机（complex instruction set computer，CISC）。

1975 年，IBM 的一位科学家 John Cocke 发现微处理器中的大部分工作只需要指令集中的一小部分就可以完成。更进一步的研究发现，只要 CISC 的 20％ 的指令就可以完成 80％ 的工作。Cocke 的研究结果促进了精简指令集微处理器（reduced instruction set computer，RISC）的开发。

精简指令集计算机的指令数量有限，但是这些指令的执行速度很快。因此，在理论上，RISC 计算机要比 CISC 计算机快。有些计算机科学家相信，如果把 RISC 和 CISC 技术综合起来能够制造出更有效和更灵活的计算机。

2.3.4　流水线和并行处理

单处理器的计算机以串行方式执行指令，也就是说一个时刻只执行一条指令。通常处理器必须完成指令周期中的四个步骤后才执行下一条指令。使用流水线技术，处理器就可以在完成上一条指令前开始执行另外一条指令，从而加快处理速度，如图 2-9 所示。

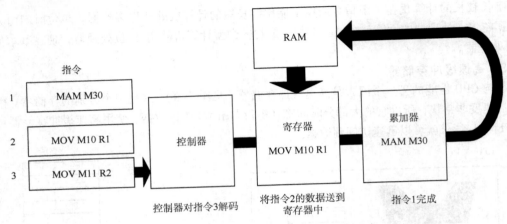

图 2-9   流水线允许计算机同时处理多条指令

具有多个处理器的计算机可以同时执行多条指令，并行处理方式增加了计算机单位时间内完成的任务。能够执行并行处理的计算机称为并行计算机，又称非冯·诺依曼计算机。

综上，串行操作每次执行一条指令；流水线计算机在处理完一条指令之前，就开始处理下一条指令；并行处理则可以同时执行多条指令。

2.3.5   现代微处理器

Intel 公司是当今世界上最大的芯片制造商，PC 中相当多的微处理器都是由它制造的。1971年，Intel 公司推出了世界上第一个微处理器 4004。Intel 的 8088 处理器曾为早期的 IBM PC 带来了强大性能。自从 1981 年 IBM PC 登上历史舞台以来，Intel 不断推出为多数计算机生产商所选用的微处理器。

AMD 公司（Advanced Micro Devices）是 Intel 公司在 PC 芯片市场上最大的对手。AMD 的羿龙（Phenom）处理器与 Intel 的酷睿 2 四核（Core 2 Quad）处理器针锋相对；而 AMD 的速龙 X2*（Athlon X2）处理器则直接与 Intel 的酷睿 2 双核（Core 2 Duo）处理器竞争（见表 2-2）。AMD 处理器要比同性能的 Intel 处理器便宜，而且在某些方面会有一些性能优势。

表 2-2   流行的服务器、桌面计算机和移动设备的微处理器系列

处 理 器		应 用
Intel	酷睿（Core）	桌面计算机、笔记本式计算机
	奔腾（Pentium）	桌面计算机
	赛扬（Celeron）	桌面计算机、笔记本式计算机
	至强（Xeon）	服务器和工作站
	安腾（Itanium）	服务器
	凌动（Atom）	上网本和手持设备
AMD	羿龙（Phenom）	桌面计算机
	速龙（Athlon）	桌面计算机、笔记本式计算机
	闪龙（Sempron）	桌面计算机、笔记本式计算机
	炫龙（Turion）	笔记本式计算机
	皓龙（Opteron）	服务器和工作站

摩托罗拉公司和 IBM 公司曾经为苹果公司的计算机提供大部分芯片，但 2005 年苹果公司转投了 Intel 阵营。IBM 为服务器和其他高性能计算机生产基于 RISC 技术的 Power 处理器。

市场上与当前一系列计算机配套的微处理器基本都能满足商业、教育和娱乐应用程序的需求。通常当要进行计算机三维动画游戏、桌面出版、多曲目声音录制和视频编辑等需要大量使用微处理器的应用时，要考虑使用 Intel 公司或者 AMD 公司提供的最快的处理器。

虽然对计算机的微处理器进行升级在技术层面上说是可行的，但是很少有人这样做。因为只有计算机中所有部件都处于高速工作时，微处理器才能达到较高功效。

超频（overclocking）是指提高计算机部件（如处理器、显卡、主板或内存）速度的技术。在超频成功后，能将较慢的部件的处理能力提升到与速度更快、价格更贵的部件相当。希望榨取计算机所有处理速度的游戏玩家就会对计算机进行超频。但是，超频是有风险的，加在部件上的额外电能会产生更多的热量。超频过的部件可能会过热，甚至可能引起火灾。为了保持安全的操作温度，一些玩家会安装额外的冷却系统，有时会使用耐用散热器、大风扇、液氧、干冰或其他制冷剂。

2.3.6　双核处理器

所谓双核处理器（dual core processor），简单地说，就是在一块 CPU 基板上集成两个处理器核心，并通过并行总线将各处理器核心连接起来，从而提高计算能力，如图 2-10 所示。

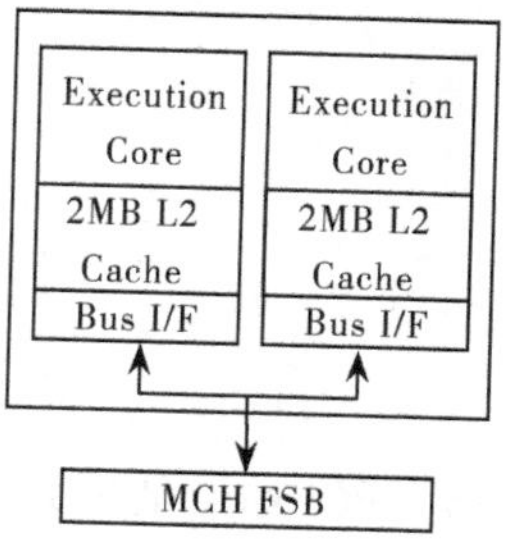

双核心并不是一个新概念，而只是 CMP（chip multi processors，单芯片多处理器）中最基本、最简单、最容易实现的一种类型。其实在 RISC 处理器领域，双核心甚至多核心都早已经实现。CMP 最早是由美国斯坦福大学提出的，其思想是在一块芯片内实现 SMP（symmetrical multi-processing，对称多处理）架构，且并行执行不同的进程。

早在 20 世纪末，惠普和 IBM 就已经提出双核处理器的可行性

图 2-10　双核之间协调工作

设计。IBM 在 2001 年就推出了基于双核心的 Power4 处理器，随后是 Sun 和惠普公司，都先后推出了基于双核架构的芯片，但此时双核心处理器架构还都是用在高端的 RISC 领域，直到 Intel 和 AMD 相继推出自己的双核心处理器，双核心才真正走入了主流的 X86 领域。

Intel 和 AMD 之所以推出双核心处理器，最重要的原因是原有的单核处理器的频率难以提升，性能没有质的飞跃。因此，Intel 在发布 3.8 GHz 的产品以后只得宣布停止 4 GHz 产品的计划；而 AMD 在实际频率超过 2 GHz 以后也无法大幅度提升，3 GHz 成为 AMD 无法逾越的一道坎。正是在这种情况下，为了寻找新的卖点，Intel 和 AMD 都不约而同地使用了双核心技术。

2.4　输入/输出

购买计算机并使用一段时间之后，用户就会关心如何对它进行升级，从而可以不断扩展它的能力。而理解了计算机系统的输入/输出（I/O），就会了解如何扩充计算机系统。I/O 的主要功能就是为微处理器搜集数据（输入），并将处理结果送到显示器、打印机或存储设备等（输出）。

数据总线一般在 RAM 和 CPU 之间传输数据，数据总线在 RAM 和外围设备之间传输数据的路

段称为扩展总线。I/O 通常包括了扩展总线、扩展槽、扩展卡、端口和电缆上移动数据等内容。

1. 扩展槽和扩展卡

在主板上，扩展总线终止于扩展槽。扩展槽是主板上用于固定扩展卡并将其连接到系统总线上的插槽。扩展卡是一些小型电路板，能够向计算机提供控制存储器、输入/输出设备的能力，这是一种添加或增强计算机特性及功能的方法。例如，如果不满意主板整合显卡的性能，可以添加独立显卡；如果不满意主板所集成声卡的音质，可以添加独立声卡以增强音效；不支持 USB 2.0 或 IEEE 1394 的主板可以通过添加相应的 USB 2.0 扩展卡或 IEEE 1394 扩展卡以获得该功能。

大多数微型计算机有 4~8 个扩展槽，在购买计算机时有些扩展槽就已经插上了扩展卡。空扩展槽的类型和数目表明了它的扩展能力，主流扩展插槽是 PCI 和 PCI-Express。如图 2-11 所示，左侧最长的扩展槽为 ISA 插槽，中间白色的扩展槽为 PCI 插槽，右边棕色的扩展槽为 AGP 插槽。

ISA 插槽

PCI 插槽

AGP 插槽

图 2-11　扩展槽

1）PCI 插槽基于 PCI（周边元件扩展接口）局部总线，可以提供更快的传输速率和 64 位的数据总线。该插槽通常用于插接显卡、声卡、视频捕捉卡、调制解调器或者网卡等。PCI 是主板的主要扩展插槽，通过插接不同的扩展卡可以获得目前计算机能实现的几乎所有外接功能。

2）AGP（加速图形端口）是在 PCI 总线基础上发展起来的，主要针对图形显示方面进行优化，专门用于图形显卡，速率比 PCI 插槽更快，AGP 插槽提供了适合于 3D 图形的高速数据传输通道。但是，随着显卡速度的提高，AGP 插槽已经不能满足显卡传输数据的速度，AGP 显卡已经逐渐被淘汰，取代它的是 PCI-Express 插槽。

3）PCI-Express 是最新的总线和接口标准，是由 Intel 提出的。这个新标准将全面取代现行的 PCI 和 AGP，最终实现总线标准的统一。它的主要优势是数据传输速率高，而且有相当大的发展潜力。

扩展卡是为特定类型的插槽设计的。如果计划添加或者升级计算机中的某类卡，必须首先确保计算机的插槽与希望安装的卡的类型相匹配。

2. 扩展端口和电缆

要将外围设备和扩展卡连接起来，只需将连接外围设备的电缆插接在扩展端口上即可。扩展端口是计算机和外围设备之间交换数据的连接器。端口有时又称"插口"。

扩展端口通常位于扩展卡上，端口也可以跳过扩展卡，直接与主板相连。多种端口具有对应的各种各样的电缆。如果外围设备已经提供电缆，通过查看电缆连接器和端口的外观是否匹配就可以确定将它插在何处。

2.5　习　　题

1. 一个_____是充满了微小的电路器件（如电线、晶体管、电容器和电阻器等）的晶片。
2. _____设备使用不连续的数字，而_____设备使用连续变化的数据。
3. _____是电子路径，用于连接计算机主板上的芯片。
4. _____是用于保存数据和程序的电子器件。
5. RAM 是_____，即在计算机掉电后它就不能存放数据了。
6. 由于 RAM 是_____，所以必须保证计算机有持续的电源供应。
7. RAM 的容量用_____来度量。
8. 在 RAM 中，使用称为_____的微小的电子部件来保存表示数据的电信号。
9. RAM 速度使用_____衡量。
10. 如果计算机没有足够的 RAM 来同时运行多个程序，操作系统可以使用基于硬盘的_____内存来模拟 RAM。
11. 计算机开机时执行的指令集合被永久存放在_____中。
12. 系统配置信息，例如硬盘的柱面和扇区数目等，被保存在使用电池供电的_____存储器中。
13. 微机使用_____芯片作为 CPU。
14. CPU 中的_____执行算术和逻辑运算。
15. CPU 的_____控制和协调整个计算机系统。
16. 计算机指令有两部分：操作码和_____。
17. CPU 的速度用_____来衡量。
18. 计算机系统的同步由_____来确定。
19. 在 RAM 和扩展槽之间传送数据的电子路径是_____。
20. 双_____处理器允许计算机同时执行多条指令以实现并行处理。

2.6　实验与思考：熟悉硬件及其体系结构

一、实验目的

1）识别微型机主板上的主要部件。
2）熟悉 RAM、ROM、虚拟内存、CMOS 和 EEPROM 的基本概念，分析缓冲存储器等存储部件之间的区别。
3）了解 CPU 执行程序中指令的过程，了解影响 CPU 性能的因素。

二、工具/准备工作

在开始本实验之前，请回顾本章的相关内容。
需要准备一台带有浏览器并能够访问因特网的计算机。

三、实验内容与步骤

1．操作与分析

利用所学概念回答下列问题，必要时借助于图书、杂志、网络等寻求资料。注意发挥自己的批判性思考能力、逻辑分析能力以及创造力。

1）观察计算机内部（有条件的话，如果是在实验室或者是使用他人的计算机，请注意获得批准和同意）。断开电源线之后，小心打开计算机机箱，画出内部部件草图，并标出每个部件。尝试定位和标出本章中讨论的所有部件。

请在此粘贴你画的草图，并记录存在的问题（如果有的话）：

2）浏览计算机广告，搜索关键术语。借阅若干本最新的计算机专业杂志，分析在杂志广告中出现过的专业术语，尤其注意那些缩写，并请记录如下。对于专业术语的缩写，请给出它们的定义。

3）研究 RAM。假定你是一个计算机工业的分析人员，准备在某个计算机专业杂志上发表一篇关于计算机内存的文章。请搜集尽可能多的关于 RAM 的资料，包括当前的价格、典型计算机的内存容量、增加内存的技巧等。请根据资料，编写一篇短文来帮助读者理解 RAM 的各项指标。

请在此粘贴你撰写的短文：

2．计算机 DIY 网站的浏览与分析

1）请上网浏览，了解正在做计算机 DIY 的技术支持工作的网站，并请在表 2-3 中记录搜索结果。

你习惯使用的网络搜索引擎是：＿＿＿＿＿＿＿＿＿＿＿＿＿

你在本次搜索中使用的关键词主要是：＿＿＿＿＿＿＿＿＿＿＿＿＿

提示：

一些计算机 DIY 专业网站的例子包括：

http://www.enet.com.cn/ediy/	（eNet 天堂硅谷硬件 DIY 频道）
http://www.myhard.yesky.com/	（天极硬件）
http://www.ccidnet.com/	（赛迪网）
http://www.pchome.net/	（电脑之家）

表 2-3　计算机 DIY 专业网站实验记录

网 站 名 称	网　　址	内 容 描 述

2）戴尔（Dell）公司的网站（www.dell.com.cn）是一个著名的网上直销戴尔计算机产品的电子商务网站，顾客可以在该网站上有限地配置自己欲购买的计算机。请登录该网站，尝试完成网上配置和采购计算机的过程，观察该网站对顾客提供的支持和服务，并请记录搜索结果。

① 戴尔网站当前提供的计算机产品主要包括：

_____

_____

_____

② 戴尔网站当前重点推荐的计算机产品是：

_____

_____

_____

四、实验总结

_____

_____

_____

_____

五、实验评价（教师）

_____

_____

2.7　阅读与思考：现代计算机之父——冯·诺依曼

约翰·冯·诺依曼（John von Neumann，1903—1957），美籍匈牙利人，1903 年 12 月 28 日生于匈牙利的布达佩斯。其父亲是一个银行家，家境富裕，十分注意对孩子的教育。冯·诺依曼从小聪颖过人，兴趣广泛，读书过目不忘，一生掌握了七种语言，最擅长德语。1911—1921 年，冯·诺依曼在布达佩斯的卢瑟伦中学读书期间，就崭露头角而深受老师的器重。在费克特老师的个别指导下并合作发表了第一篇数学论文，此时冯·诺依曼还不到 18 岁。1921—1923 年在苏黎世大学学习。很快又在 1926 年以优异的成绩获得了布达佩斯大学数学博士学位，此时冯·诺依曼年仅 22 岁。1927—1929 年冯·诺依曼相继在柏林大学和汉堡大学担任数学讲师。1930 年接受了普林斯顿大学客座教授的职位，西渡美国。1931 年他成为美国普林斯顿大学的第一批终身教授，那时，他还不到 30 岁。1933 年转到该校的高级研究所，成为最初六位教授之一，并在那里工作了一生。冯·诺依曼是普林斯顿大学、宾夕法尼亚大学、哈佛大学、伊斯坦堡大学、马里兰大学、哥伦比亚大学和慕尼黑高等技术学院等校的荣誉博士。他是美国国家科学院、秘鲁国立自然科学院和意大利国立林且学院等院的院士。1954 年他任美国原子能委员会委员；1951—1953 年任美国数学会主席。

1954 年夏冯·诺依曼被发现患有癌症，1957 年 2 月 8 日在华盛顿去世，终年 54 岁。

冯·诺依曼在数学的诸多领域都进行了开创性工作，做出了重大贡献。在第二次世界大战前，他主要从事算子理论、集合论等方面的研究。1923 年关于集合论中超限序数的论文，显示了冯·诺依曼处理集合论问题所特有的方式和风格。他把集合论加以公理化，奠定了公理集合论的基础。他从公理出发，用代数方法导出了集合论中的许多重要概念、基本运算、重要定理等。

1933 年，冯·诺依曼解决了希尔伯特第五问题，即证明了局部欧几里得紧群是李群。1934 年他又把紧群理论与波尔的殆周期函数理论统一起来。他还对一般拓扑群的结构有深刻的认识，弄清了它的代数结构和拓扑结构与实数是一致的。他对算子代数进行了开创性工作，并奠定了它的理论基础，从而建立了算子代数这门新的数学分支。这个分支在当代的有关数学文献中均称为冯·诺依曼代数。冯·诺依曼 1944 年发表了重要论文《博弈论与经济行为》，文中包含博弈论的纯粹数学形式的阐述以及对于实际博弈应用的详细说明，还包含了诸如统计理论等教学思想，在经济学和决策科学领域竖起了一块丰碑，被经济学家公认为"博弈论之父"。冯·诺依曼在格论、连续几何、理论物理、动力学、连续介质力学、气象计算、原子能和经济学等领域都做过重要的工作。

在物理领域，冯·诺依曼在 20 世纪 30 年代撰写的《量子力学的数学基础》已经被证明对原子物理学的发展有极其重要的价值。在化学方面他也有相当的造诣，曾获苏黎世高等技术学院化学系大学学位。

冯·诺依曼对人类的最大贡献是对计算机科学、计算机技术和数值分析的开拓性工作。

现在一般认为 ENIAC 是世界上第一台电子计算机，它是由美国科学家研制的，于 1946 年 2 月 14 日在费城开始运行。其实由汤米、费劳尔斯等英国科学家研制的 COLOSSUS（科洛萨斯）计算机比 ENIAC 机问世早两年多，于 1944 年 1 月 10 日在布莱奇利园区开始运行。ENIAC 机证明电子真空技术可以大大地提高计算技术，不过，ENIAC 机本身存在两大缺点：没有存储器；它用布线接板进行控制，甚至要搭接几天，计算速度也就被这一工作抵消了。

1944 年，冯·诺依曼参加原子弹的研制工作，该工作涉及极为困难的计算。在对原子核反应过程的研究中，要对一个反应的传播做出"是"或"否"的回答。解决这一问题通常需要通过几十亿次的数学运算和逻辑指令，尽管最终的数据并不要求十分精确，但所有的中间运算过程均不可缺少，而且要尽可能地保持准确。他所在的洛·斯阿拉莫斯实验室为此聘用了 100 多名计算员，利用台式计算机从早到晚计算，还是远远不能满足需要。

被计算机所困扰的冯·诺依曼在一次极为偶然的机会中知道了 ENIAC 计算机的研制计划，从此他投身到计算机研制这一宏伟的事业中，建立了一生中最大的丰功伟绩。

1944 年夏的一天，正在火车站候车的冯·诺依曼巧遇戈尔斯坦，并同他进行了短暂的交谈。当时，戈尔斯坦是美国弹道实验室的军方负责人，他正参与 ENIAC 计算机的研制工作。在交谈中，戈尔斯坦告诉了冯·诺依曼有关 ENIAC 的研制情况。具有远见卓识的冯·诺依曼被这一研制计划所吸引，他意识到了这项工作的深远意义。

冯·诺依曼由 ENIAC 机研制组的戈尔德斯廷中尉介绍参加 ENIAC 机研制小组后，便带领这批富有创新精神的年轻科技人员，向着更高的目标进军。1945 年，他们在共同讨论的基础上，发表了一个全新的"存储程序通用电子计算机方案"（EDVAC）。在这过程中，冯·诺依曼显示出他雄厚的数理基础知识，充分发挥了他的顾问作用及探索问题和综合分析的能力。冯·诺依曼以"关于 EDVAC 的报告草案"为题,起草了长达 101 页的总结报告。报告广泛而具体地介绍了制造电子计算机和程序设计的新思想。这份报告是计算机发展史上一个划时代的文献,它向世界宣告:电子计算机的时代开始了。

EDVAC 方案明确奠定了新机器由五部分组成,包括运算器、逻辑控制装置、存储器、输入设备和输出设备,并描述了这五部分的职能和相互关系。报告中,冯·诺依曼对 EDVAC 中的两大设计思想做了进一步的论证,为计算机的设计树立了一座里程碑。

设计思想之一是二进制,他根据电子元件双稳工作的特点,建议在电子计算机中采用二进制。报告提到了二进制的优点,并预言,二进制的采用将大大简化机器的逻辑线路。实践证明了冯·诺依曼预言的正确性。如今,逻辑代数的应用已成为设计电子计算机的重要手段,在 EDVAC 中采用的主要逻辑线路也一直沿用,只是对实现逻辑线路的工程方法和逻辑电路的分析方法进行了改进。

程序内存是冯·诺依曼的另一杰作。通过对 ENIAC 的考察,冯·诺依曼敏锐地抓住了它的最大弱点——没有真正的存储器。ENIAC 只有 20 个暂存器,它的程序是外插型的,指令存储在计算机的其他电路中。这样,解题之前,必须先准备好所需的全部指令,通过手工把相应的电路连通。这种准备工作要花几小时甚至几天时间,而计算本身只需几分钟。计算的高速与程序的手工操作存在着很大的矛盾。

针对这个问题,冯·诺依曼提出了程序内存的思想:把运算程序保存在机器的存储器中,程序设计员只需要在存储器中寻找运算指令,机器就会自行计算,这样,就不必每个问题都重新编程,从而大大加快运算进程。这一思想标志着自动运算的实现,标志着电子计算机的成熟,已成为电子计算机设计的基本原则。

1946 年 7、8 月间,冯·诺依曼和戈尔德斯廷、勃克斯在 EDVAC 方案的基础上,为普林斯顿大学高级研究所研制 IAS 计算机时,又提出了一个更加完善的设计报告"电子计算机逻辑设计初探"。以上两份既有理论又有具体设计的文件,首次在全世界掀起了一股"计算机热",它们的综合设计思想,便是著名的"冯·诺依曼机",其中心就是有存储程序原则——指令和数据一起存储。这个概念被誉为"计算机发展史上的一个里程碑",它标志着电子计算机时代的真正开始,指导着以后的计算机设计。一切事物总是在发展着的,随着科学技术的进步,今天人们又认识到"冯·诺依曼机"的不足,它妨碍着计算机速度的进一步提高,而提出了"非冯·诺依曼机"的设想。

冯·诺依曼还积极参与了推广应用计算机的工作,对编制程序及数值计算都做出了杰出的贡献。冯·诺依曼于 1937 年获美国数学会的波策奖;1947 年获美国总统的功勋奖章、美国海军优秀公民服务奖;1956 年获美国总统的自由奖章和爱因斯坦纪念奖以及费米奖。

冯·诺依曼逝世后,未完成的手稿于 1958 年以《计算机与人脑》为名出版。他的主要著作收集在六卷《冯·诺依曼全集》中(1961 年出版)。

鉴于冯·诺依曼在发明电子计算机的过程中所起到的关键性作用,他被誉为"现代计算机之父"。

资料来源:百度百科 (http://baike.baidu.com/)

第❸章

软件是计算机程序和程序设计发展到规模化和商品化后逐渐形成的概念，软件也是程序及其实现和维护时所必需的文档的总称。

3.1　软件的历史

在计算机发展史上，二值逻辑和布尔代数的使用是一项重要的突破。1847 年，英国数学家布尔在《逻辑的数学分析》一书中分析了数学和逻辑之间的关系，并阐述了逻辑归于数学的思想。这在数学发展史上是一个了不起的成就，也是思维的一大进步，并为现代计算机提供了重要的理论准备。但是，布尔理论直到 100 年之后才被用于计算机。在此期间，程序设计随着硬件的发展，其形式也不断发展。

在基于继电器的计算机器时代，所谓"程序设计"实际上就是设置继电器开关以及根据要求使用电线把所需的逻辑单元相连，重新设计程序就意味着重新连线。所以通常的情况是："设置程序"花了许多天时间，而计算本身则几分钟就可以完成。此后，随着真空管计算机和晶体管计算机的出现，程序设计的形式有了不同程度的改变，但革命性的变革则是在 1948 年，香农①重新发现了二值演算，二值逻辑代数被引入程序设计过程，程序的表现形式就是存储在不同信息载体上的 0 和 1 的序列，这些载体包括纸带、穿孔卡以及后来的磁鼓、磁盘和光盘等。此后，计算机程序设计进入了一个崭新的发展阶段。就程序设计语言来讲，已经经历了机器语言、汇编语言、高级语言和非过程语言四个阶段。

计算机软件的发展与软件产业化的进程息息相关。在电子计算机诞生之初，计算机程序是作为解决特定问题的工具和信息分析的工具而存在的。软件产业化是在 20 世纪 50 年代，随着计算机在商业应用中的迅猛增长而发生的。这种增长直接导致了社会对程序设计人员需求的增长，于是，一部分具有计算机程序设计经验的人分离出来专门从事程序设计工作，根据用户订单提供相应的程序设计服务，这样，在 20 世纪 50 年代产生了第一批软件公司。进入 20 世纪 60—70 年代，计算机的应用范围持续快速增长，使计算机软件产业无论是软件公司的数量还是产业的规模都有了更大的发展，与软件业相关的各种制度也逐步建立。

---

① 克劳德·香农（Claude Elwood Shannon，1916—2001），美国密西根州人，被誉为信息论及数字通信时代的奠基人。香农的大部分时间是在贝尔实验室和 MIT（麻省理工学院）度过的，他是使我们的世界能进行即时通信的少数科学家和思想家之一。他的两大重要贡献：一是信息理论、信息熵的概念；二是符号逻辑和开关理论。

3.2　软件概论

计算机软件决定了一台计算机能做什么。从某种意义上说，软件将计算机从一种类型的机器转变为另一种类型的机器——从绘图到排版，从飞行模拟器到计算器，从文件系统到音乐工作室等。

1．程序与软件

计算机程序是指示计算机如何去解决问题或完成任务的一组详细的、逐步执行的指令（即指令的有序集合）。有些计算机程序只处理简单的任务，而那些更长、更复杂的计算机程序则用于处理复杂度较高的任务。

计算机程序的每一步都是用计算机能理解和处理的语言编写的。以前的组织和个人必须自行编写出绝大部分他们想要的计算机程序，而现在可以购买商业软件以避免自行开发所需花费的时间和费用。一般人几乎不编写程序，而是从成千上万个编写好的商业软件中选择自己所需要的。尽管如此，计算机程序员或是软件发行商的工作仍然是非常具有挑战性的。

软件是计算机系统的基础部分。早期，流行用"软件"这个词来表示计算机的所有非硬件部分，即软件是指计算机程序以及为这些程序所用的数据。1980 年，美国版权法案将软件明确定义为"在计算机中被直接或间接用来产生一个确定结果的一组语句或指令"，这意味着计算机软件和计算机程序在本质上是相同的。软件也可以指任何以数字形式出现的数据（如文档和照片），但按照现在的理解，所创建的文档和照片通常称为"数据文件"而不是"软件"。

2006 年出版的《中国大百科全书》给软件下的定义是：软件是"计算机系统中的程序和有关的文件。程序是计算任务的处理对象和处理规则的描述；文件是为了便于了解程序所需的资料说明。程序必须装入机器内部才能工作，文件一般是给人看的，不一定装入机器。程序作为一种具有逻辑结构的信息，精确而完整地描述计算任务中的处理对象和处理规则。这一描述还必须通过相应的实体才能体现。"

也就是说，"软件"不仅仅是指程序，在软件研制过程中按一定规格产生的各种文件也是软件不可缺少的组成部分。

2．系统软件和应用软件

软件一般被分为系统软件和应用软件，对于许多计算机用户而言，这之间的区别并不明显。

系统软件负责执行使计算机硬件有效工作的关键任务，协助计算机完成基本操作，像在屏幕上显示信息、在磁盘中存入数据、向打印机发送数据、解释用户命令以及和外围设备通信等。系统软件的四个子类是：操作系统、实用工具、设备驱动程序和编程语言。

应用软件可以协助人们完成一项任务。即使用户没有计算机也能做某件事情，但为了让这件事情计算机化而使用某个软件时，就可以认为该软件是应用软件。例如，即使用户没有计算机，也能写信或写报告，那么用来制作一个文档的软件就可以算是应用软件。

应用软件使计算机成为多用途的机器，以完成许多不同的工作。例如，应用软件能够帮助用户产生文档、完成计算、管理金融资源、生成图片、创作乐曲、维护文件或信息等。

3．编程语言

计算机编程语言使程序员能够使用类似于英语的指令来编写程序。实际上，程序员编写的指令和计算机实际执行的指令有相当大的区别，程序员编写的指令必须被翻译成电子信号，才能被计算机操作和处理，编程语言（相应的编译程序或解释程序）将负责这个翻译过程。

如今，大多数计算机用户都不需要编写程序，因此，一般计算机尤其是微型计算机中并没有包括计算机编程语言。如果想编写程序，必须另外购买和安装编程语言软件。现在应用较为广泛的编程语言主要有 C、C++、C#、Java 和 Visual Basic 等。

3.3 常用应用软件

大部分计算机都包含一些基本的文字处理、电子邮件和访问因特网的软件，但用户还需要一些其他软件以使自己的计算机拥有更强的工作能力，能进行办公、商务活动、学习和娱乐等。

3.3.1 文档制作软件

不管是撰写论文、编写文档、设计公司宣传册，还是设计院刊校报，用户都可能用到某种文档制作软件。这种软件能够辅助人们写作、编辑、设计、打印，或以电子出版物的形式出版文档。常用的文档制作软件主要有文字处理、桌面出版和网页制作三个应用方向。

文字处理软件（又称字处理软件，如 Microsoft Word，见图 3-1）已经取代打字机来制作报告、信件、备忘录、论文和手稿这样的文档。文字处理软件能够在文档被打印之前，先在屏幕上对其进行创建、检查拼写、编辑和排版等操作。

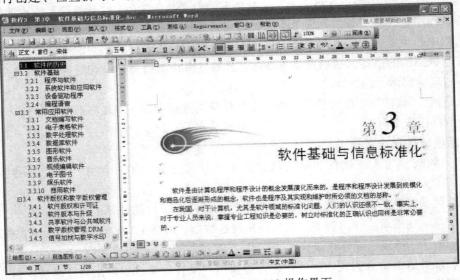

图 3-1　Microsoft Word 2003 操作界面

桌面出版软件（如 Microsoft Publisher，见图 3-2）是文字处理软件的发展，它能够运用图形设计技术使文档格式和外观更加美观。尽管现在的文字处理软件已经能够提供很多排版功能和设计特性，但正式的桌面出版软件还具有一些更高级的功能，它们能够帮助用户制作出专业水平的报刊、时事通讯、宣传册、杂志和书籍等。

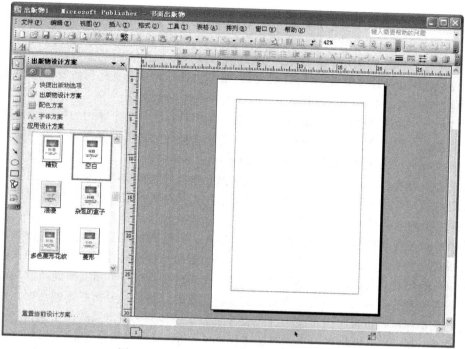

图 3-2 Microsoft Publisher 2003 操作界面

　　网页制作软件（如 Adobe Dreamweaver，见图 3-3）能够帮助用户设计和开发定制化的网页，并在 Internet 上发布。若干年前，制作网页还是一项技术性相当强的工作，网页制作者需要为之插入 HTML 标记。而现在，像 Dreamweaver 这样的网页制作软件给非专业的网页制作者提供了操作简单的工具，利用这些工具可以书写网页文本、组合图形元素并自动生成 HTML 标记。

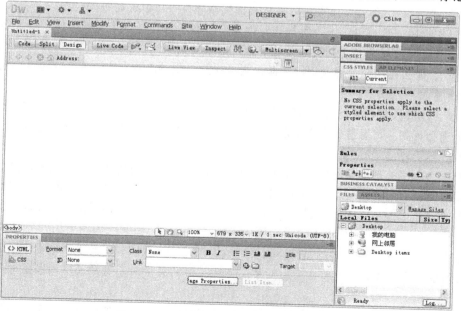

图 3-3 Adobe Dreamweaver CS5 操作界面

文档制作软件能够自动完成许多基础操作，从而使用户专注于保持思路流畅。例如，用户不必为文字边界而费心，"自动换行"功能决定了文本的行与行之间如何衔接，当文字到达右边界时会自动转到下一行。即使整篇文档都输入之后，调整其上下左右的边界也很简单。

因为文字处理软件往往侧重于写作的过程，所以它具有几项能提高写作质量的特性。而侧重于文档排版的桌面出版软件和网页制作软件可能就不具备这些特性。

有些文字处理软件可能包含一部同义词词典，从中可以找到某个单词的同义词，以使文章富于变化且生动有趣。语法检查器能够"阅读"整篇文档并指出可能存在语法错误的地方，例如，不完整的句子、未分段编排的句子以及动名词不一致等。

大多数文字处理、桌面出版和网页制作软件都有查找并替换功能。利用这个功能可以找到写作中常犯的错误。用户可以利用查找并替换功能找到某个单词或词汇出现的地方，然后决定是否用另外一个词来代替它。

文档的版式是指文档中所有的元素（文本、图片、标题和页码）在页面上的分布方式。文档的最终版式取决于怎样使用和在哪里使用该文档。例如，校报只需要印成标准的段落版式，即可能是双倍间隔并且带页码，文字处理软件具备完成这个排版任务所需的所有功能。而宣传册、时事通讯和公司的报表等则可能需要更复杂的版式，例如，分布在不同页面上的专栏和带有图片的文本标签。可以考虑将文字处理软件中的文档转到桌面出版软件中编辑，以便使用更高级的排版工具。对于想在 Web 上发布的文档，网页制作软件通常具备最实用的排版工具集。

文档的最终"外观"取决于几个排版因素，如字体、段落样式和版面设计等。

字体是指经过统一设计的字母（字符）集合，其大小用磅值来度量，缩写为 pt（1 pt ≈ 1/72 in）。

段落样式包括边界内文本排列方式和文本行距。段落对齐方式是指文本的水平位置，即左对齐、右对齐和两端对齐。两端对齐的文本其左右都均匀对齐，比起有一边不整齐或者说"参差不齐"的右边距，这样看起来更正式和规范些。行距是指行间的垂直间隔距离。一般文档都选择单倍或双倍行距，但在文字处理软件和桌面出版软件中可以逐磅细调行距。

文档制作软件通常可以设定一种样式，使用户不必单独选择字体和段落样式等元素，只需单击一次就能应用这些设定。例如，只需简单地设定一种文档标题样式（18 磅、Times New Roman、居中、粗体），那么在选择这种文档标题样式之后就能立刻设定所有这四种样式属性，而不必单独地设置标题。

版面设计是指页面上各个元素的物理位置。除了文本的段落外，这些元素还可能包含：

1）页眉和页脚。页眉是指用户指定的自动出现在每页上边界的文本，页脚是指用户指定的自动出现在每页下边界的文本。

2）页码。文字处理和桌面出版软件能根据用户的设定自动为文档每一页编号。页码一般位于页眉或页脚处。但网页不管多长都算做一页，所以网页制作软件一般没有页面编号功能。

3）图形元素。照片、图示、图形和图表可以插入到文档中。剪贴画是指可以插入到文档中的图画和照片集，它是常用的图形元素来源。

4）表格。表格是指栅栏式的结构，表格中可以填充文本或图片。对于文档来说，表格是编排易读的列数据和行数据以及放置图形的常用方法。对网页来说，表格可以用做精确放置文本和图形。

大多数文字处理软件是面向页面的，因为软件把每一页当做一个可以填充文本和图形的矩形，文本能自动从某一页转到下一页。与此不同的是，大部分桌面出版软件是面向框架的，因为这种软件允许用户把每一页分成几个矩形框架，每个框架中均可填充文本或图形，文本能从一个框架转到另一个框架，而不是从一页转到另一页。

文字处理软件提供了几种自动完成任务的功能，以提高效率。例如，Microsoft Word 的"邮件合并"功能可以自动把一封信件和邮件列表中的个人信息合并起来，为不同的人制作信件。

文字处理软件的一些其他功能如下：

1）自动生成目录和文档索引。

2）自动为脚注编号，并把每个脚注放在被引用的页面内。

3）提供文档模板和文档向导，使其能够显示各种文档的正确内容和格式。例如，商业信件、传真封面和备忘录等。

4）把文档导出为 Web 使用的 HTML 格式。

3.3.2　电子表格软件

电子表格软件（如 Microsoft Excel，见图 3-4）提供了创建电子表格的工具，它能够使用行和列的数字创建真实情况的模型。例如，支票簿就可以利用电子表格工具来生成和处理，因为它是银行账户资金流入和流出的数字表示。电子表格就像一张"聪明"的纸，可以自动对相关数据进行运算，还可以根据用户输入的简单等式或者软件内置的更加复杂的公式进行其他计算。另外，电子表格软件还可以将数据转换成各种形式的彩色图形，它还有特定的数据处理功能，如对数据进行分类、查找满足特定标准的数据，以及打印报表等。

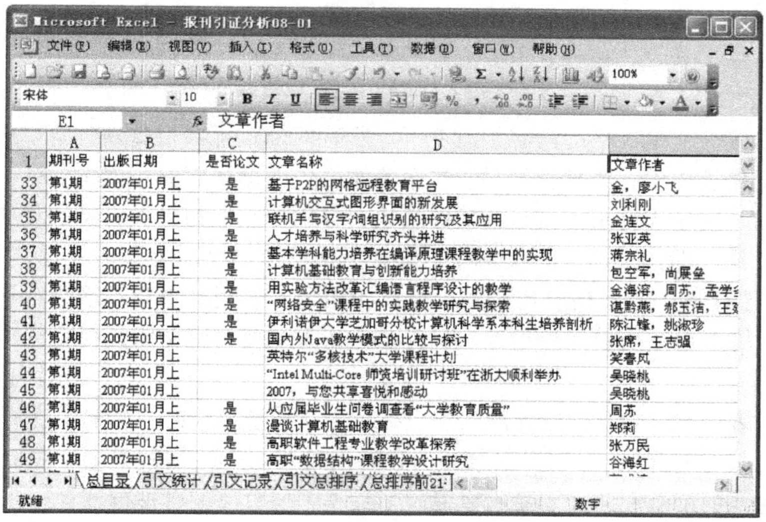

图 3-4　Microsoft Excel 2003 操作界面

因为电子表格软件很容易处理不同的数据，所以它在假设分析中特别有用。利用假设分析可以回答诸如下列一些问题："如果我下两次经济学考试得 A 会怎么样？如果我只得到 B 呢？""如果我为我的退休计划每月投资 100 元会怎么样？如果每月投资 200 元呢？"

在电子表格软件的工作表中，列用字母编号，行用数字编号，行和列的交叉点称为单元格。每一个单元格都有唯一的单元格引用，或称为"地址"，它是由单元格所处的行和列的位置构成的。例如，A1 是工作表左上角单元格的单元格引用，因为它在工作表中所处的位置是第 A 列第

1 行。可以单击任何一个单元格使其成为活动单元格，然后在其中输入数据。每个单元格都能容纳数值、标签或公式。

数值是计算中用到的数字，标签是描述数据的文本，而公式（如=D4－D5+((D8/B2)*110)）中包含单元格引用（如 D4 和 D5 等）、数字（如 110）和运算符号（如+、－、*、/）。公式中的部分内容可以用括号括起来，以指示运算的顺序。最里层括号中的运算先执行，在这个例子中是(D8/B2)。

可以直接向单元格中输入一个公式，也可以使用电子表格软件内置的公式（称为函数）。函数是电子表格软件提供的特定公式，要使用一个函数，需依次选择"插入"→"函数"命令，打开对话框如图 3-5 所示，从列表中选择一个函数，然后指明计算所使用数值的单元格引用。

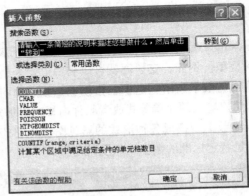

图 3-5　"插入函数"对话框

工作表中任何一个单元格的内容被改变后，所有的公式都会被重新计算。这种自动重算的功能保证了在工作表中输入当前信息后，每个单元格中的结果仍是准确的。在工作表中对任何行或列进行添加、删除或复制操作后，工作表也会自动更新。如果没有特别说明，所有单元格引用都是相对引用，即如果第 3 行被删除，那么下面的数据会向上移动一行，单元格 B4 会变成 B3。如果不想让一个单元格引用改变，可以使用绝对引用。不管是插入行还是复制或移动公式，绝对引用均不会改变单元格地址。明白在什么时候使用绝对引用是提高电子表格应用技术的关键。

大多数电子表格软件为预先设计的工作表提供了几种模板或向导，如发货清单、收支报表、资产负债表和付款计划等。一些其他的模板可以在 Web 上得到。这些模板一般由专业人员设计，里面包含所有必要的标签和公式。使用模板时，只需添加数值就可进行计算。

3.3.3　数字处理软件

和电子表格软件提供"空白画布"的方法不同，其他数字处理软件更像是"用数字绘画"。这些软件专门为特定的数字处理工作（如统计分析、数学建模或资金管理）提供结构化的环境。统计软件能辅助分析大量数据以发现数据间的关联和模式。如 SPSS 公司的 PASW Statistics 和 StatSoft 公司的 Statistica 是总结调查结果、测验分数、试验结果或人口数据的有用工具。大多数统计软件可以生成图表，因此可以更直观地显示和探究数据。

数学建模软件提供了很多能够解决一系列数学、科学和工程学问题的工具，能使复杂公式的结果形象化。例如，Mathcad 和 Mathematica 能帮助人们从一堆数字中识别出困难的模型。

　　此外，还有资金管理（个人理财）软件、税务申报软件等多种形式的数字处理应用软件。

3.3.4　数据库软件

　　数据库是指存储在一台或多台计算机上的数据集合。数据库可以包括任何类型的数据，如大学里的学生成绩单、图书馆的卡片目录、商店的库存清单、个人的地址簿或一个公共事业公司的顾客等。数据库可以存储在个人计算机、局域网服务器、Web 服务器、大型计算机甚至是掌上型计算机中。数据库软件能够帮助用户输入、查找、组织、更新和报告存储在数据库里的信息。Microsoft Access（见图 3-6）是最常见的个人计算机上的数据库软件之一，Oracle 和 MySQL 是常用的服务器数据库软件包。

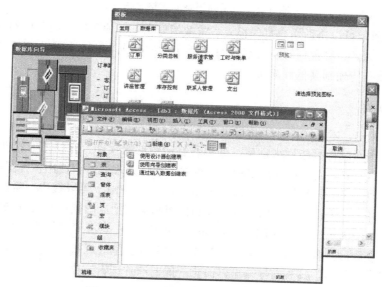

图 3-6　Microsoft Access 2003 操作界面

　　数据库软件又称数据库管理软件（database management software，DBMS），它能将数据存储成一系列的记录，这些记录又由存放着数据的字段组成。记录能为单个实体存放数据，如人、地点、物品或事件等。字段可以存放和记录有关的数据的一项。可以把一条记录想象成一张索引卡片。一系列的记录常以表格形式展现（见图 3-7）。某些数据库软件能够提供一些工具以处理一组记录，只要这组记录是以某种方式相互关联的。

　　数据库软件提供了为记录定义字段的工具。在数据库软件中，用户只要输入查询（一组描述所要查找信息的关键字和操作符）进行搜索，计算机很快就可以查找到所要查找的记录。大多数数据库软件提供了一种或多种数据查询方法。如 SQL（结构化查询语言）即能够提供一组查找和操作数据的命令。

　　除了规范的查询语言外，有些数据库软件还具有使用自然语言查询的能力。以这种方式进行查询时不需要学习深奥的查询语言，而只需输入问题即可。作为查询语言或自然语言查询的另一种选择，数据库软件还可能提供实例查询（QBE）的功能，用户只需填写想要查找的数据表格即可完成相关查询。

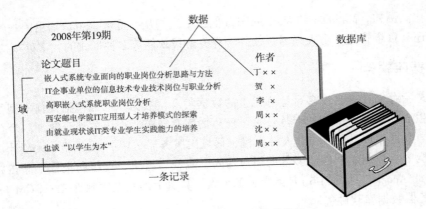

图 3-7 一系列记录的表格式描述

数据库软件通常可以协助用户打印报表、将数据导出到其他程序（如导出到电子表格软件，然后用图示表示数据）、将数据转换成其他的格式（如转换成 HTML 格式以便在 Web 上发布数据），还可以将数据传输到其他计算机上。

3.3.5 图形软件

在计算机技术中，术语"图形"是指出现在计算机屏幕上的任何图片、图画、草图、照片、图像和图标等。图形软件是指用来创建、处理和打印图形的软件。有些图形软件专门处理一种特定类型的图形，而有些则可以处理多种图形格式。图形处理通常会使用多种图形软件。

绘图软件（即图像编辑软件，如 Corel Painter 和 Paint.NET）可以提供一组在屏幕上绘图的笔刷和颜料等。许多平面设计师、网页设计师和插图画家都把绘图软件作为首选的绘图工具。

图像（照片）编辑软件（如 Adobe Photoshop，见图 3-8）具有专门修改低质量照片的功能。这种软件能通过修改对比度和亮度、剪切不想要的对象和去除"红眼"等方法来提高照片质量。照片编辑软件提供了很多工具和向导，可以简化一般的照片编辑工作。

图 3-8　Adobe Photoshop CS5 操作界面

　　画图软件（又称插图软件，如 Adobe Illustrator 和 CorelDRAW）提供了一组线条、图形和颜料工具，这些工具可以用来绘制表、企业标志和示意图，创建的图画往往只有"平面"图像质量（即缺少立体感），但是很容易修改，并且放大到任意尺寸时图形质量都不发生改变。

　　三维图形软件提供的一组工具可以用来创建能够表现三维对象的"线框"。线框很像一个自动弹起式帐篷的框架，如同先建造一个帐篷框架，然后用尼龙帐篷布板覆盖在框架上，三维图形软件能用表面纹理和色彩覆盖在线框对象上来创建一个三维对象的图形（见图 3-9）。有些三维软件专门用来创建工程图，而有些三维软件专门用来制作外形轮廓。

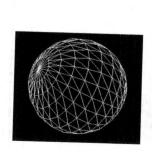

图 3-9　三维图形

　　CAD（computer aided design，计算机辅助设计）软件是一种专用的三维图形软件，建筑师和工程师用来创建蓝图和产品说明。AutoCAD 是应用最为广泛的专业 CAD 产品之一。

　　演示软件（如 Microsoft PowerPoint 2003，见图 3-10）提供了需要将文本、照片、剪贴画、图形、动画和声音整合到一系列幻灯片中的工具。幻灯片可以在显示器、投影机上进行演示，还可以把演示文稿制作成讲义等。

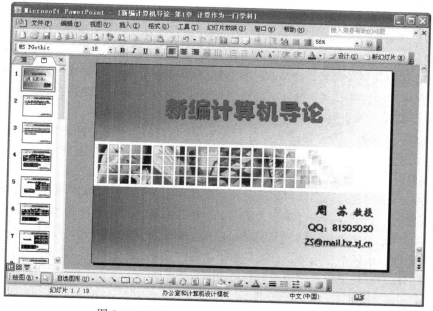

图 3-10　Microsoft PowerPoint 2003 操作界面

3.3.6 音乐软件

并不是只有音乐家和作曲家才会用到音乐软件，普通用户也可以方便地录制自己的数字语音和音乐唱片。操作系统中可能会提供音频编辑软件（如 Sound Recorder），用户也可以下载如 Audacity（音频编辑录音器，见图 3-11）之类的开源软件。音频编辑软件能提供类似磁带录音机上的控件，还能提供其他的数字编辑功能，例如，速度控制、音量调节、剪辑和混音等。

图 3-11　音频编辑录音器

除了播放功能之外，音频编辑软件通常还具有录音功能。有一种称为卡拉 OK 软件的专用版本，它可以整合音乐和显示在屏幕上的歌词，用户根据歌词用自己喜爱的声调唱歌。

音乐可以以多种数字格式存储在计算机中，也可以存储在便携式音频播放器（如 iPod）中。数字音乐格式（如 MP3 和 AAC）和存储在商用音频 CD 中的音乐格式不同。这些音乐格式比原始 CD 占用的存储空间要少得多。许多软件能够把商用 CD 中的音乐转换成可以在计算机和便携式音频播放器中播放的音乐。CD 抓轨软件能从音频 CD 中提取音轨上的内容并把它们用"原始的"数字格式存储在计算机的硬盘中。

音频编码软件（又称为音频格式转换器）可以把这些原始的音频文件转换成 MP3 或 AAC 格式。转换之后的文件即可在计算机上播放，还可以传送到便携式音频播放器上。有些 CD 抓轨软件也包括音频编码软件，使得抓轨和编码看起来像是在一个操作中完成的。

练耳软件是给那些音乐家和学习音乐的学生使用的，他们用这个软件来学习凭听觉记忆演奏、提高调音技能、识别音符与音调以及提高其他音乐技能。乐谱软件相当于音乐家的文字处理软件，它能帮助音乐家创作、编辑和打印乐曲的乐谱。非音乐专业人员使用计算机辅助音乐软件时，只需选择音乐风格、乐器、音调和拍子就能生成独特的音乐作品。MIDI 序列软件和软件合成器则是工作室音乐家工具箱中的重要组成部分。

3.3.7 视频编辑软件

计算机视频编辑的普及要归功于视频编辑软件，如 Windows 操作系统中的 Movie Maker（见

图 3-12）和 Mac 操作系统中的 Apple iMovie。视频编辑软件提供了一组传送摄像机中的视频连续镜头、剪掉不想要的镜头、按照任意顺序组合视频片段、添加视频特效和音轨等工具。

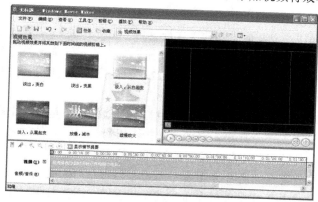

图 3-12　Windows Movie Maker 操作界面

3.3.8　娱乐软件

计算机游戏是最受欢迎的一种娱乐软件，通常可以分为角色扮演类、动作类、冒险类、益智类、模拟类、体育类、即时战略和战争类等。

多人游戏提供了使两名或更多玩家参与到同一游戏的环境。即使是最早的一些计算机游戏也允许两个玩家使用操纵杆进行游戏。如今运用 Internet 技术可以使许多玩家在复杂的虚拟环境中游戏。

大型的多人游戏通常会运行在多个 Internet 服务器上，每个服务器的容量在高峰时允许有几千个玩家同时游戏。在线多人游戏的一种新的变型是永恒的虚拟世界，在这种方式下即便游戏结束了，游戏中的物品仍旧保留。例如，一个玩家扔掉某个物品，那么当其他玩家经过时那个物品仍在那里。

3.3.9　商用软件

商用软件包括了纵向和横向市场软件的宽泛概念，这些软件能用来协助企业和组织完成日常的或专门的任务。

纵向市场软件用来自动完成特定的市场或企业中的特定工作。例如，专门为医院设计的患者管理和医保记账软件、为建筑企业设计的工程评估软件、为学校设计的学生成绩管理软件等。差不多每个企业都有某种专用的纵向市场软件，使得关键的商务活动自动化和合理化。

横向市场软件是指几乎任何企业都能使用的通用软件，例如薪资管理软件。几乎每个企业都有雇员，都必须维护薪金记录。不管哪种企业使用薪资软件，都必须收集相似的数据并进行相似的计算，来填写薪金支票和相关表格。会计软件和项目管理软件也属于横向市场软件。会计软件能帮助企业记录各种账目中资金的流入和流出情况，项目管理软件是策划大型项目、安排项目任务和跟踪项目花费的重要工具。

3.4　软件版本、版权和数字版权管理

计算机软件与书籍和电影等作品一样受版权保护。版权是授予一个程序的作者或版权的所

有者某种独占权利的合法保护形式，版权的所有者唯一享有复制、发布、出售、更改软件等诸多权利。

1．软件版本与升级

软件发行商会定期或不定期地对其软件进行更新（又称升级），以推出新版本取代旧版本、添加新特性、修复漏洞（补丁）以及完善安全性能等。为便于识别这些更新，通常每一版本都会带有版本号或修订号。例如，较新的 1.1 版或 2.0 版会代替 1.0 版。软件版本更新通常需要支付一定的费用，不过这比单独购买新版本要便宜。

软件升级包括新版本、补丁和服务包等多种类型。软件补丁是指一小段程序代码，用来替代当前已经安装的软件中的部分代码。服务包是指一组修正错误和处理安全漏洞的补丁，应用于操作系统的更新。软件补丁和服务包通常是免费的。

如今，合法使用的软件产品通常会连接到 Web，以检查有无更新可用，并会给出下载和安装的选项。最好是在软件补丁和服务包发布时就安装它们，因为其中所包含的修正代码都是针对安全缺陷的，用户越快修补这些漏洞越好。

2．软件版权和许可证

当购买了享有版权的软件时，购买者并没有成为版权的所有者，而仅仅是获得了这个软件的使用权。因此，购买软件之后能在自己的计算机上使用，却不能为了分发或出售该软件而另外进行复制。非法复制、发布或更改软件被称为软件盗版，所制造的非法副本则称为盗版软件。盗版软件不受法律保护，甚至会触犯刑法。

除了版权保护，计算机软件通常也受到软件许可证的保护。软件许可证是一种法律合同，确定用户对一个计算机程序的使用方式。对于微型计算机软件，用户可以在软件包装盒的外部、软件包装盒内部的一张单独卡片上或是在 CD 盘的封面上找到该软件的许可证。大型计算机的软件许可证通常是一份独立的法律文档，该文档由软件发布商与合伙的购买者协商达成。

软件许可一般都很冗长，并以"法律契约"的形式编写，只有当用户同意遵守软件许可的这些条款时，才能继续使用该软件。软件许可证经常扩大版权法给予用户的权利。例如，尽管版权法认为在多台机器上复制使用一个软件是非法的，但是软件许可证允许用户购买软件的一个副本而将它安装在家中和办公室的计算机中，只要用户是这两台机器的主要使用者。许可证用户可以在特定的环境下复制和更改软件。

1）小包裹许可证。当购买一个软件时，计算机企业使用小包裹许可证，软件包中的磁盘、CD-ROM/DVD 光盘等通常封装在一个包装内，打开包裹就表明同意了该软件许可证的各项条款，这在本质上是一种"要么接受，要么放弃"的办法。1996 年和 1997 年的法庭裁定支持小包裹许可证的有效性，它是对计算机软件提供合法保护的常用方法之一。

2）多用户许可证。对于网络系统应用，多用户许可证允许多人使用一个特定的软件包，一般以用户数来计算价钱，但每个用户付出的价钱比单用户许可所付出的价钱要少。使用多用户许可证允许使用一定数量的副本。例如，一家配备了网络系统的公司对某个字处理软件有五个副本同时使用许可证，则在任何时候都可以有最多五个职员使用该软件。

3）场所许可证。一般允许在一个特定地点的任何或所有计算机上使用该软件，如在一所大学内。

3．共享软件与公共域软件

共享软件是以"买前尝试"方式使用的具有版权的软件。共享软件通常包含一个允许试用一段时期的许可证。超过试用期，如果还想继续使用它，就应该交一笔注册费。共享软件许可证一般允许用户制作该软件的多个副本，也允许把这些副本分发给别人。这是一个节约广告开支的相当有效的市场策略。但是对于共享软件，注册费的支付依靠用户的自觉，所以其作者往往只得到他们因付出编程努力而应该得到的报酬中的一部分。

有时候，某个作者会放弃他对软件的所有权利，而把该软件置于公共领域，从而让该软件无限制地使用，这种软件称为公共域软件，与其说它属于这个作者，不如说是属于公众。公共域软件可以免费复制、分发，甚至是重新卖出。公共域软件的主要限制是不允许用户对该软件提出版权申请。

公共域软件又称"免费软件"，但是术语"免费软件"有时也应用于共享软件。这种术语使用的模糊性使得用户必须更加注意检查许可协议，以便于决定使用、复制和分发特定软件程序的方式。

4．数字版权管理

盗版音乐和电影是一种在全世界范围内不断滋生的行为，而合法的内容提供者正采取措施，如向法院起诉数字盗版行为，以及使用数字版权管理技术来阻止对内容的复制以减少盗版行为等。不过，这些为减少非法复制所采取的技术措施往往会给合法用户带来很大不便。

数字版权管理（digital rights management，DRM）是指版权所有者为了限制对数字内容的访问和使用所用到的一系列技术。因为 DRM 主要用来保护娱乐产业产品，所以在介绍 DRM 时，数字内容（或简称"内容"）通常是指电影、音乐、电子书以及计算机游戏。

数字内容可以通过播放器访问。播放器既可以指硬件设备，也可以指软件。软件播放器包括常见的媒体播放器，如 iTunes、Windows Media Player 和 QuickTime。而硬件播放器则包括如 CD 播放器、VCR、DVD 播放器、蓝光播放器、电子书阅读器和便携式音频播放器之类的独立设备。CD-ROM 和蓝光驱动器等计算机设备也可以当做播放器。

每一种配合数字内容的硬件设备和软件程序都具有可能被盗版者利用的弱点。加密内容的软件可能被破解，设备间传输的信号可能被截获，甚至利用模拟漏洞来收集内容，如在歌曲经过扬声器播放时用麦克风将其录下来，或是用便携式摄像机把电影院里播放的电影偷拍下来。由于数字盗版异常顽固，现代 DRM 系统通常会包含有多种层次的保护。

普通消费者会使用各种电子设备来播放数字内容。许多这样的设备都为消费者提供了方便的时间转换功能和空间转换功能，而 DRM 技术却可以让这些功能的使用受到限制。

时间转换是指录制广播（如电视节目）的过程，这样做是为了在更方便的时间播放视频。空间转换则指允许在不改变存储设备的情况下，在另一个地点访问来源于某一地点的媒体。空间转换通常需要计算机网络才能实现，例如，可以在带 Wi-Fi 功能的笔记本式计算机上观看从带 Wi-Fi 功能的机顶盒传来的有线电视节目。格式转换则是指将媒体文件从适用于一种设备的格式转换成适用于另一种设备的格式的过程。格式转换的一个常见用途就是将 CD 上的音轨抓取下来并转换成 MP3 格式，以便在如 iPod 之类的便携式音频设备上播放。

实际上，DRM 所起到的作用并没有达到版权所有者的预期，而且由于限制了合法购买内容的消费者对内容进行合法使用的选择，导致了某些消费者的不满。

5．信号加扰与数字水印

信号加扰会扰乱有线电视或卫星电视图像，直到机顶盒或其他授权过的装置对图像进行解扰才能正常显示。最早的加扰系统基于多种专用的算法，它传输的是非同步视频信号，而只有机顶盒才能对这种信号重新进行同步。随着数字内容的出现，加扰是通过对信号的数字比特加密实现的。

虽然从技术上讲可以自行制作解扰信号的设备，但这样做是违法的。通常消费者可能接受信号加扰技术并有这样的理解：在收到信号并对其解扰后，就可以将视频录制下来以备以后观看。但如数字水印之类的 DRM 技术会进一步限制消费者对解扰后内容的使用。

数字水印是指插入到图像中某个位置的比特图案，或是可以用来追踪、识别、校验和控制内容使用的内容流。例如，广播标记之类的水印通常不会被观众或听众感知到，但是会被配套的设备接收到。

广播标记是指插入到数字电视或广播节目的数据流中的一组比特，它指定了这些节目数据流的用途。广播标记能防止节目被解密或被复制，而且能将复制的节目限制在低分辨率，如将高清视频的分辨率降低到标准电视的分辨率。除此之外，广播标记还能阻止用户快速跳过商业广告节目。

广播标记主要用来限制对数字录像机（如 TiVo）的随意使用。在美国，许多高清电视都能识别广播标记。随着高清电视消费者越来越多，广播标记的使用范围也越来越广泛。

Intel 公司开发了一种名为 HDCP（高带宽数字内容保护）的 DRM 技术，通过加密数据流并确保数据流只有在经过认证的设备上解密和显示，这种技术可用来防止电影盗版。

3.5　习　　题

一、填空题

1. 如果你使用计算机写出一个报告，那么该报告是软件。对不对？＿＿＿＿＿＿＿

2. 为了有效地使用计算机，你需要成为一名程序员。对不对？＿＿＿＿＿＿＿

3. ＿＿＿＿＿＿＿使你能够使用类似于英语的指令编写计算机程序。

4. 软件的非法复制有时被称为＿＿＿＿＿＿＿软件。

5. 告诉计算机怎么将英寸转换成厘米的指令序列是一个计算机＿＿＿＿＿＿＿。

6. 在每个网络用户都需要软件的个人化版本时，将需要＿＿＿＿＿＿＿许可证。

7. ＿＿＿＿＿＿＿许可证通常允许在特定位置的任何和所有计算机上使用该软件。

8. "买前尝试"方针是指＿＿＿＿＿＿＿许可证。

9. 如果购买一个软件＿＿＿＿＿＿＿，将会同时得到多个应用软件。

10. ＿＿＿＿＿＿＿软件协助计算机完成最基本的操作任务，而＿＿＿＿＿＿＿软件则协助用户完成他们的工作。

11. UNIX 和 Linux 是服务器操作系统，而 Windows XP Home Edition 是＿＿＿＿＿＿＿操作系统。

12. DOS、Windows 和 Mac 操作系统通常用于＿＿＿＿＿＿＿计算机系统。

13. 如果想同时运行多个程序，应该使用一个具有＿＿＿＿＿＿＿功能的操作系统。

14. 名为＿＿＿＿＿＿＿的免费操作系统获得了网络和 Web 站点管理员的青睐。

15. ＿＿＿＿＿＿＿软件协助计算机完成一些像准备保存数据的磁盘、提供磁盘上的文件信息、把数据从一个磁盘复制到另一个磁盘等工作。

16. 你安装了一个＿＿＿＿＿＿＿以告诉计算机怎么使用一个新的外围设备。

17. 很多_____制作软件能够提供用来创建和排版打印的材料和基于 Web 材料的工具。

18. _____软件会提供一种"空白画布"，在其中"画"上数值、标签和公式就能创建数字模型。

19. _____软件能将数据存储为系列记录，并允许用户在不同类型的记录之间建立联系。

20. CD_____软件能够将音频 CD 中的文件传输到计算机硬盘中。

21. _____转换是指为了在更方便的时间播放视频而录制广播电视节目的过程。

22. 插入到音频或视频流中的数字_____不会引起用户的注意，但能被符合标准的设备读取。

23. 在第一次访问复制_____的音频 CD 时，会在计算机上安装一种能把插入到音轨中的故意损坏数据恢复成原状的软件。

24. 保护从在线音乐和视频商店下载来的内容的关键技术是将解密密钥绑定到用户账户的 DRM_____概念。

25. 微软公司的 DRM 允许_____销售，这是指一种允许消费者与朋友共享受保护的文件，但强制需要访问内容的人获得许可证的过程。

二、选择题

1. （　　）是能够便于其他程序执行的程序，并监控计算机系统中各个部件的活动。
   A. 操作系统　　　　B. 硬件　　　　C. 队列　　　　D. 应用程序

2. 最早的操作系统被称为（　　）操作系统，该操作系统只能确保资源从一个作业传递到下一个。
   A. 批处理　　　　B. 分时　　　　C. 个人　　　　D. 并行

3. （　　）操作系统使远程连接的计算机能够共享作业。
   A. 批处理　　　　B. 分时　　　　C. 并行　　　　D. 分布式

4. 多道程序需要（　　）操作系统。
   A. 批处理　　　　B. 分时　　　　C. 并行　　　　D. 分布式

5. DOS 被认为是一种（　　）操作系统。
   A. 批处理　　　　B. 分时　　　　C. 并行　　　　D. 个人

6. 拥有多个 CPU 的系统需要（　　）操作系统。
   A. 批处理　　　　B. 分时　　　　C. 并行　　　　D. 分布式

7. 每一个进程都是（　　）。
   A. 作业　　　　B. 程序　　　　C. 分区　　　　D. A 和 B

8. （　　）管理器是用来归档和备份的。
   A. 内存　　　　B. 进程　　　　C. 设备　　　　D. 文件

9. （　　）管理器是负责对 I/O 设备的访问。
   A. 内存　　　　B. 进程　　　　C. 设备　　　　D. 文件

10. （　　）管理器管理着作业调度器和进程调度器。
    A. 内存　　　　B. 进程　　　　C. 设备　　　　D. 文件

3.6 实验与思考：熟悉软件基础知识

一、实验目的

1）根据版权法和许可协议来决定软件使用的合法限制。

2）按照系统软件或者应用软件对软件进行分类。

二、工具/准备工作

在开始本实验之前，请回顾本章的相关内容。

需要准备一台带有浏览器并能够访问因特网的计算机。

三、实验内容与步骤

请检查一下实验所使用的计算机，了解计算机中安装了哪些软件，软件是什么版本，并通过网络搜索了解这些软件的最新版本是什么，如图 3-13 所示。

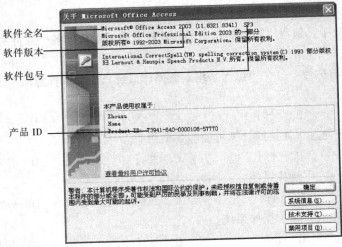

图 3-13 Microsoft Access 2003 版本信息

步骤 1：单击"开始"按钮，选择"所有程序"命令，打开已安装软件的列表。必要时，将鼠标指针指到列表中带向右三角形符号的项目，以查看软件程序的子列表。

请记录八个该机器安装的软件：

1）软件名称：_____

　软件用途：_____

2）软件名称：_____

　软件用途：_____

3）软件名称：_____

　软件用途：_____

4）软件名称：_____

　软件用途：_____

5）软件名称：_____

　　软件用途：_____

6）软件名称：_____

　　软件用途：_____

7）软件名称：_____

　　软件用途：_____

8）软件名称：_____

　　软件用途：_____

步骤 2：依次打开上述八个软件，了解其版本号和服务包的号码（如 SP2）。操作方法是：在软件操作界面中依次选择"帮助"→"关于"命令，在弹出的对话框中查看相关信息。

软件 1：软件全名：_____

　　　　版本号：_____

　　　　服务包：_____

　　　　产品 ID：_____

　　　　其他有用信息：_____

软件 2：软件全名：_____

　　　　版本号：_____

　　　　服务包：_____

　　　　产品 ID：_____

　　　　其他有用信息：_____

软件 3：软件全名：_____

　　　　版本号：_____

　　　　服务包：_____

　　　　产品 ID：_____

　　　　其他有用信息：_____

软件 4：软件全名：_____

　　　　版本号：_____

　　　　服务包：_____

　　　　产品 ID：_____

　　　　其他有用信息：_____

软件 5：软件全名：_____

　　　　版本号：_____

　　　　服务包：_____

　　　　产品 ID：_____

　　　　其他有用信息：_____

软件 6：软件全名：_____

　　　　版本号：_____

　　　　服务包：_____

　　　　产品 ID：_____

　　　　其他有用信息：＿＿＿＿＿＿＿＿＿＿＿＿＿＿＿＿＿＿＿＿＿＿＿＿＿

软件 7：软件全名：＿＿＿＿＿＿＿＿＿＿＿＿＿＿＿＿＿＿＿＿＿＿＿＿＿

　　　　版本号：＿＿＿＿＿＿＿＿＿＿＿＿＿＿＿＿＿＿＿＿＿＿＿＿＿＿＿

　　　　服务包：＿＿＿＿＿＿＿＿＿＿＿＿＿＿＿＿＿＿＿＿＿＿＿＿＿＿＿

　　　　产品 ID：＿＿＿＿＿＿＿＿＿＿＿＿＿＿＿＿＿＿＿＿＿＿＿＿＿＿＿

　　　　其他有用信息：＿＿＿＿＿＿＿＿＿＿＿＿＿＿＿＿＿＿＿＿＿＿＿＿＿

软件 8：软件全名：＿＿＿＿＿＿＿＿＿＿＿＿＿＿＿＿＿＿＿＿＿＿＿＿＿

　　　　版本号：＿＿＿＿＿＿＿＿＿＿＿＿＿＿＿＿＿＿＿＿＿＿＿＿＿＿＿

　　　　服务包：＿＿＿＿＿＿＿＿＿＿＿＿＿＿＿＿＿＿＿＿＿＿＿＿＿＿＿

　　　　产品 ID：＿＿＿＿＿＿＿＿＿＿＿＿＿＿＿＿＿＿＿＿＿＿＿＿＿＿＿

　　　　其他有用信息：＿＿＿＿＿＿＿＿＿＿＿＿＿＿＿＿＿＿＿＿＿＿＿＿＿

步骤 3：关闭"关于"对话框，并退出该软件。

四、实验总结

＿＿＿＿＿＿＿＿＿＿＿＿＿＿＿＿＿＿＿＿＿＿＿＿＿＿＿＿＿＿＿＿＿＿＿＿

＿＿＿＿＿＿＿＿＿＿＿＿＿＿＿＿＿＿＿＿＿＿＿＿＿＿＿＿＿＿＿＿＿＿＿＿

＿＿＿＿＿＿＿＿＿＿＿＿＿＿＿＿＿＿＿＿＿＿＿＿＿＿＿＿＿＿＿＿＿＿＿＿

＿＿＿＿＿＿＿＿＿＿＿＿＿＿＿＿＿＿＿＿＿＿＿＿＿＿＿＿＿＿＿＿＿＿＿＿

五、实验评价（教师）

＿＿＿＿＿＿＿＿＿＿＿＿＿＿＿＿＿＿＿＿＿＿＿＿＿＿＿＿＿＿＿＿＿＿＿＿

＿＿＿＿＿＿＿＿＿＿＿＿＿＿＿＿＿＿＿＿＿＿＿＿＿＿＿＿＿＿＿＿＿＿＿＿

3.7　阅读与思考：摩尔定律

　　被称为计算机第一定律的摩尔定律是指 IC 上可容纳的晶体管数目，约每隔 18 个月便会增加一倍，性能也将提升一倍。摩尔定律是由英特尔（Intel）名誉董事长戈登·摩尔（Gordon Moore）经过长期观察发现的。

　　1965 年，戈登·摩尔准备一个关于计算机存储器发展趋势的报告。他整理了一份观察资料。在他开始绘制数据时，发现了一个惊人的趋势。每个新的芯片大体上包含其前任两倍的容量，每个芯片产生的时间都是在前一个芯片产生后的 18～24 个月内。如果这个趋势继续的话，计算能力相对于时间周期将呈指数式的上升。Moore 的观察资料，就是现在所谓的摩尔定律，所阐述的趋势一直延续至今，且仍不同寻常地准确。人们还发现这不光适用于对存储器芯片的描述，也精确地说明了处理机能力和磁盘驱动器存储容量的发展。该定律成为许多工业对于性能预测的基础。

　　由于高纯硅的独特性，集成度越高，晶体管的价格越便宜，这样也就引出了摩尔定律的经济学效益。在 20 世纪 60 年代初，一个晶体管要 10 美元左右，但随着晶体管越来越小，小到一根头发丝上可以放 1 000 个晶体管时，每个晶体管的价格只有千分之一美分。据有关统计，按运算 10 万次乘法的价格算，IBM 704 计算机为 1 美元，IBM 709 降到 20 美分，而 60 年代中期 IBM 耗资 50 亿研制的 IBM 360 系统计算机已变为 3.5 美分。

　　归纳起来，"摩尔定律"主要有以下三种"版本"：

　　1）集成电路芯片上所集成的电路的数目，每隔 18 个月就翻一番。

　　2）微处理器的性能每隔 18 个月提高一倍，而价格下降 50%。

　　3）用一美元所能买到的计算机性能，每隔 18 个月翻两番。

　　以上几种说法中，以第一种说法最为普遍，后两种说法涉及价格因素，其实质是一样的。三种说法虽然各有千秋，但在一点上是共同的，即"翻番"的周期都是 18 个月，至于"翻一番"（或两番）的是"集成电路芯片上所集成的电路的数目"，是整个"计算机的性能"，还是"一美元所能买到的性能"就见仁见智了。

　　需要指出的是，摩尔定律并非数学、物理定律，而是对发展趋势的一种分析预测，因此，无论是它的文字表述还是定量计算，都应当容许一定的宽裕度。从这个意义上看，摩尔的预言实在是相当准确而又难能可贵的了，所以才会得到业界人士的公认，并产生巨大的反响。

　　摩尔定律问世 40 余年来，人们不无惊奇地看到半导体芯片制造工艺水平以一种令人目眩的速度提高。Intel 的微处理器芯片 Pentium 4 的主频已高达 2 GHz，2011 年推出了含有 10 亿个晶体管、每秒可执行 1 千亿条指令的芯片。人们不禁要问：这种令人难以置信的发展速度会无止境地持续下去吗？

　　事实上，总有一天，芯片单位面积上可集成的元件数量会达到极限。问题只是这一极限是多少，以及何时达到这一极限。业界已有专家预计，芯片性能的增长速度将在今后几年趋缓。一般认为，摩尔定律能再适用 10 年左右。其制约因素一是技术，二是经济。

　　从技术的角度看，随着硅片上线路密度的增加，其复杂性和差错率也将呈指数增长，同时也使全面而彻底的芯片测试几乎成为不可能。一旦芯片上线条的宽度达到纳米（10^{-9}m）数量级时，相当于只有几个分子的大小，这种情况下材料的物理、化学性能将发生质的变化，致使采用现行工艺的半导体器件不能正常工作，摩尔定律也就要走到它的尽头了。

　　然而，也有人从不同的角度来看问题。美国一家名叫 CyberCash 公司的总裁兼 CEO 丹·林启说："摩尔定律是关于人类创造力的定律，而不是物理学定律。"持类似观点的人也认为，摩尔定律实际上是关于人类信念的定律，当人们相信某件事情一定能做到时，就会努力去实现它。摩尔当初提出他的观察报告时，他实际上是给了人们一种信念，使大家相信他预言的发展趋势一定会持续。

资料来源：百度百科　（http://baike.baidu.com/）

第4章

操作系统和文件管理

操作系统（operating system，OS）是控制计算机中所有活动的核心系统软件，它是任何一个计算机系统都不可缺少的关键软件部件。操作系统是计算机系统中发生的所有活动的总控制器，也是决定计算机兼容性和平台的关键因素之一，它从根本上影响着计算机的使用方式。

目前，主流的操作系统包括 Microsoft Windows、Mac OS、UNIX 和 Linux 等，曾经主流的操作系统还有 DOS 等。这些操作系统具有不同的用户界面，并且只允许计算机运行与之兼容的软件。比如，使用 Windows 操作系统的计算机只运行 Windows 和 DOS 软件；使用 UNIX 操作系统的计算机通常只运行 UNIX 软件。

4.1 操作系统基础知识

如果把硬件设想成计算机系统的核心，那么操作系统的主要任务是协助计算机完成基本硬件操作，并且和更外层的应用软件进行交互，完成诸如打印和存储数据等应用操作。操作系统执行不同任务的过程通常称为"服务"，可以分为"外部"服务和"内部"服务两种。

操作系统提供外部服务以协助用户启动程序、管理被存储的数据和维护安全。操作系统提供选择程序的方法，也能帮助查找、重命名与删除文档和其他在存储介质中的数据。一些计算机操作系统在允许用户访问程序和数据之前,还会检查用户 ID 和密码以维护程序和数据的安全。

此外，操作系统提供内部服务来保证计算机系统有效运行，这些内部服务一般只受到操作系统本身的控制。操作系统控制输入/输出、分配系统资源、管理程序和数据的存储空间以及检测设备是否失效。操作系统负责分配系统资源，如磁盘空间、内存量或者处理器时间等，以便程序可以有效地运行。

个人计算机通常在出售时预装操作系统（如 Mac OS 或 Microsoft Windows，见图 4-1）。Linux 操作系统虽然也可以安装在个人计算机上，但主要用在高端工作站和服务器上。

虽然操作系统也是软件，但诸如 Windows 软件、Mac 软件和 Linux 软件之类的术语一般指的是应用软件。例如 Microsoft Word，它是运行在 Windows 操作系统中的文字处理软件。

4.1.1 操作系统活动

操作系统最明显的职责就是为运行软件提供环境。操作系统、应用软件和设备驱动程序的工作方式类似于命令的逐级下达。当用户使用某个应用软件发出命令后,应用软件就会命令操作系统该做什么，操作系统再命令设备驱动程序，最后由设备驱动程序驱动硬件，硬件就会开始工作。例如，打印文档的命令会经过包括操作系统在内的多层软件的接力传递，直到到达打印机为止。图 4-2 说明了打印文档或相片时命令的链式结构。

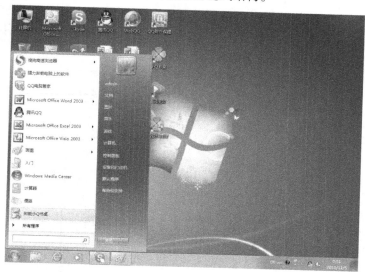

图 4-1 预装在 IBM 兼容计算机上的 Windows 7 界面

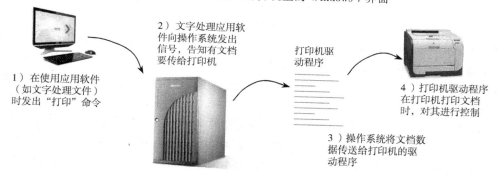

图 4-2 命令的链式结构

　　操作系统通过与应用软件、设备驱动程序和硬件之间的交互来管理计算机资源。在计算机系统中，资源是指任何能够根据要求完成任务的部件。例如，处理器就是资源，RAM、存储空间和外围设备也是资源。当用户使用应用软件时，操作系统也在幕后忙着处理各种资源管理任务，例如管理处理器资源、管理内存、记录存储器资源、确保输入/输出有序进行，以及确立用户界面的基本要素等。

　　操作系统管理处理器资源。计算机微处理器的每个周期都是可以用来完成任务的资源。当控制单元指导微处理器内部活动时，操作系统也以稍微高级的形式控制着微处理器的工作。

　　许多称为"进程"的计算机活动都会争取微处理器的资源。用键盘和鼠标输入时，正在运行的程序会发出命令。与此同时，数据必须传送给显示设备或打印机，来自因特网的网页也会到达计算机，操作系统必须确保每一个进程都能够分享到必要的微处理器周期。

　　在使用 Windows 时，可以打开"任务管理器"以查看正在执行的进程列表（<Ctrl+Alt+Delete>组合键，见图 4-3）。在同时按下<Ctrl>、<Alt>和<Delete>键后，Windows 操作系统会显示出进程列表。多数进程是在后台运行的程序，它们可以为操作系统、设备驱动程序和应用软件执行各种任务。而机器人程序和蠕虫有时也会产生异常进程。如果想知道进程是否是正当的，那么可以使用各种搜索引擎来查询进程名称。在普通的计算会话中，计算机平均运行 50 个进程。在理想状态下，操作系统能帮助微处理器无缝地切换多个进程。而根据操作系统和计算机硬件的性能差异，管理进程的方式有多任务、多线程以及多重处理。

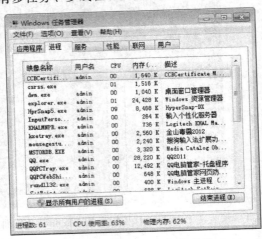

图 4-3　Windows 任务管理器

　　多任务提供了进程和内存管理服务，允许两个或多个任务、作业和程序同时运行。多数操作系统都提供了多任务服务，其中包括个人计算机操作系统。在一个程序中，多线程允许多个部分或线程同时运行。例如，电子表格程序的一个线程可能在等待用户的输入，而其他线程则在后台进行长时间的计算。多线程可以提升单处理器或多处理器计算机的性能。许多新计算机都装有多核处理器或多个处理器。操作系统的多重处理能力会将任务平均分配给所有处理单元。

　　内存是计算机中最重要的资源之一，微处理器处理的数据和执行的指令都存储在内存中。当用户想要同时运行多个程序时，操作系统就必须在内存中为不同程序分配出特定的空间。

　　当多个程序在运行时，操作系统需要避免内存泄漏，即确保指令和数据不能从内存中的一个区域"溢出"到已经分配给其他程序的另一个区域。如果不能保护每个程序的内存区域，那么数据就将被破坏，程序可能崩溃，计算机将显示出错信息如 General Protection Fault（一般性保护错误）或 Program Not Responding（程序没有响应）。

　　在幕后，操作系统负责存储和检索计算机硬盘和其他存储设备上的文件。它能记住计算机中所有文件的名字和位置，并且知道哪里有可以存储新文件的空闲空间。

　　每个与计算机相连接的设备都可视作输入或输出资源。操作系统会与设备驱动程序通信，以确保数据在计算机和外围设备间可以顺畅地传输。如果外围设备或其驱动程序不能正常运行，操作系统会采取适当措施，并在屏幕上显示警告信息。

　　操作系统会确保有序地处理输入和输出，并在计算机忙于其他任务时使用"缓冲区"来收集和存放数据。所谓"缓冲区"（buffer）指的是内存中用来存放正在等待从一个设备传输到另一个设备中的数据的区域。例如，通过使用键盘缓冲区，无论用户敲击键盘的速度有多快，或者计算机同时还在做其他事情，计算机都不会漏掉用户按下的任何一个键。

　　为了更好地了解不同操作系统的优点和缺点，下面对操作系统做一个大致分类：

单用户操作系统（如 DOS）处理的是一次只能由一个用户控制的输入设备。掌上型计算机和一些个人计算机的操作系统可以归为单用户操作系统。

多用户操作系统允许一台集中式计算机（通常是大型计算机）处理来自多个用户同时进行的输入、输出和处理请求。多用户操作系统最艰巨的任务之一就是对必须执行的处理请求进行排序。IBM 公司的 Z/OS 就属于大型计算机多用户操作系统。

服务器操作系统提供了用来管理分布式网络、电子邮件服务器和网站托管的工具。Mac OS X Server、Windows Server 2008 和 Linux 都属于服务器操作系统。从技术上讲，多用户操作系统可对集中式计算机要处理的请求进行排序，而服务器操作系统则仅仅是通过路由将数据和程序发送给每个用户的本地计算机，实际的处理发生在本地计算机上。不过，如今的服务器操作系统既可以配置成集中式处理，也可以配置成分布式处理。

桌面操作系统是指一种为桌面计算机、笔记本式计算机和平板电脑等个人计算机设计的操作系统。在家、学校和工作中所使用的计算机一般都配置了桌面操作系统（如 Microsoft Windows 或 Mac OS）。通常，这些操作系统都被设计成单一用户的，但它们也可以提供网络功能。现在的桌面操作系统都能提供多任务功能，用户可以同时运行多个应用软件。

尽管操作系统的主要目的是在幕后控制计算机系统的运行，但是许多操作系统仍然提供了称为实用程序的有用工具，帮助用户来控制和定制计算机设备和工作环境。例如，Microsoft Windows 为用户提供了对以下行为的控制：

1）启动程序。在启动计算机时，Windows 会显示图形对象（如图标、"开始"按钮、"程序"菜单等），用户可以使用这些图形对象来启动程序。

2）管理文件。"Windows 资源管理器"是个有用的实用程序，它允许用户查看文件列表、将文件移动到不同的存储设备上，以及复制、重命名和删除文件。

3）获得帮助。Windows 提供了"帮助"功能，用户可以用它来了解各种命令是如何执行的。

4）定制用户界面和配置设备。Windows "控制面板"提供了帮助用户定制屏幕显示和工作环境的实用程序，还提供了对实用程序的访问，来帮助用户安装和配置计算机的硬件及外围设备。许多 Windows 实用程序都可以从"控制面板"访问。在"开始"菜单中找到"控制面板"，打开后，其中显示了"控制面板"的实用程序（作为图标），如图 4-4 所示。

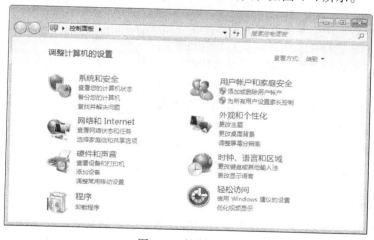

图 4-4 控制面板

4.1.2 用户界面

用户界面是指用来帮助用户与计算机相互通信的软件与硬件的结合。计算机的用户界面包括能够帮助用户查看和操作计算机的显示器、鼠标和键盘，以及软件元素（如图标、菜单和工具栏按钮）。常见的桌面操作系统都使用基本类似的图形用户界面。

操作系统的用户界面为可兼容的软件定义了所谓的"外观"和"体验"。例如，在 Windows 下运行的应用软件使用一组基于操作系统用户界面的标准菜单、按钮和工具栏。最初，计算机使用的是命令行界面（例如 DOS），它需要用户输入熟记的命令来运行程序和完成任务。多数操作系统都允许用户访问命令行用户界面。有经验的用户和系统管理员有时更喜欢用命令行界面进行故障检查和系统维护。

现在的计算机大多数都具有图形用户界面（graphical user interface，GUI）的功能。图形用户界面提供了用鼠标点击来选择菜单选项并操作屏幕上显示的图形对象的方式。

图形用户界面最初是由著名的 Xerox PARC（施乐）公司的研究机构设想出来的。1984 年，苹果公司的研制者成功地将这一概念运用到商业中，在当时深受欢迎的 Macintosh 计算机上首次使用了具有图形用户界面的操作系统和应用软件。但是，直到 1992 年发布的 Windows 3.1 成为绝大多数 PC 的标准配备时，图形用户界面才真正成为 PC 市场的主流。

图形用户界面基于能用鼠标或其他输入设备操纵的图形对象。每种图形对象都代表一种计算机任务、命令或现实对象。图标和窗口在桌面上显示，图标是代表程序、文件或硬件设备的小图片，而窗口是能容纳程序、数据或控件的矩形工作区。

按钮是指用来点击以作出选择的图形（通常是矩形）。按钮可以排列在菜单栏、工具栏、任务栏或功能区中。

菜单的出现解决了使用命令行用户界面时用户需要记忆命令字和语法上的困难。菜单能将命令或选项显示成列表形式。菜单上的每一行通常称为菜单项（menu item）。用户可以直接在列表上选择所需要的命令，并且菜单列表中的所有命令都是有效的，所以不会产生调用无效命令时出现的错误。通常会将菜单选项列表展示成适当的大小子菜单和对话框。

子菜单是用户在主菜单上作出选择后计算机所显示出的一系列补充命令。有时子菜单会显示能提供更多命令选择的另一个子菜单。一些菜单项会打开对话框，在其中显示与命令相关联的选项，对话框可以包括各种控件（见图 4-5）。用户可以在对话框中输入信息，以指示计算机怎样按用户的要求执行命令。对话框上显示有控件，用户可以通过使用鼠标操纵控件，以指定设置和其他命令参数。

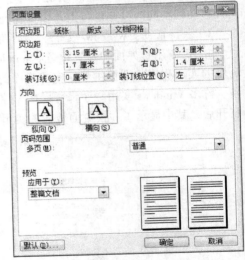

图 4-5　对话框

4.1.3 引导过程

有一些数字设备（如掌上型计算机和视频游戏机）的操作系统很小，以至于可以存储在只读存储器（ROM）上。而大多数计算机的操作系统都非常庞大，所以其大部分内容都存储在硬盘上。

在开启计算机与计算机准备完毕并能接收用户发出的命令之间所发生的一系列事件称为引导过程，或"引导"计算机。在引导过程中，操作系统内核会加载到内存中。在计算机运行时，内核会一直驻留在内存中。内核提供的是操作系统中最重要的服务（如内存管理和文件访问）。操作系统的其他部分（如定制实用程序）则只有当需要时才载入。

计算机的小型引导程序内置于计算机系统单元内专门的 ROM 电路中。开启计算机时，ROM电路通电并通过执行引导程序启动引导过程。引导过程有以下六个主要步骤：

1）通电。打开电源开关，电源指示灯变亮，电源开始给计算机电路供电。

2）启动引导程序。微处理器开始执行存储在 ROM 中的引导程序。

3）开机自检。计算机对系统的几个关键部件进行诊断测试。

4）识别外围设备。计算机能识别与之相连接的外围设备，并检查设备的设置。

5）加载操作系统。将操作系统从硬盘读取并复制到随机存储器（RAM）中。

6）检查配置文件并对操作系统进行定制。微处理器读取配置数据，并执行由用户设置的启动程序。

计算机内存大都属于"易失存的"RAM，如果掉电，存放在 RAM 上的数据会立刻丢失，存放在 RAM 中的操作系统副本也会丢失。除了 RAM，计算机还有"非易失存的"内存电路（ROM 和 EEPROM），这种内存在掉电时也能够保存数据，但其大小不足以存储整个操作系统。

由于 RAM 是易失存的，而 ROM 和 EEPROM 的容量又太小，所以操作系统存储在计算机的硬盘上。在引导过程中，操作系统的一个副本被传送到 RAM 中，计算机在执行输入、输出或存储等操作时，就能够按需要从 RAM 中快速访问操作系统。引导程序将操作系统复制到 RAM 中，以便处理器可以直接访问操作系统，如图 4-6 所示。

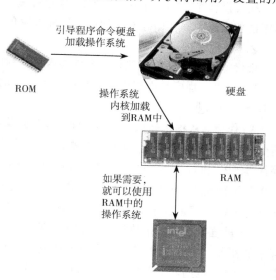

图 4-6　引导程序复制操作系统

4.1.4　操作系统的组成

操作系统软件是最优秀、最复杂和最庞大的软件之一，所以，真正领会操作系统的概念、原理、方法和技巧等，是有一定困难的。操作系统的设计和实现是所有其他程序设计和实现的基础。程序员如果能理解操作系统的工作原理，就能够编写出更好的中间件和应用程序。此外，无论是为新设备编写驱动程序，创建新的微内核服务器，还是提供能够高效处理发展需求的新系统等，都需要理解基本的操作系统原理和技术。

操作系统原理所涉及的相关主题如图 4-7 所示。现代操作系统至少具有以下四种职能：存储管理、进程管理、设备管理和文件管理。操作系统的用户界面（GUI）或命令解释程序（shell）负责操作系统与外界的联系，如图 4-8 所示。

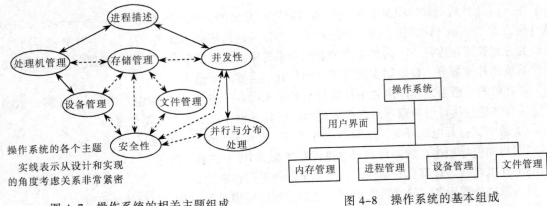

图 4-7　操作系统的相关主题组成　　　　图 4-8　操作系统的基本组成

1. 内存管理

现代操作系统的一个重要职责是存储管理。计算机中存储容量激增，同样所处理的数据和程序也越来越大。存储分配必须进行管理以避免"内存不足"的错误。

2. 进程管理

现代操作系统进程管理有三个重要术语：程序、作业和进程。

1）程序。程序是由程序员编写的一组稳定的指令，存在硬盘（或磁盘）上，它可能会也可能不会成为作业。

2）作业。从程序被选中执行，到其运行结束并再次成为程序的这段过程中，程序称为作业。整个过程中，作业可能会或不会被执行。它或者驻留在硬盘上等待被装入内存，或者在内存中等待被 CPU 执行，或者驻留在硬盘或内存中等待 I/O 事件。在所有这些情况下程序才称为作业。当作业执行完毕（正常或不正常），作业又变成程序并再次驻留在硬盘中，操作系统不再管理程序。每个作业都是程序，但并不是所有的程序都是作业。

3）进程。进程是指执行中的程序，该程序开始运行但未结束。换句话说，进程是驻留在内存中的作业，它是从众多等待作业中选取出来并装入内存中的作业。进程可以处于运行状态或者等待 CPU 调用。只要作业被装入内存就成为进程。每个进程都是作业，而每个作业未必都是进程。

3. 设备管理

设备管理（又称"输入/输出管理"）负责有效地使用 I/O 设备。在计算机系统中，I/O 设备在数量和速度上受到限制。由于这些设备与 CPU 和内存比起来速度要慢很多，所以当进程访问 I/O 设备时，在该段时间内这个设备对其他进程而言是不可用的。设备管理的职责是：

1）不停地监视所有的 I/O 设备，以保证它们能够正常运行。同样也需要知道什么时候设备已经完成一个进程的服务，准备为队列中的下一个进程服务。

2）为每一个 I/O 设备或是类似的 I/O 设备维护一个队列或多个队列。例如，如果系统中有两个高速打印机，管理器能够分别用一个队列维护一个设备，或是用一个队列维护两个设备。

3）使用不同方式访问 I/O 设备。例如，可以用先入先出法来访问一个设备，而用最短长度优先来访问另一个设备。

4．文件管理

现代操作系统使用文件管理来控制对文件的访问。文件管理的职能是：

1）控制对文件的访问。只有那些获得允许的才能够访问，访问方式也可以不同。例如，进程（用户也称为进程）也许可以读取文件，但却不允许写（改变）文件。另一个进程也许被允许执行文件，但却不允许查看文件的内容。

2）管理文件的创建、删除和修改。

3）可以给文件命名。

4）管理文件的存储（怎样存储，存在哪里等）。

5）负责归档和备份。

4.2　现代操作系统

通常将操作系统分成两类，即服务器操作系统和桌面操作系统。因特网 Web 站点的计算机通常称为"服务器"，它通过分散的计算机向人们提供信息，人们在家中或办公室使用的计算机通常称为"桌面"或者"客户端"计算机。

服务器操作系统（又称"网络操作系统"或"后台操作系统"）是专门为那些在网络和 Web 站点提供集中化存储机制和通信功能的计算机而设计的；桌面操作系统（又称"个人操作系统"或"前台操作系统"）是专门为单用户微型计算机设计的。一般用户通常与桌面操作系统进行交互，而不直接使用服务器操作系统，但是，了解主流的服务器操作系统也是很有必要的。

4.2.1　Microsoft Windows

全世界有超过 80% 的个人计算机上安装了 Microsoft Windows 操作系统。Windows 的名称缘于出现在基于屏幕的桌面上的那些矩形工作区。每一个工作区窗口都能显示不同的文档或程序，为操作系统的多任务处理能力提供了可视化模型。不同版本的操作系统，例如 Windows XP 和 Window 7 使用的是相似的 GUI 控件，只是图标和其他图形元素的外观看起来有细微差别。

早期的 Windows 有时被称为"操作环境"而不是操作系统，因为它们需要 DOS 操作系统来提供操作系统内核。Windows 操作环境最初是用可点击的用户界面隐藏了 DOS 命令行，它可通过图形屏幕显示和鼠标输入来实现。发展至今日，Windows 操作系统已经不再需要 DOS 内核了。

从一开始 Windows 操作系统就是为使用（或者兼容）英特尔处理器的计算机设计的。随着芯片体系结构从 16 位、32 位发展到 64 位，Windows 始终跟随着 CPU 芯片发展的脚步。此外，还添加和升级了各种功能，例如，连接网络和文件系统。对用户界面进行改进，以使用户界面外观更漂亮而且更容易使用。Windows 从 1985 年问世以来发展了很多版本，如表 4-1 所示。

在 Windows 上运行的程序的数量和多样性是其他任何操作系统都无法匹敌的，这使得 Windows 成为使用最广泛的桌面操作系统。

运行 Windows 的硬件平台的多样化也是其显著优势之一。用户可以使用桌面计算机、笔记本式计算机、PDA、上网本或平板电脑来运行具有相似图标和菜单的各种版本的 Windows。诸如手写识别之类的功能让 Windows 的用途更加广泛，可以控制带有触摸屏的 PDA 和平板电脑。

Windows 为硬件和外围设备的内置驱动程序和即插即用功能提供了极好的支持。Windows 庞大的用户群也是其一大优势。由于有着各种平台中最广大的用户基础，Windows 计算机用户群成为大部分硬件生产商的主要目标市场。

Windows 一直以来存在的主要问题在于其可靠性和安全性。操作系统的可靠性通常是由无故障正常运行的时间来度量的。但遗憾的是，Windows 出现不稳定情况的频率往往要比其他操作系统高。系统响应变慢、程序无法工作以及出现错误消息都是 Windows 出故障的表现。重启系统通常能排除故障而且使计算机的功能恢复正常，但浪费在关闭系统和等待重启上的时间，却为使用过程增加了不必要的挫折。

在各种主要的桌面操作系统中，Windows 是公认的最容易受病毒和其他攻击侵扰的系统。之所以如此，部分是因为其庞大的用户群使之成为最大的目标。Windows 有许多安全漏洞被黑客发现并利用。虽然微软公司致力于修补安全漏洞，但其程序员始终要比黑客慢一步，因此，在用户等待补丁的过程中，他们的计算机可能已经受到影响了。

表 4-1　Windows 发展历程

年　份	版　　　　　本
2009	Windows 7 支持 64 位处理，强化了桌面和任务栏的功能，还增强了与触摸屏互动的性能
2007	Windows Vista 支持 64 位处理，强化了安全性能，而且在文件管理方面更具灵活性。同时也具有更强的搜索功能，而且文档缩略图的图标更加生动
2001	Windows XP 有更新过的用户界面，使用 Windows 2000 的 32 位内核，支持 FAT32 和 NTFS 文件系统
2000	Windows Me 最后一款使用了能够访问 DOS 的 Windows 内核的 Windows 版本
2000	Windows 2000 是"适用于各种企业的多功能的网络操作系统"，具有强化的 Web 服务功能
1998	Windows 98 这个 Windows 版本最大的特点是稳定性的增强，这其中包括了 Internet Explorer 浏览器
1995	Windows 95 以修改过的用户界面为特色，支持 32 位处理器、TCP/IP 协议、拨号上网和长文件名
1993	Windows NT 提供网络服务器和 NTFS 文件系统的管理工具和安全工具
1992	Windows for Workgroups 提供对等连接网络、电子邮件、组调度及文件和打印机共享等功能
1992	Windows 3.1 采用了程序图标和文件夹隐喻
1990	Windows 3.0 采用了图形控件
1987	Windows 2.0 采用了重叠式窗口，扩展了内存访问
1985	Windows 1.0 将屏幕分割为众多矩形"窗口"，使得用户可以同时运行多个程序

微软公司通常会针对不同市场发行多个版本的 Windows 操作系统。桌面计算机版（如家庭版、专业版和企业版）是为个人计算机设计的；而服务器版则是为局域网、因特网或 Web 服务器设计的；还有为 PDA 和移动电话等手持设备设计的嵌入式设备版本。表 4-2 所示为一些最常见的 Windows 操作系统分类。

表 4-2　Windows 操作系统版本分类

分类	个人计算机	局域网、因特网和 Web 服务器	PDA、智能手机和非个人计算机设备
版本	Windows 7 Starter Windows 7 Home Premium Windows 7 Professional Windows 7 Ulitimate	Windows Server 2008 Windows Server 2003 Windows 2000 Server	Windows Mobile OS Windows Embedded CE Windows XP Embedded

4.2.2　Mac OS

1984 年，苹果公司迈出开创性一步，发布了 Apple Lisa 计算机。该计算机提供图形化用户界面，包含可以通过鼠标进行操作的菜单、图标等。但是，Lisa 计算机在商业上并不成功，而 Apple 的下一个产品，即 Macintosh 计算机取得了很好的成绩，具有图形化用户界面的 Mac OS 操作系统是其成功的决定性因素。1998 年，苹果公司发布的 iMac 计算机也包含 Mac OS。像 Windows 一样，Mac OS 经历了多个版本的改进，能提供多任务功能并支持小型网络。

与 Mac OS 兼容的软件称为 Macintosh 软件，简称 Mac 软件。尽管 Mac OS 的开发比 Windows 早几年，Macintosh 和 iMac 用户可以选择许多 Macintosh 软件，但是其应用软件的数量远小于 Windows 操作系统下可以运行的软件数量。借助于特殊的仿真硬件和软件插件，Macintosh 计算机可以运行某些 Windows 软件，但是运行性能不是最佳的，所以大多数 Mac OS 用户仍然坚持只使用 Macintosh 软件。不过许多高产的软件发行商都会在发行 Windows 版软件的同时，发行一个与之类似的 Mac OS 版本。

与 Windows 一样，Mac OS 也经历过一系列的修订，如表 4-3 所示。最初的 Classic Mac OS 是为采用摩托罗拉（Motorola）68000 微处理器的 Macintosh 系列的计算机设计的。

表 4-3　Mac OS 发展历程

年　份	版　　本
2009	2009 Mac OS X 10.6（Snow Leopard） 提高效率和可靠性的增强版，比前一版系统小 7 GB
2007	Mac OS X 10.5（Leopard） 同时支持英特尔和 PowerPC 处理器，完全支持 64 位应用程序
2006	Mac OS X 10.4.4（Tiger Intel） Intel Mac 的第一个操作系统，和 PowerPC 平台的 Mac OS 有着完全相同的功能
2001	2001 Mac OS X 10.1～10.4（Cheetah、Puma、Jaguar、Panther 和 Tiger PowerPC） PowerPC Mac 使用的桌面版本，新内核基于名叫 XNU 的类 UNIX 的开源代码，具有更平滑边缘以及半透明色彩特性的专有图形用户界面 Aqua，支持多用户具有多任务处理能力
1999	1999 Mac OS 9 使用了具有争议的金属质感的用户界面，支持多用户，具有可以搜索因特网和本地存储设备的 Sherlock 搜索实用程序、CD 刻录软件，都是在 IBM PowerPC 芯片上运行设计。提供了用来运行基于摩托罗拉芯片设计的软件的典型模拟

年　份	版　　　　　本
1997	Mac OS 8 全色彩图形用户界面，可以在摩托罗拉 68000 和 IBM PowerPC 处理器上运行，支持大型文件以及最多 255 个字符的文件名
1991	System 7/Mac OS 用户界面图标彩色化，率先采用了虚拟内存和个人文件共享，包含常用的视频软件 QuickTime，确定图标功能的气泡帮助，兼容 32 位
1988	System 6 率先使用多任务技术，没有内置虚拟内存的支持
1984	Classic Mac OS 使用灰阶图形用户界面，具有可以通过鼠标操纵的图标和菜单。单任务，有限的内存管理，文件系统包括数据部分和资源部分

2001 年 Classic Mac OS 被重写，以运行在使用 IBM PowerPC 微处理器的 Macintosh 计算机上。新的 Mac OS 叫做 Mac OS X（X 既能当做数字 10，也能当做字母 X）。Mac OS X 比它的前辈们更加先进，有着更好的内存管理和多任务处理功能。

2006 年 Macintosh 硬件做了重大改变，即用英特尔处理器代替 PowerPC 处理器。Mac OS X 因此又被重写。第一个支持英特尔架构的 Mac OS X 版本是 Mac OS X 10.4.4 版，它有时也被称为 Tiger。

Mac OS X 被公认为是易用、可靠而且安全的操作系统。当 PC 用户还在使用 DOS 命令符操作系统的年代，Mac OS 用户就已经用上可以点击的图形用户界面了。Mac OS 的开发人员一直都走在直观的用户界面设计领域的前列。

Mac OS X 的操作系统内核是基于 UNIX 的，而且它包括工业级的内存保护功能，这样就可以使系统错误或故障发生的概率变得很低。Mac OS X 从 UNIX 身上继承了很强的安全基础，这样就能将安全漏洞的数量和黑客设法通过漏洞侵入系统所造成的损害减少到一个很低的水平。另一个让使用 Mac OS 有助于计算机安全的因素是，只有少数病毒是针对 Mac OS 的用户群的，因为 Mac OS 的用户群要远远小于 Windows 用户群。尽管如此，Mac OS 的用户还是应该采取必要的安全措施，例如，及时使用软件和操作系统补丁、激活无线网络加密、不要打开可疑的电子邮件附件以及不要随意点击电子邮件内容中的链接。

Mac OS X 还提供了强大的向后兼容、双启动选项以及很好的虚拟机平台。向后兼容是指针对某产品其使用前代硬件或软件的能力。例如，如果新的操作系统对旧的计算机上的操作系统来说是向后兼容的，那么可以在新的计算机上使用所有旧的应用软件。Macintosh 计算机和 Windows 计算机都在新的操作系统中提供了对前代软件的支持。

除了使用为 Mac 设计的软件外，在 Intel Mac 上使用的 Mac OS X 还提供了运行 Windows 以及 Windows 应用软件的功能。Boot Camp 软件就是一种双启动实用程序，它可以在 Mac OS X 和 Windows XP 间切换系统。在启动时，用户可以选择 Mac OS X 或 Windows。若要更改操作系统，需要重启计算机。

Mac OS X 对虚拟机技术来说也是一个很好的平台，虚拟机技术允许用户使用一台计算机来模拟另一台计算机的硬件和软件。每一台虚拟机都有自己的模拟处理器（或核处理器）、RAM、视频卡、输入/输出端口以及操作系统。而且每一台虚拟机都能运行与虚拟的硬件和操作系统相兼容的大多数软件。

　　常见的虚拟机软件 VMWare 和 Parallels Desktop 可以运行在大多数使用英特尔微处理器的计算机上，包括 Intel Mac、PC 和普通的 Linux 计算机。计算机可以被引导到其本机的操作系统（如 Mac OS X），但用户可以创建运行来宾（guest）操作系统（如 Windows）的虚拟机。虚拟机的桌面会出现在 Mac OS 屏幕上的一个窗口中。从理论上讲，使用虚拟机软件，Mac OS 桌面可以显示虚拟的 Windows 计算机、虚拟的 Linux 计算机以及本机的 Mac OS X 计算机。

　　在带有虚拟 Windows 和 Linux 的 Mac OS 中，切换操作系统就像选择窗口一样简单。在切换到 Windows 工作区后，可以使用为 Windows 操作系统设计的游戏、商用软件以及其他应用软件。点击 Linux 工作区，可以运行各种 Linux 下的开源软件。然后回到 Mac OS X 桌面，就可以运行专门为 Mac OS 设计的高端图形和多媒体软件 iLife。

4.2.3　UNIX 和 Linux

　　UNIX 操作系统是 1969 年由 AT&T 公司的贝尔实验室开发的，它是一个在专业领域中较为流行的非常强大的操作系统。它有三个显著的特点：第一，UNIX 是可移植的操作系统，它只需经过较小的改动就能方便地从一个平台移植到另一个平台，这主要是因为它的主要部分是由 C 语言编写的（而不是机器语言）；第二，UINX 拥有一套功能强大的工具（命令），能够组合起来（在可执行文件中被称为脚本）去解决许多问题，而这一工作在其他操作系统中则需要通过编程来完成；第三，它具有设备无关性，因为操作系统本身就包含了驱动程序，这意味着它可以方便地配置来运行任何设备。概括来说，UNIX 具有一个强大的操作系统所拥有的一切特点，包括多道程序、虚拟内存和设计得非常优秀的文件和目录系统。

　　UNIX 凭借其在多用户环境下的可靠性获得了良好的声誉，它的众多版本也被大型计算机和微型计算机所使用。

　　Linux 是芬兰的 Linus Torvalds 最初在 1991 年开发的基于 UNIX 的操作系统。事实上，Linux 的灵感来自于从 UNIX 衍生出的 MINIX（由 Andrew Tanenbaum 编写的），并在此基础上不加束缚地进行编写。Linux 和 UNIX 非常接近，整个设计是为了让 UNIX 在 Intel 微处理器上更有效地运行。如今，Linux 可以运用到各种平台上，而且在程序员和商业用户中变得越来越流行。

　　Linux 的源代码是带着通用公共许可证（General Public License，GPL）发布的，即允许任何人为个人使用而复制、转送他人或出售。这种许可政策鼓励了编程人员继续开发 Linux 的实用程序、软件和改进版本。Linux 保留有许多 UNIX 的技术特点，例如，多任务处理和多用户功能。它也是一种安全可靠的系统。Linux 主要在 Web 上发布。

　　Linux 通常比 Windows 和 Mac 桌面操作系统需要更多的修补。Linux 下能运行的程序数量相对有限，这也使得非技术用户在为他们的桌面计算机和笔记本式计算机挑选操作系统时，不倾向于选择 Linux。现在有数量不断增加的高质量的开源软件可以在 Linux 平台上使用，但许多应用软件都是面向企业和专业用户的。

　　许多网站会提供 Linux 发行版，即一个包括了 Linux 内核、系统实用程序、图形用户界面、应用程序和安装程序的软件包。初学者易用的 Linux 发行版本包括 Fedora、Mandrivia、SuSE 和 Ubuntu。早先为上网本设计的 Google Chrome OS 也是构建在 Linux 内核之上的。

4.3　手持设备操作系统

手持设备（handheld device）又称移动设备（mobile device，或 cell phone device）、口袋电脑（Pocket PC）等，是一种口袋大小的计算设备，通常有一个小的显示屏幕，触控输入或是小型键盘。由于通过它可以随时随地访问并获得各种信息，这一类设备很快变得流行起来。

典型的移动设备包括 iPhone、iPad、iPod、黑莓（Blackberry）设备、电子书和 GPS 导航仪等装置，以及 PDA 和掌上游戏机、掌上型计算机等。这些设备含有许多计算机的特性，它们可以接收输入、产生输出、处理数据，并具有一定的存储能力。但不同的手持设备的可编程性与多功能性是有差别的。从技术角度来讲，这些设备多数可以归类为计算机，但通常会根据其功能归类为 PDA、掌上型计算机、智能手机和便携式媒体播放器等。

手持设备的操作系统和桌面设备的操作系统提供了许多相似的功能，例如，调度处理器资源、管理内存、加载程序、管理输入/输出和建立用户界面。但因为手持设备常常用于处理较简单的任务，所以其操作系统稍微简单些而且小很多。

手持设备操作系统一般很小，可以存储在只读存储器上。因为不需要将操作系统从硬盘加载到 RAM 中，手持设备的操作系统几乎可以在设备开启时立刻使用。掌上设备的操作系统可以提供内嵌的触摸屏、手写输入、无线网络连接和蜂窝通信。

以智能手机为例，判定一款手机是否为智能手机，并不是看其是否支持 MP3、HTML 页面浏览、外插存储卡等功能，而是看其是否自带操作系统。也就是说，要看操作系统的程序扩展性，看它是否可以支持第三方软件的安装和应用。

手持设备使用的操作系统主要有微软 Windows Mobile、苹果 iOS、Linux（Android、Maemo、WebOS）、Symbian、Palm OS 和 BlackBerry OS 等。市场上采用 Symbian 操作系统的手机多为诺基亚和索尼爱立信生产；采用 Windows Mobile 操作系统的手机包括 HTC（Dopod、Qtek）等，以及 Mio 生产的带有 GPS 功能的手机；采用 Palm OS 的手机包括 HandSpring（与 Palm 合并）的 Treo 系列，以及 GSL 的 Xplore 系列；采用 Linux 操作系统的手机有 Moto 的 E680、海尔的 N60、飞利浦的 968 等。

4.4　习　　题

1. 操作系统可以管理计算机的＿＿＿＿＿，例如，RAM、存储器和外围设备。
2. 当用户想要同时运行不止一个程序时，操作系统就必须在＿＿＿＿＿中为不同的程序分配出特定的空间。
3. 操作系统的核心部分称为操作系统的＿＿＿＿＿。
4. 存储在 ROM 中的＿＿＿＿＿程序能命令硬盘将操作系统加载到 RAM 中。
5. 用户＿＿＿＿＿是指用来帮助用户与计算机相互通信的软件与硬件的结合。
6. Windows 操作系统是为摩托罗拉公司和 IBM 公司的处理器设计的。对或错？＿＿＿＿＿
7. ＿＿＿＿＿是指一种可以运行在桌面计算机上，却是倾向于服务器应用的开源操作系统。
8. ＿＿＿＿＿启动计算机可以引导到 Windows，然后还可以引导到 Mac OS。
9. 配置有正确的＿＿＿＿＿的计算机可以在 Mac OS 桌面上的窗口中运行 Windows。
10. Palm 和 Symbian 是手持设备使用的操作系统。对或错？＿＿＿＿＿

4.5　实验与思考：操作系统的基本概念与操作

一、实验目的

1）描述计算机操作系统的作用，了解操作系统的演化，了解操作系统原理的基本内容。

2）认识主流的操作系统，比如 DOS、Windows、Mac OS、UNIX 和 Linux。

二、工具/准备工作

在开始本实验之前，请回顾本章的相关内容。

需要准备一台带有浏览器并能够访问因特网的计算机。

三、实验内容与步骤

1．试一试

计算机硬盘上存储的都是用户使用的程序或创建的数据文件。为了解硬盘存储情况，可按以下步骤操作（Windows）：

步骤 1：启动计算机并确定能看见 Windows 桌面。

步骤 2：单击"开始"按钮，然后选择"计算机"（或 Windows XP 中的"我的电脑"）命令。

步骤 3：右击"本地磁盘（C:）"，然后会显示快捷菜单。

步骤 4：选择"属性"命令。屏幕显示含有与计算机硬盘相关各种统计值的"本地磁盘（C:）属性"对话框。

步骤 5：请根据屏幕显示记录以下内容：

C:盘名称：_____

硬盘类型：_____　　　　文件系统：_____

已用空间：_____（GB）　可用空间：_____（GB）

容量：_____（GB）

步骤 6：请根据屏幕显示记录 D 盘属性内容。

D:盘名称：_____

硬盘类型：_____　　　　文件系统：_____

已用空间：_____（GB）　可用空间：_____（GB）

容量：_____（GB）

2．概念理解

请利用所学概念回答下列问题，必要时请借助于教科书、网络等寻求资料。注意发挥自己的批判性思考能力、逻辑分析能力以及创造力。

1）单道程序和多道程序之间有何区别？

_____

_____

2）操作系统由哪些基本部分组成？

_____

_____

3）虚拟内存和物理内存之间有何联系？

_____

_____

4）程序驻留在哪里？作业驻留在哪里？进程驻留在哪里？

_____

_____

5）设备管理器的功能是什么？

_____

_____

6）文件管理器的功能是什么？

_____

_____

3．操作与分析

请利用所学概念回答下列问题。

1）请解释"向下兼容"概念的含义，并给出一个使用特定操作系统版本和应用软件的范例。

_____

_____

2）在指导老师或者信息技术人员的帮助下，找出在学校实验室或者其他机构中使用的几种操作系统。请列举其版本、支持厂商和服务器的功能，填入表 4-4 中。

表 4-4　实验记录

操作系统名称和版本	支 持 厂 商	服务器作用

描述你所调查的范围及其基本情况：

_____

_____

在你的调查范围中拥有计算机的基本情况：

_____

_____

3）通过有关教科书和对 Web 网站的搜索了解，列举出你找到的 Linux 发行版本及其支持厂商和网站，填入表 4-5 中。

表 4-5 实验记录

Linux 版 本	支 持 厂 商	支 持 网 站

四、实验总结

五、实验评价（教师）

4.6 阅读与思考：操作系统是计算机的心智

"这是一个瞬息万变的时代。

分布式计算的脚步渐行渐远，网格计算的热潮逐步退却，云计算和云存储正慢慢揭开面纱……在所有的变化中，不变的是这些计算的支柱：操作系统。能否深刻理解它也许会决定云时代的'浮沉'。"

由上海交通大学邹恒明著的《计算机的心智：操作系统之哲学原理》别开生面，以生活哲学的视角对操作系统原理进行阐述，通过逻辑推理来演绎操作系统核心技术的奥秘，其讨论范围包括操作系统的所有基础内容：背景与历史、进程与线程、通信与同步、调度与死锁、分页与分段、磁盘与文件、输入与输出等。此外，作者还以新颖的组织方式讲解了锁的实现、同步机制的发展逻辑、从分段到段页式的演变、多核环境下的同步与调度、操作系统设计的原则等内容。

该书在"第一章 操作系统导论"的一开始就指出："一个人觉得操作系统没用，那是因为他不知道怎么用，或者他没有用操作系统的意愿。说明白一点，你如果认为操作系统没用，那是因为你的编程开发处在一个低级的水平上。如果你掌握了操作系统，你的编程水平将显著提高。"作者指出：要想学好操作系统，具有恰当的思维模式是十分必要的。这个思维模式就是所谓的"哲学"。

计算机程序的运行至少需要如下四个因素，即程序设计语言、编译系统、操作系统和指令集结构（计算机硬件系统）。其中，操作系统在程序的执行过程中具有关键的作用。由于计算机的功能和复杂性不断发生变化（趋向更加复杂），操作系统所掌控的事情越来越多，越来越复杂。同时，操作系统本身能够使用的资源也不断增多。操作系统是一个软件系统，它使计算机变得好用（将人类从烦琐、复杂的对机器掌控的任务中解脱），使计算机运作变得有序（操作系统掌控计算机上所有事情）。因此，操作系统的功能一般包括：

1）替用户及其应用管理计算机上的软硬件资源。

2）保证计算机资源的公平竞争和使用。

3）防止对计算机资源的非法侵占和使用。

4）保证操作系统自身正常运转。

作者进一步指出，将操作系统功能进行提升，就可以得出操作系统所扮演的两个根本角色是：管理者和魔术师。

在详细论述了操作系统的基本概念和各种机制之后，作者认为：首先，操作系统作为计算机的管理者，需要对计算机的各个组成部分进行管理，这就导致了 CPU 管理、内存管理、磁盘管理、输入/输出管理等操作系统功能的出现和相互关联；其次，操作系统作为魔术师，需要对计算机的各种硬件进行抽象和装扮，以使其显得更大、更快、更好和更容易使用。这些抽象就形成了进程、线程、虚拟内存、文件系统、各种 I/O 模式等操作系统构造的出现，而这些构造之间也因操作系统的魔术师的角色而互相联结起来。作者认为，除了管理和魔幻这两条共同的纽带外，操作系统各个部分还有一个联结纽带，即其设计上所遵循的哲学原理。作者认为：最为重要的核心是不同的生活哲学将导致不同的操作系统设计与构造。

书中，作者概括性地介绍了操作系统设计的 10 条哲学原理，它们是：

第 1 条：层次架构。操作系统的功能分为多个模块，并按层次分解。下面一层向上面一层提供功能，而上面一层只能对直接下属进行控制。采用层次结构不仅使得操作系统的构造过程容易，也因为符合人类的习惯而更加易于理解，从而使操作系统结构清晰，节省开发操作系统的成本。

第 2 条：没有对错。作者认为：操作系统本身并无对错之分，只有好坏之分。就像我们不能说 Windows 是对的，UNIX 是错的。我们只能说，Windows 更容易使用，而 UNIX 不太好使用而已。因此，在设计操作系统时，只要达到功能、效率、公平、正确的平衡即可。例如，操作系统进程调度策略有很多，而每种调度策略有其适用的场景。我们不能说"时间片轮转是对的，而优先级调度是错误的"。

第 3 条：懒人哲学。以 UNIX 操作系统里面 fork 系统调用的实现为例，作者介绍了在操作系统设计中懒人哲学的应用：fork 系统调用中有时需要进行父子进程地址空间的复制，但在设计中"不到万不得已不复制"。这在计算机术语中称为懒惰或延迟的复制。懒人哲学的合理性在于提前将事情做掉也许是一种浪费。

第 4 条：让困于人。以文件系统为例，作者指出：对于操作系统来说，它需要保证自己的正确性，而文件夹对于操作系统的文件系统的正常运转至关重要，因此，文件夹必须保持不能出现问题，操作系统会使用各种原语操作保证文件系统的一致性。而用户文件的一致与否并不影响操作系统本身的运行。虽然用户文件的毁坏有可能激怒用户，但这不是操作系统有义务管的事情。这种哲学就是"让困于人"。

第 5 条：留有余地。例如，文件系统目录中通常都有一部分所谓的保留空间，如 DOS 目录夹记录里面就有 10 字节的保留空间，而事实上，这 10 个保留字在 Windows 98 的文件系统里面就得到了利用。如果没有这些保留字，将不得不设计全新的系统而导致无法兼容。

第 6 条：子虚乌有。操作系统的目的是服务上层的应用程序和用户，用户要什么就提供什么。而提供的这种东西虽然在用户看来实实在在，但实际上都是子虚乌有。例如，在操作系统里面，用户看到的内存非常大（其实是与磁盘一样大），速度无限快（其实是与缓存一样快）。但实际上，物理内存可能只不过 4 GB，速度也只有缓存的 1/10。

第 7 条：时空转换。以页表的实现为例。由于页表的尺寸通常太大，占用内存过多，便将页表分级，只保留一部分页表在内存，而其他部分放置于磁盘上。这样，页表所占空间大为减少，但付出的代价就是时间成本。

第 8 条：策机分离。立法就是策略，执法就是实现机制。立法和执法的分离就是所谓的"策机分离"哲学。作者认为，操作系统里面的策机分离主要是为了实现的灵活性。比如"调度算法参数化"，算法在内核里，参数可以由用户指定。又如，在程序设计领域，对界面的设计和实现是分开的；在计算机安全领域，对安全标准的设计和安全设计的实现是分开的。

第 9 条：简单为美。作者指出：在数学领域有个不成文的共识："如果一个问题有多个数字表示，那么最简单的表示通常是正确的。"在操作系统设计中，文件存储的方式有网状组织、树状组织、记录流、数据块流和字节流等各种选择，而现代操作系统选择的都是最简单的字节流。

第 10 条：适可而止。作者认为，第 10 条哲学原理是用来修正前面的 9 条原理的。即在前面 9 条原理的贯彻过程中，要保持一个度，适可而止。例如，"简单为美"但不能过于简单。正如爱因斯坦所言："一切都应该尽可能简单，但没有更简单"。

资料来源：周苏. 操作系统之哲学原理[J]. 计算机教育，2010（3）

第5章

数据组织与数据存储

在这一章中，主要介绍使用计算机管理数据的基础知识，例如数据存储、创建合法文件名、使用资源管理器工具组织磁盘文件等。

5.1 数据和信息

虽然人们在日常交谈中经常混用术语"数据"和"信息"，但它们是有明确区分的。所谓"数据"就是描述人、事件、事物和思想的词语、数字和图形等。当使用数据作为行动或决策的依据时，数据就成为信息。"信息"是作为人们行动和决策依据的词语、数字和图形等。

例如，CA 4199 Beijing 9:59 Hangzhou 11:09。这些字母、数字和符号描述了一个事件——航班时刻表，这是计算机系统中常用的数据存储形式。如果决定从北京(Beijing)到杭州(Hangzhou)进行一次旅行，在旅行社的计算机屏幕上会看到如表5-1所示的信息。

表 5-1 旅 行 信 息

航 班	航班号	出发地	起飞时间	目的地	抵达时间
CA	4199	Beijing	9:59	Hangzhou	11:09

这里，屏幕上的字母、数字和符号被认为是信息，旅行社用它们来制定游客的旅行日志。

CA 4199 Beijing 9:59 Hangzhou 11:09 既是数据又是信息，可见有时数据和信息的区别非常小。通常来说，如果字母、数字和符号存储在计算机中，称它们为数据；如果字母、数字和符号被某人用来完成某个动作或做出决策，那么就称它们为信息。数据是计算机使用的，而信息是人使用的。

5.2 文件基础知识

术语"文件"原意是指文件柜或者成堆的纸张。现在，数字格式的计算机为存储文档、照片、视频和音乐提供了一种简便的途径。计算机文件（简称"文件"）是存放在存储介质（例如硬盘、光盘或闪存盘）中的数据的有名字的集合。文件拥有诸多特征，例如名称、格式、位置、大小和日期。文件可以包含程序或者数据，比如文档、图形、数字视频或者数字化声音等。

1. 文件名和扩展名

文件名是字母和数字的唯一性集合，用于标识一个文件，并且通常描述了文件的内容。例如，Microsoft 画图软件的文件名是 Pbrush。

文件名后面一般还有文件扩展名（简称"扩展名"），它进一步描述了文件内容。在文件名 Pbrush.exe 中，Pbrush 是文件名，exe 是扩展名。扩展名与文件名之间用"."隔开。

当创建文件时，必须按照特定规范来设置该文件的有效文件名，该规范称为文件命名规范。每个操作系统都有自己的命名规范集，如表 5-2 所示。

表 5-2　文件命名规范

项　目	Windows	Mac OS	UNIX/Linux
文件名的最大长度	255 个字符	31 个字符	14～256 个字符（不同版本），包括任意长度的扩展名
是否允许空格	是	是	否
不允许包含的字符	\ ? : " < > | *	无	! @ # $ % ^ & * ( ) { } [ ] " \ ' ; < >
不允许设置的文件名（保留字）	Aux、Com1、Com2、Com3、Com4、Con、Lpt1、Lpt2、Lpt3、Prn、Nul	无	根据版本不同
是否区分大小写	否	是	是（小写）

通常，文件扩展名说明文件所属的类别。计算机文件基于其包含的数据、创建该文件的软件以及使用该文件的方式进行分类。了解文件分类的特征可以提高访问文件的效率。

2．通配符

文件有唯一的名字，但有时候可能要用到多个文件。例如，假设想列出磁盘上所有扩展名为 exe 的文件，这时可以用*.exe 来指定。星号是一个通配符，在文件名或扩展名中用于替代一组字符。*.exe 表示所有扩展名为 exe 的文件。"?"是另一个文件名通配符，在文件名或扩展名中用于替代一个字符。可以使用通配符字符来定位或者删除磁盘上的一组文件。

当处理硬盘或光盘上的多个文件并且不需要逐个浏览时，使用通配符是很方便的。例如，假设某磁盘包含如下 9 个文件：

Word.exe	Word.cfg	Sam.bmp
Spell.exe	Recruits.doc	Silver.exe
Report.doc	Mail.dat	Middle.bat

Word.*的含义是文件名必须是 Word，但扩展名随意。在本例中，有两个文件符合这一模式：Word.exe 和 Word.cfg；*.doc 意味着具有 doc 扩展名的任意文件。在本例中，有两个文件符合这一模式：Recruits.doc 和 Report.doc。S*意味着任何以字母 S 开头的文件名。在本例中，Spell.exe、Sam.bmp 和 Silver.exe 都符合这一模式。*.*则意味着所有文件。

大多数操作系统都允许使用通配符来方便操作文件集合。

3．可执行文件

可执行文件包含了告诉计算机执行特定任务的程序指令。例如，控制计算机显示和打印存储在磁盘上的文本的文字处理程序就是可执行文件（如 Word.exe），其他可执行文件还有操作系统、工具软件和应用软件等。一般可以根据扩展名来识别可执行文件，大多数可执行文件的扩展名都是 exe，有的也使用 com 作为扩展名。

4．数据文件

数据文件包括查看、编辑、存储、发送和打印的文本、数字和图片等。可以把数据文件想象成是被动的——数据不会要求计算机做事情，而可执行文件是主动的——存储在文件中的指令会要求计算机完成某些动作。

通常在使用应用软件时可以创建数据文件。例如，当要存储一份使用文字处理软件写的文档或使用图形处理软件绘制的图形时，就会创建一个数据文件。当存储电子表格、图片、声音剪辑或视频时，也会创建数据文件。

数据文件都是与应用软件一起使用的，应用软件处理文件中的数据。通常，可以使用创建该文件的软件来查看、修改和打印数据文件中的信息。例如，可以使用 Microsoft Word 软件来编辑使用由 Word 创建的（doc）数据文件。

为了查看或者编辑某个数据文件，需要将其"打开"。打开数据文件的标准方法是先启动应用程序，然后使用应用程序提供的"打开"命令，该方法在各种操作系统中都类似。通常，使用文字处理软件打开文档，使用电子表格软件打开工作表，使用画图软件打开图形。通过查看文件扩展名可以了解数据文件的内容，以及用于打开该文件的软件。

一般来说，没有必要记住特定的数据文件的扩展名。当创建数据文件时，所使用的软件会在文件名后面自动加上正确的文件扩展名。

5．配置文件、程序模块和其他文件

除了可执行文件和数据文件之外，计算机通常还包含对硬件或者软件操作很必要的其他文件。这些文件具有诸如 bat、sys、cfg、dll、ocx、ini、mif、hlp，以及 tmp 等扩展名。这些文件（甚至所谓的"临时"文件）对于计算机系统的正确操作是很关键的。表 5-3 所示为一些文件类别的其他信息。

表 5-3　配置文件和程序模块的文件扩展名

文 件 类 型	描　　　　　述	文件扩展名
批处理文件	当计算机启动时自动执行的操作系统命令	bat
配置文件	有关程序的信息，计算机使用该信息为程序运行分配必要的资源	cfg、sys、mif、ini
帮助文件	在线帮助显示的信息内容	hlp
临时文件	当程序运行时生成的数据文件，在程序正常终止时会被删除	tmp
程序支持模块	与程序的主.exe 文件一起运行的程序指令	ocx、vbx、dll

6．保留符号与保留字

如果操作系统已将特定的意义赋予某些符号，那么在文件名中将不能使用这些符号。例如，Windows 使用冒号（:）字符将驱动器名和文件名或文件夹名分开（如 C:Music）。诸如 Report:2010 之类的含有冒号的文件名是无效的，因为操作系统不知道如何对冒号进行解释。在使用 Windows 应用程序时，不要在文件名中使用 :*\<>"/ 和 ? 等符号。

一些操作系统也会包含一系列的保留字，这些保留字用做命令或特定标识符。这些词语不能单独用做文件名，但是它们可以用做较长的文件名的一部分。例如，在 Windows 中，用 Nul 作文件名是无效的，但是将文件命名成 Nul Committee Notes.doc 或 Null Set.exe 是可以的。

除了 Nul 之外，Windows 用户应该避免使用以下保留字作为文件名：Aux、Com1、Com2、Com3、Corn4、Con、Lpt1、Lpt2、Lpt3 和 Prn。

一些操作系统是对大小写敏感的，但是在 Windows 和 Mac OS 系统中创建文件名时，用户可以自由使用大小写字母。用户还可以在文件名中使用空格。这和电子邮件地址不允许空格的规

则不同。通常会在电子邮件地址中使用下画线或句点来代替空格（如 Madi_Jones@msu.edu）。但诸如 Letter to Madi Jones 这样的文件名是有效的。

7. 文件格式

文件格式表示了文件中数据的组织和排列方式（例如，音乐文件的存储与文本文件和图形文件的存储方式不同），甚至对于同一类数据也有很多文件格式（例如，图形数据可存储为 BMP、GIF、JPEG 或 PNG 等不同的文件格式）。

文件的格式通常会包括文件头和数据，还可能包括文件终止标记。文件头是指文件开头包含了有关该文件信息的一部分数据，这部分数据通常是创建文件的日期、最近一次更新日期、文件大小以及文件类型。

文件中其余内容取决于所包含的是文本、图形、音频还是多媒体数据。例如，文本文件也许包含句子和段落以及散布其中的用来进行居中调整、文字加粗和页边距设置的代码；而图形文件则可能包括每个像素的色彩数据以及调色板的描述。表 5-4 所示为 Windows 的 BMP 文件和 GIF 文件的区别，虽然这两个文件格式都包含图形，但其文件结构并不相同。

表 5-4　Windows 操作系统 BMP 和 GIF 文件的区别

BMP 文件格式	GIF 文件格式
文件头 位图头 色彩调色板 位图数据	文件头 逻辑屏幕描述块 全局色彩表 局部图像描述符 局部色彩表 图像数据 文件终止符

文件扩展名能说明文件格式，但它不能用来定义文件格式，用户可以用"重命名"命令将称为 Balloons.mov 的 QuickTime 电影转变成 Balloons.doc。这时，尽管扩展名变成了 doc，但这个文件仍然是 QuickTime 格式，因为文件中的数据元素是按照 QuickTime 特有的结构排列的。

在使用"打开"对话框时，多数应用程序会自动筛选文件，只显示对该应用程序来说拥有"正确"文件格式的文件列表。

Windows 可使用文件关联列表把文件格式和相应的应用软件连接起来，当用户双击某个文件名时，计算机会自动地打开能处理正确文件格式的应用软件。

通常软件程序至少由一个扩展名为 exe 的可执行文件组成。它也可能带有许多扩展名为 dll、vbx 或 ocx 的支持程序。配置文件和启动文件的扩展名通常是 bat、sys、ini 和 bin。另外，扩展名为 hlp 的文件含有"帮助"实用程序的相关信息；而扩展名为 tmp 的文件则是临时文件。在打开应用软件（如文字处理软件、电子表格软件以及图形工具）的数据文件时，操作系统会为原始文件制作一个副本，并将它以临时文件的形式存储在磁盘上。在查看和修改文件时，用户都是对此临时文件进行处理。表 5-5 所示为通常与 Windows 操作系统及可执行文件相关的文件类型及扩展名。

表 5-5 与 Windows 操作系统和可执行文件相关的扩展名

文件类型	描 述	扩展名
批处理文件	在计算机启动时自动执行的一连串操作系统命令	bat
配置文件	包含了计算机为所使用的程序分配运行它们必需的系统资源的信息	cfg、sys、mif、bin、ini
帮助文件	在屏幕"帮助"上显示的信息	hlp
临时文件	某种暂存存储区,在文件处于打开状态时存放数据,但在关闭文件时数据就会被清除	tmp
支持程序	与程序的主可执行文件一起执行的程序集合	ocx、vbx、vbs、dll
程序	计算机程序的主可执行文件	exe、com、dmg(Mac)

数据文件的格式种类比较多,熟悉最流行的格式以及这些文件的格式所包含的数据类型是很有用的,表 5-6 提供了这样的信息。

表 5-6 数据文件扩展名

文件类型	扩 展 名
文本	txt、dat、rtf、doc(Word 2003)、docx(Word 2007/2010)
声音	wav、mid、mp3、m4p、mp4、aac、au、ra(RealAudio)
图形	bmp、pcx、tif、wmf、gif、jpg、png、eps、ai(Adobe Illustrator)
动画/视频	fle、fli、avi、mpg、mov(QuickTime)、rm(RealMedia)、wmv(Windows Media Player)
网页	htm、html、asp、vrml、php
电子表格	xls(Excel 2003)、xlsx(Excel 2007/2010)、numbers(iWork)
数据库	mdb(Access)
其他类别	pdf、ppt(PowerPoint)、zip(WinZip)

应用软件可以打开其专属文件格式的文件,以及一些其他格式的文件。例如,Microsoft Word 既能打开它专属的 DOC(扩展名是 doc 或 docx)格式的文件,也能打开 HTML(扩展名是 htm 或 html)、Text(扩展名是 txt)以及 Rich Text Format(富文本格式,扩展名是 rtf)格式的文件。

要使用特定的文件格式,必须确定计算机中安装了相应的软件。许多网站提供了文件扩展名及其相应软件的列表。在某一列表中查找文件的扩展名,用户就能搞清楚需要找到、购买、下载和安装的应用软件。许多从 Web 上下载的文件需要特定的播放器或阅读器软件。例如,PDF 文件需要 Acrobat Reader 软件,MP3 音乐文件需要 MP3 播放器软件,RM 视频文件需要 Real Player 软件。

许多文件格式都能很容易地转换成其他格式,并且转换后的文件实际上和原文件没有什么不同。但有些转换并未保留原文件的所有特性,例如,在将 DOC 文件转换成 HTML 格式时,HTML 页面就不会包括原 DOC 文件中的页眉、页脚、上标、页码、特殊字符或分页符。

5.3 资源管理器

在计算机系统的磁盘和其他存储设备中存储着成千上万的文件。为了跟踪这些文件,Windows 操作系统提供了"资源管理器"(见图 5-1)操作功能,主要用于定位、重命名、移动、复制和删除文件等。不同操作系统的资源管理器可能有所不同，但都基于相似的概念。

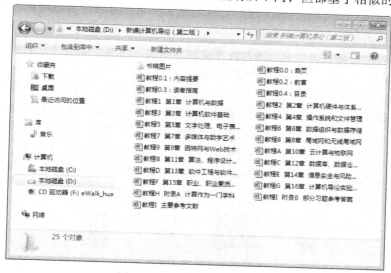

图 5-1　Windows 资源管理器

5.3.1　设备驱动器号

一般计算机都拥有多个存储设备，如硬盘、光盘或者闪存盘（俗称 U 盘）等。一般情况下，知道文件位于哪个存储设备中，则查找起来要容易得多。存储设备通常由设备驱动器号（名）来标识，设备驱动器号提供了保存或者打开文件时引用特定存储设备的简捷方式。

最初的 IBM PC 只有一个软盘驱动器，它就被指定为驱动器 A，接着的增强型 PC 使用两个软盘驱动器，分别被指定为驱动器 A 和驱动器 B。在硬盘驱动器加到 PC 中时，就只能指定为驱动器 C 了。即使计算机中没有安装软驱，A、B 驱动器号也不会用于其他设备；主硬盘为 C。其他存储设备顺序分配 D～Z 之间的驱动器号。

磁盘分区是指硬盘驱动器上被当作独立存储单元的区域。多数计算机都会配置一个硬盘分区存放操作系统、程序和数据，但还可以创建多个硬盘分区。例如，为操作系统文件设立一个分区，而为程序和数据设立另一个分区。多分区设置可以在计算机遭受恶意软件攻击时加快杀毒过程。分区和文件夹不同，分区更为持久，需要使用特定的程序才能创建、修改或删除。

要指定文件的位置，首先必须指定文件存储在哪个设备中。PC 的每一个存储设备都是以驱动器名来进行识别的。驱动器名是 DOS 和 Windows 操作系统特有的规范。主硬盘驱动器一般是"驱动器 C"。通常在驱动器名后会有一个冒号，那么硬盘驱动器就可以指定为 C:。

5.3.2　文件目录和文件夹

操作系统为每一个磁盘、CD、DVD、BD 或 U 盘维护着一个称为目录的文件列表。主目录又称根目录。在 PC 上，根目录通过驱动器名后加反斜杠来标识。例如，硬盘的根目录是"C:\"。根目录还可以进一步细分为更小的列表。每一个列表就称为一个子目录。

在使用 Windows、Mac OS 或 Linux 图形化的文件管理器时，子目录被描述为文件夹，因为它们类似于文件柜中存放有某种相关文件的文件夹。每一个文件夹都可以存放相关项，例如，一系列文档、声音剪辑、财务数据和学期项目的照片。Windows 提供了名为"我的文档"的文件夹，用户可以用它来存放报告、信件等。用户可以创建文件夹并对其命名以满足自身要求，如用 Quickbooks 文件夹来存放个人财务数据。

还可以在文件夹中创建文件夹。例如，可以在 Music 文件夹中创建一个 Jazz 文件夹来存放爵士乐，而创建另一个 Reggae 文件夹来存放音乐。

文件夹的名称可以通过特定符号与驱动器名以及其他文件夹名相区分。在 Windows 操作系统中，这种特定符号是反斜杠（\）。例如，存放音乐的文件夹（在驱动器 C 上的 Music 文件夹中）就应该写为"C:\Music\Reggae"。而其他的操作系统则会使用斜杠（/）来区分文件夹。计算机文件的位置是由文件规范（有时也称为路径）定义的，它包含驱动器名、文件夹、文件名和扩展名。假设要将 Reggae 文件夹中名为 Marley One Love 的 MP3 文件存储在硬盘上，那么它的文件规范应该如图 5-2 所示。

图 5-2　文件规范提供了文件的名称和位置

文件中可包含数据，这些数据的存储形式为成组的位（bit）。位数越多，文件也就越大。文件大小通常以字节（byte，B）、千字节（kilobyte，KB）或兆字节（megabyte，MB）来度量。了解文件的大小是十分重要的。相对于小文件来说，大文件会更多地占据存储空间、需要更长的传输时间。操作系统能够记录所有文件的大小，并且在用户需要文件列表时提供这些信息。

计算机会记录文件创建或最后一次修改的日期。如果用户要创建一个文件的多个版本并且想确定自己知道哪个版本是最新的，可以参看文件日期。

5.3.3　存储模型

资源管理器提供了存储文件的符号和比喻视图。目录结构的比喻视图称为逻辑模型，它们表示了目录结构的逻辑设想（而非实际物理存储）。

资源管理器实用工具经常使用多种文件存储比喻法，包括"文件夹"和"树结构"等。树干是根目录，树的分支代表文件夹，这些分支可以细分为更小的分支或者子文件夹，分支顶端的叶子代表单个文件。借助于树结构比喻，可以清楚地理解文件夹和文件的组织方式。但作为用户界面，可以设想把树图表扩展显示为更加实际的包含成百上千文件的文件夹集合。

5.3.4　资源管理器操作

资源管理器的目的是帮助用户查找、重命名、复制、移动以及删除文件或者文件夹，实现有效的文件管理。其主要文件操作包括：

1）查找。在可以打开或者操纵文件或者文件夹之前，有必要了解该文件或者文件夹位于何处。资源管理器可以帮助查看存储设备的目录结构来定位文件夹，然后通过浏览文件夹来查找特定的文件。

2）重命名。重命名文件时，通常应该保证文件扩展名不变，以便必要时可以使用正确的应用软件来打开。

3）复制。可以把文件或者文件夹复制到 U 盘或其他存储器中。复制操作可以建立文档的副本，以保证文件的安全或者方便文件的转移等。

4）移动。可以将文件从一个文件夹移到另一个文件夹，或从一个存储设备移到另一个存储设备。当移动操作时，文件将脱离原始位置，因此，要确保记住它的新位置；也可以将文件夹从一个存储设备移到另一个存储设备中。

5）删除。当不再需要某个文件或文件夹时，可以将其删除，删除文件夹时一定要小心，因为资源管理器也会同时删除该文件夹所包含的所有文件和子文件夹。

多数 Windows 的应用程序都在"文件"菜单中提供了一组保存文件的功能选项，包括"另存为"和"保存"等。这二者之间的差别很微小，但这种差别却是很有用的。"另存为"选项允许为要保存的文件选择名称和存储设备，而"保存"选项则是简单地将文件的最新版本以当前的名称保存在当前位置。

在试图使用"保存"选项对未命名的文件进行保存时，便会产生潜在的混乱。尽管用户选择的是"保存"选项，应用程序会自动显示"另存为"对话框。

在使用应用软件时，执行"打开"和"保存"命令等操作都需要软件与操作系统的文件管理系统进行交互。在创建文件时，操作系统需要知道文件的名称，在查找文件时，应用软件需要检查操作系统以获取可用文件的列表。

5.4　存储文件数据

用户在资源管理器中看到的文件和文件夹的概念模型与计算机在磁盘上数据的实际存储之间没有多大关联。计算机通常并不会为每个文件夹单独标识出特定的磁盘区域，也不会把文件存储为一个单元。事实上，一个文件的数据很可能会散布在某个磁盘的任何地方。

1. 存储的概念

计算机在磁盘上实际存储数据的方式称为"物理存储"。相对而言，文件和文件夹的概念模型称为"逻辑存储"。通常，一般用户没有必要理解与物理存储相关的所有细节。

数据存储系统包含两个主要部分：存储介质和存储设备。存储介质是磁盘、磁带、CD-ROM、DVD-ROM、纸张，或者包含数据的其他物质；而存储设备是对存储介质进行数据记录和检索操作的机械设备，包括软盘驱动器、硬盘驱动器、CD/DVD 驱动器、磁带驱动器以及 U 盘、移动硬盘等。所谓"存储技术"指的是存储设备和它所使用的介质。

存储数据的过程通常称为"写数据"或者"保存文件"，检索数据的过程通常称为"读数据"、"加载数据"，或者"打开文件"。读和写数据通常与主机应用有关，而保存和打开则是标准的 Windows 术语。

2. 磁技术和光技术

可以把计算机内存中所保存的文档看做是1和0的长序列，这些位被发送到存储设备中，存储设备把数据写到存储介质中。显然数据不会被存储为 1 和 0，相反，1 和 0 必须转换为存储介质表面的变化，具体实现这种转换取决于存储技术。比如，软盘与 CD-ROM 存储数据的方式不同。微型机存储设备通常既使用磁存储技术，也使用光存储技术。

硬盘、软盘和磁带存储都是磁存储技术，磁存储通过磁化磁盘或者磁带表面上细小的粒子来存储数据。在数据没有变化时，粒子方向不会变化，这使得磁盘和磁带成为长期的、但是可以更改的存储介质。磁盘驱动器中的读写头设备可以读取和写入表示数据的磁化粒子。磁化方式存储的数据可以很容易地被改变或者删除，这只需要改磁盘表面粒子的方向即可。磁存储的这种特性使人们可以灵活地编辑数据，以及复用存储介质中各个区域。

另一方面，在磁场环境下，存储在磁介质上的数据容易受磁场、灰尘、潮湿、烟尘、高温，以及存储设备机械问题的影响而改变。磁介质的磁性也会随着时间的流逝而慢慢降低，最终导致数据丢失。一般认为存储在磁介质上的数据可靠的生命期是三年，所以建议每隔两年重新备份数据。

CD、DVD 和 BD 都采用光存储技术。光存储技术采用光学方法读写数据，一般情况下使用激光作为光源，所以又称激光存储。光盘是集光、机、电三者为一体的信息存储技术，它利用光学方法在记录介质上进行信息读写。光盘的特点是容量大、寿命长、价格低、携带方便，是永久存储多媒体信息的理想媒体。

光存储技术的基本物理原理是：改变一个存储单元的某种性质，使其性质的变化反映被存储的数据，识别这种存储单元性质的变化，就可以读出存储的数据。光存储单元的性质（如反射率、反射光极化方向等）可以改变，它们对应于存储二进制数据 0、1，光电检测器检测出光强和光极性的变化，从而读出存储在光盘上的数据。

为了识别数据，光盘上定义激光刻出的小坑（转折处）代表二进制的 1，而平坦处代表二进制的 0。DVD-ROM 盘的记录凹坑比 CD-ROM 更小，最小凹坑长度仅为 0.4 μm，而且非常紧密，其螺旋存储凹坑之间的距离也更小，每个坑点间的距离只是 CD-ROM 的 50%，并且轨距只有 0.74 μm。由于高能量的激光束可以聚焦成约 1 μm 的光斑，因此其他存储技术存储容量更高。

3. 磁道、扇区和簇

计算机在存储介质上存储数据之前，会创建等价的电子存储"柜子"，称为磁道。光技术在盘片上从里到外螺旋式的磁道中存储数据。磁道按照同心圆安排，同心圆进一步被细分为楔形磁道和扇区，并被编号以便于提供数据存储的访问地址，编号方案取决于存储设备和操作系统。比如，在 Windows 环境下，软盘的每一面都有 80 个磁道和 18 个扇区。

磁道和扇区可以分别或者成组处理。为了提高读写数据过程的速度，磁盘驱动器通常处理扇区组，又称簇。根据磁盘容量和磁盘驱动器的技术规范不同，组成簇的扇区数也不同。

4. 闪存技术

闪存技术是近年来新兴的半导体存储技术，采用闪存（flash memory）存储介质。闪存可反复读写。与传统电磁存储技术相比，闪存有许多优点：

1）在存储过程中没有机械运动，因此运行非常稳定，从而提高了抗震性能，使它成为所有存储设备中最不怕震动的设备。

2）由于闪存不存在类似软盘、硬盘、光盘等高速旋转的盘片，所以它的体积往往可以做得很小，例如 MP3 播放器。

5. 文件分配表

操作系统通过创建类似于每个存储介质上内容表的文件来确定所存储文件的位置。介质类型不同，内容表的结构也不同。比如，CD-ROM 的内容表与软盘或者硬盘的内容表稍有区别。

当计算机在磁盘上存储文件时，操作系统在文件分配表（FAT）中记录存放该文件的起始簇号码。FAT 是非常重要的操作系统文件，记录了磁盘上的文件和它们在硬盘上的物理位置。如果 FAT 被磁头故障或其他故障破坏了，就不能对存储在磁盘上的数据进行存取。这也是要备份硬盘数据的原因之一。

当存储文件时，操作系统首先在 FAT 表中寻找空簇。找到后，操作系统就将数据放在空簇中，并在 FAT 表中记录下该簇的编号。新文件的名字和包含该文件数据的首簇编号记录在目录中。如果一簇放不下一个文件，就将该文件分割，存放在相邻的空簇中。如果相邻的簇有数据，操作系统就会将该文件存放在不连续的簇中，并建立指针用来连接。指针指向了文件的每一片。

如果想读文件，操作系统通过目录找到文件名和包含文件数据的首簇编号。FAT 表给出了哪些簇包含该文件的数据。操作系统将读写头移动到文件首簇的位置，读出数据。如果文件存储在多个簇中，读写头还要移动到其他簇上读出多个文件段。如果文件存放在不连续的簇中，读取文件花费的时间要比读取存放在连续簇中的文件花费时间多，这是因为磁盘和读写头要移动多次才能找到文件的后续部分。

当删除一个文件时，操作系统会改变 FAT 表中相应簇的状态。例如，如果文件存储在簇 5、7、9 和 11 中，当删除它的时候，操作系统把这四个簇的状态改变为"空"。这些簇的数据并没有在物理上移动或清除。相反，这些数据仍然保存在簇中，直到有新的数据将其覆盖。这种方式就使得用户在错误删除了一个文件后，仍然能够通过回收站的还原特性来恢复。当然，这只有在没有写入新的数据时才可以恢复。因此，一旦发现误删除文件，就应立刻恢复。

很多文件通常会被存放在许多不连续的簇中。当驱动器定位含有部分文件数据的簇比较困难的时候，驱动器的性能也就变得很差。要重新获得驱动器的峰值性能，可以使用"磁盘碎片整理"工具来重新组织磁盘上的文件，使它们存放在连续的簇中，如图 5-3 所示。

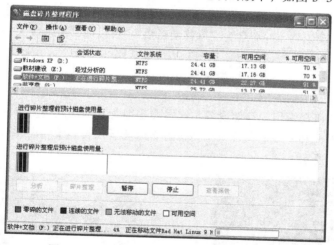

图 5-3　Windows XP 中的磁盘碎片整理程序

5.5　存　储　设　备

现在的计算机可以使用多种类型的存储设备，每种存储设备都有其独特之处。当需要从众多的存储设备中进行选择时，理解这些设备的特性是很有帮助的。

1. 存储设备的评价标准

微型机的存储技术主要包括软盘、硬盘、磁带、CD、DVD、BD 和 U 盘等。通常使用四个标准，即多功能性、持久性、容量和速度来比较存储设备。

1）多功能性。有些存储设备可以访问多种类型介质上的数据（例如 DVD）。

2）持久性。大多数存储技术容易受到错误存放或者其他环境因素（比如热和潮湿）的破坏，有些技术则不容易受影响。持久性强的就是不容易出现数据丢失等破坏的技术。

3）容量。人们通常更喜欢选择容量大的存储设备。存储容量是该存储设备上可以存储数据的最大数量，通常使用千字节（KB）、兆字节（MB）、吉字节（GB）和太字节（TB）等来衡量。1 KB=1 024 B，但是通常省略后面的零头。

4）速度。快速访问数据是很重要的，所以人们喜欢速度快的存储设备。存储设备的速度是由访问时间和数据传输速率决定的。

访问时间是计算机定位存储介质上的数据并读取它的平均时间。微机上存储设备（如磁盘驱动器）的访问时间一般使用毫秒来衡量。随机访问（又称"直接访问"）设备的访问时间是最短的。随机访问是指设备直接"跳到"包含所请求数据的磁道或者扇区的能力，软盘、硬盘、CD 和 DVD 驱动器都是随机访问设备。另外，磁带驱动器必须使用速度较低的顺序访问，每次访问数据时都要从磁带的开始处定位数据。

数据传输速率是存储设备在每秒时间内从存储介质传输到计算机的数据量。数字越大说明数据传输速率越快。

2．U 盘存储

U 盘是采用闪存技术来存储数据信息的可移动存储盘。U 盘小巧便携而存储容量大、价格便宜，是目前常用的移动存储设备之一。

U 盘有 USB 接口，如果操作系统是 Windows 或是苹果系统的话，将 U 盘直接插到机箱的 USB 接口上，系统就会自动识别，并命名为"可移动磁盘"。可以像平时操作文件一样，在 U 盘上进行保存和删除文件等操作。但要注意，使用完毕后应关闭 U 盘窗口，选择"安全删除硬件"操作以保护 U 盘数据。

3．硬盘存储

硬盘是目前计算机最常用的存储设备，这主要是因为它的访问速度快。硬盘盘片一般是用铝或玻璃制作的、平滑和坚硬的盘片，上面覆盖着磁性氧化物。硬盘由读写磁头和一个或多个盘片组成，如图 5-4 所示。

（a）150 GB 硬盘

（b）2 000 GB 外置硬盘及机箱

图 5-4　硬盘驱动器

微机的硬盘盘片直径通常是 3.5 in，与软盘盘片的直径相同。但是硬盘表面粒子密度和数据存储容量远远超过了软盘。与软盘不同的是，硬盘的盘片是不断旋转的，而软盘盘片则是在请求数据的时候才旋转，所以硬盘不需要盘片加速时间，访问速度要比软盘快得多。

硬盘的读写头悬浮在离磁盘表面非常近的高度上。如果读写头遇到灰尘或其他污染物，就会引起磁头故障。磁头故障会破坏磁盘上的数据。为了避免因为磁盘污染而引起磁头故障，硬盘被密封在保护壳中。在使用磁盘时猛烈的震动也会引起磁头故障。因此，尽管硬盘已经得到了很大改进，还是要小心使用。

有些硬盘是可以移动的。可移动硬盘或盒式硬盘也是由盘片和读写头组成，但是它可以像软盘那样插拔和移动。可移动硬盘增加了计算机系统的潜在存储容量，还提高了数据的安全性，可以很方便地在使用后将硬盘从计算机上取走，然后单独保存到其他地方。

4．CD、DVD 和 BD

现在，多数计算机都配备有用来处理 CD、DVD 或 BD（蓝光技术）的驱动器。

CD（光盘）技术起初是为存放 74 min 的唱片音乐而设计的。这样的容量能为计算机数据提供 650 MB 的存储空间。改进后的 CD 标准将容量增加到 80 min 的音乐或 700 MB 的数据。

DVD（数字视频光盘或数字多用途光盘）是 CD 技术的变体。起初 DVD 是作为录像机的一种替代品而设计的，但很快被计算机业用来存储数据。最初 DVD 的标准容量是 4.7 GB，大约是 CD 容量的七倍。DVD 技术不断改进，能提供更多的存储容量，双层 DVD 在同一面上有两个可记录层，可以存储 8.5 GB 的数据。

蓝光（Blu-ray）是指一种高容量存储技术（见图 5-5），它的每个记录层都具有 25 GB 的容量。蓝光技术的名称来源于用来读取蓝光光盘上数据的蓝紫色激光。DVD 技术使用的是红色激光，而 CD 技术则使用了近红外线激光。

图 5-5　蓝光驱动器

CD、DVD 和蓝光存储技术都属于光存储，它们通过光盘表面的微光点和暗点来存储数据。暗点称为凹点。在盘片上没有凹点的更亮的平面区域称为平面。

光驱动器有一个使光盘绕着激光透镜旋转的轴。激光透镜可将激光束投射到光盘的下面。由于光盘表面上暗的凹点和亮的平面反射的光不同，随着透镜读取光盘，这些不同的反射光便转换为表示数据的 0 和 1 序列。

光盘的表面涂有一层明亮的塑料，使得光盘持久耐用，且存储在光盘上的数据比存储在磁介质上的数据更不易受外界环境灾害的影响。光盘（如 CD）不会受到潮湿、指纹、灰尘、磁铁、饮料滴溅的影响。光盘表面的划痕可能会影响数据传输，但可以使用牙膏等对光盘表面进行抛光，这可以在不损坏光盘数据的前提下去除划痕。光盘的使用寿命通常在 30 年以上。

5．固态硬盘

固态硬盘的存储介质分为两种，一种采用闪存（Flash 芯片），另一种采用 DRAM。

1）基于闪存的固态硬盘（IDE Flash Disk、Serial ATA Flash Disk）采用 Flash 芯片作为存储介质，即通常所说的 SSD，它的外观可以被制作成多种样式，例如笔记本式计算机硬盘、微硬盘、存储卡、U 盘等。SSD 固态硬盘最大的优点是可移动，而且数据保护不受电源控制，能适应于各种环境，但使用年限不高，适合于个人用户使用，如图 5-6 所示。

在基于闪存的固态硬盘中，存储单元又分为两类：SLC（single layer cell，单层单元）和 MLC（multi-level cell，多层单元）。SLC 的特点是成本高、容量小、但是速度快，而 MLC 的特点是容量大成本低，但速度慢。MLC 的每个单元是 2 bit 的，相对 SLC 来说整整多了一倍。不过，由于每个 MLC 存储单元中存放的资料较多，结构相对复杂，出错的概率会增加，必须进行错误修正，这个动作导致其性能大幅落后于结构简单的 SLC 闪存。

图 5-6　采用单颗 16 GB 容量闪存芯片的三星 2.5 英寸 470 系 256 GB 固态硬盘

此外，SLC 闪存的优点是复写次数可高达 100 000 次，比 MLC 闪存高 10 倍。为了保证 MLC 的寿命，控制芯片都校验和智能磨损平衡技术算法，使得每个存储单元的写入次数可以平均分摊，平均故障间隔时间（MTBF）达到 100 万小时。

2）基于 DRAM 的固态硬盘。DRAM 即动态随机存储器，是最为常见的系统内存。DRAM 使用电容存储，只能将数据保持很短的时间，为此必须隔一段时间刷新一次，如果存储单元没有被刷新，则所存储的信息就会丢失。

采用 DRAM 作为存储介质的固态硬盘仿效传统硬盘的设计，可被绝大部分操作系统的文件系统工具进行卷设置和管理，并提供工业标准的 PCI 和 FC 接口用于连接主机或者服务器。应用方式可分为 SSD 硬盘和 SSD 硬盘阵列两种。它是一种高性能的存储器，而且使用寿命很长，美中不足的是需要独立电源来保护数据安全。

与普通硬盘比较，固态硬盘有以下优点：

1）启动快，没有电机加速旋转的过程。

2）不用磁头，快速随机读取，读延迟极小。根据相关测试：两台笔记本式计算机在同样配置下，搭载固态硬盘的笔记本式计算机从开机到出现桌面一共只用了 18 s，而搭载传统硬盘的笔记本式计算机总共用了 31 s。

3）相对固定的读取时间。由于寻址时间与数据存储位置无关，因此磁盘碎片不会影响读取时间。

4）基于 DRAM 的固态硬盘写入速度极快。

5）无噪声。因为没有机械马达和风扇，工作时噪声值为 0 dB。某些高端或大容量产品装有风扇，因此仍会产生噪声。

6）低容量的基于闪存的固态硬盘在工作状态下能耗和发热量较低，但高端或大容量产品能耗会较高。

7）内部不存在任何机械活动部件，不会发生机械故障，也不怕碰撞、冲击、震动。这样即使在高速移动甚至伴随翻转倾斜的情况下也不会影响到正常使用，而且在笔记本式计算机发生意外掉落或与硬物碰撞时能够将数据丢失的可能性降到最低。

8）工作温度范围更大。典型的硬盘驱动器只能在 5～55℃ 范围内工作。而大多数固态硬盘可在-10～70℃工作，一些工业级的固态硬盘还可在-40～85℃，甚至更大的温度范围内工作。

9）低容量的固态硬盘比同容量硬盘体积小、重量轻。但这一优势随容量增大而逐渐减弱。直至 256 GB，固态硬盘仍比相同容量的普通硬盘轻。

现有的固态硬盘产品有 3.5 in、2.5 in、1.8 in 等多种类型，容量一般为 16～256 GB，比一般的 U 盘大。接口规格与传统硬盘一致，有 UATA、SATA、SCSI 等。

5.6　习　　题

一．快速测试

1．星号（*）是_____字符，被用来表示文件名或者扩展名中的字符组。

2．大多数可执行文件具有_____扩展名。

3．按照计算机术语说法，你_____一个数据文件，并"运行"程序。

4．诸如 bmp 和 txt 之类的文件扩展名是_____文件扩展名，这意味着可以使用一个或者多个软件包打开它们。

5．扩展名为 bat、sys 和 cfg 的文件可以删除，因为它们是临时的、不必要的文件。对不对？_____

6．计算机的软盘驱动器通常称为驱动器 A，硬盘驱动器是驱动器 B。对不对？_____

7．磁盘的主目录称为_____目录。

8．文件夹又称_____。

9．在路径 A:\Research\Primates\Jan5.dat 中，文件扩展名是_____。

10．目录结构的比喻法有时称为_____模型。

11．在使用 Windows 时，不能使用保留字（如 Aux）作为文件名。对或错？_____

12．在使用 Windows 的计算机中，硬盘驱动器名通常被指定为_____。

13．磁盘的根目录可以细分为叫做_____的更小的列表，它还可以被描述为文件夹。

14．文件的位置由包含驱动器名、一个或多个_____、文件名和扩展名的文件路径所确定。

15．在需要将文件通过网络传输到别的计算机时，文件的_____是很重要的信息。

16．文件_____是指在文件开头包含关于文件类型信息的一部分数据。

17．Microsoft Word 2007 的_____文件格式是 docx。

18．应用程序"文件"菜单中的_____命令，允许用户在当前位置使用当前文件名保存文件的最新版本。

19．Windows_____是指操作系统提供的实用程序软件，用来帮助用户组织和操作文件。

20．硬盘能将数据存储在同心的_____中，它们又能被分成楔形的_____。

21．文件_____软件能将已删除的文件用随机的 0、1 序列覆盖掉。

22．一个名为_____的特殊文件会记录软盘或者硬盘上数据的物理位置。

23．随着磁盘上文件变成_____，磁盘驱动器的性能会下降。

24．存储容量用_____衡量，访问时间用_____衡量。

25．在_____访问设备中，计算机可以直接移动到任何文件，但是在_____访问设备中，必须从头开始读取所有数据。

26．你可以使用任何图形软件来打开 Art.bmp。对不对？_____

27．创建有效文件名的规则称为文件命名_____。

28．当保存数据文件时，应用程序会被添加_____，例如 doc 或者 xls 等。

29．当删除文件时，它会被物理地从磁盘上移走。对不对？_____

30．_____磁盘包含存储于非连续性簇中的文件。

31．_____驱动器可以读取大多数 CD-ROM、DVD-ROM 和 DVD-RAM 盘片。

二．概念分析

请利用所学概念回答下列问题，必要时请借助于教科书、网络等寻求资料。注意发挥自己的批判性思考能力、逻辑分析能力以及创造力。

1）请解释如下术语对之间的区别：

数据和信息：＿＿＿＿＿＿＿＿＿＿＿＿＿＿＿＿＿＿＿＿＿＿＿＿＿＿＿＿＿＿＿＿＿＿

＿＿

逻辑存储和物理存储：＿＿＿＿＿＿＿＿＿＿＿＿＿＿＿＿＿＿＿＿＿＿＿＿＿＿＿＿＿

＿＿

可执行文件和数据文件：＿＿＿＿＿＿＿＿＿＿＿＿＿＿＿＿＿＿＿＿＿＿＿＿＿＿＿＿

＿＿

读数据和写数据：＿＿＿＿＿＿＿＿＿＿＿＿＿＿＿＿＿＿＿＿＿＿＿＿＿＿＿＿＿＿＿

＿＿

磁存储和光存储：＿＿＿＿＿＿＿＿＿＿＿＿＿＿＿＿＿＿＿＿＿＿＿＿＿＿＿＿＿＿＿

＿＿

随机访问和顺序访问：＿＿＿＿＿＿＿＿＿＿＿＿＿＿＿＿＿＿＿＿＿＿＿＿＿＿＿＿＿

2）借助于*.doc，你可以指定所有具有 doc 扩展名的文件。请问如何指定如下文件？

具有 txt 扩展名的所有文件：＿＿＿＿＿＿＿＿＿＿＿＿＿＿＿＿＿＿＿＿＿＿＿＿＿

包含 minutes 的所有文件：＿＿＿＿＿＿＿＿＿＿＿＿＿＿＿＿＿＿＿＿＿＿＿＿＿＿

以 Ship 开头的所有文件：＿＿＿＿＿＿＿＿＿＿＿＿＿＿＿＿＿＿＿＿＿＿＿＿＿＿＿

以字母 R 开头的所有文件：＿＿＿＿＿＿＿＿＿＿＿＿＿＿＿＿＿＿＿＿＿＿＿＿＿＿

磁盘上的所有文件：＿＿＿＿＿＿＿＿＿＿＿＿＿＿＿＿＿＿＿＿＿＿＿＿＿＿＿＿＿＿

3）假定你要从 Sarah 的计算机上打开一个文件，她告诉你文件存储路径为 D:\Data\Payables.xls。请问：

文件名是什么？＿＿＿＿＿＿＿＿＿＿＿＿＿＿＿＿＿＿＿＿＿＿＿＿＿＿＿＿＿＿＿＿

文件扩展名是什么？＿＿＿＿＿＿＿＿＿＿＿＿＿＿＿＿＿＿＿＿＿＿＿＿＿＿＿＿＿＿

文件存储在哪个驱动器上？＿＿＿＿＿＿＿＿＿＿＿＿＿＿＿＿＿＿＿＿＿＿＿＿＿＿

是否需要特定的软件程序来打开和查看文件？＿＿＿＿＿＿＿＿＿＿＿＿＿＿＿＿＿

该文件可能是什么类型？＿＿＿＿＿＿＿＿＿＿＿＿＿＿＿＿＿＿＿＿＿＿＿＿＿＿＿

文件存放在哪个目录下？＿＿＿＿＿＿＿＿＿＿＿＿＿＿＿＿＿＿＿＿＿＿＿＿＿＿＿

5.7　实验与思考：Word 应用进阶

一、实验目的

1）熟练掌握字处理软件 Word 的主要操作，改进文字处理能力，提高写作质量。

2）熟悉电子表格的基本概念和工作方式，了解创建、格式化和审核工作表的操作方法。

3）掌握操作计算机化文档、工作表和演示文稿的技巧，熟悉集成应用字处理、电子表格和演示文稿软件，增强职业技能。

二、工具/准备工作

在开始本实验之前，请回顾本章的相关内容。

需要准备一台安装有 Microsoft Office Word 2003 软件的计算机。

三、实验内容与步骤

1. Word 编辑

有人在某大学针对教师、研究生和高年级学生进行计算机教育需求的调查[①]，调查表明，在最常用的软件中，前五位是 Word（92.3%）、PowerPoint（79.5%）、IE 浏览器（79.5%）、Adobe PDF 文件阅读器（61.5%）和 Excel（53.8%）。可见，用计算机的人中绝大多数都在使用 Word 软件。

请熟练完成以下操作（必要时，请借助于其他参考书或者 Word 自带的"帮助"功能来协助完成操作）：

1）Word 的启动和退出。

2）熟悉 Word 操作界面的组成。主要包括：标题栏、菜单栏、工具栏、标尺、状态栏、文档编辑窗口。

请记录：Word 文档编辑的五种显示方式是什么？

①_____；②_____；③_____；
④_____；⑤_____。其中最主要的是：_____。

3）熟练掌握 Word 文档的建立、打开、保存和保护操作，了解 Word 文档模板。主要操作内容是：新建 Word 文档、正文文字输入（包括插入特殊符号、插入日期和时间）、保存和保护文档、打开文档等。

4）熟练进行文档编辑操作。主要内容是：选定文本、编辑文档（包括查找与替换、拼写和语法检查）等。

请记录：上述各项操作能够顺利完成吗？如果不能，请说明为什么。

2. Word 排版

Word 的排版功能很强，主要包括样式、字符排版、段落排版、页面排版、使用文本框、使用艺术字、绘制和编辑简单图形、使用公式编辑器和图文混排等。

请熟悉以下操作：

1）样式的使用。"格式"工具栏中的"样式"列表框将一些重复的样式设置保存起来，可以创建新样式或者更改样式，应用其中的"标题"样式（必要时可以修改），结合使用"插入"→"引用"→"索引和目录"命令，可以为文档建立良好的目录结构。

2）字符排版。主要功能是：字符格式化（如"格式"→"字体"命令）、中文版式（如简体和繁体转换）等。

3）段落排版。主要功能是：段落对齐和缩进，"格式"菜单下的"段落"、"项目符号和编号"、"边框和底纹"等命令。

4）页面排版。主要功能有："文件"菜单下的"页面设置"命令，"视图"菜单下的"页眉

[①] 张铭，等. 从调查入手，了解对计算机教育的新需求[J]. 计算机教育，2005(11)：13.

和页脚"命令，"格式"菜单下的"分栏"、"首字下沉"、"文字方向"等命令。

5）使用文本框。依次选择"插入"→"文本框"命令，可在其中插入文字和图形，实现特殊的排版效果。

6）绘制与编辑简单图形。依次选择"视图"→"工具栏"→"绘图"命令，可打开"绘图"工具栏，使用直线、箭头、方框等工具绘制各种图形；也可单击其"自选图形"按钮，打开"基本形状"库，绘制简单图形；依次选择"插入"→"图片"命令，可选择插入图形文件或者插入剪贴画。

可以使用"图片"工具栏中的按钮，根据需要对该图片的颜色、对比度、亮度、线型、版式、图片格式等进行设置，也可进行裁剪、旋转、压缩等操作。通过调整文档中图片的版式，还可实现图片与文字的混合排版。

7）使用公式编辑器。Word 的"公式编辑器"功能很强大。依次选择"插入"→"对象"命令，在对话框中选择"Microsoft 公式 3.0"选项，在"公式"工具栏中，利用其各种按钮，可输入和编辑各种数学公式。

8）表格绘制。利用 Word 的"表格"菜单，可以完成表格的建立、编辑等操作。

请记录：上述各项操作能够顺利完成吗？如果不能，请说明为什么。

3．Word 小报排版

图 5-7～图 5-9 给出了一组用 Word 编辑排版的班级小报，请选择其中之一作为样板，设计完成一份小报。请注意正确应用 Word 的排版功能，尽可能地体现设计中的技术含量。

请用 WinRAR 等压缩软件对完成的相关文件压缩打包，并将压缩文件命名为<班级>_<姓名>_Word 小报排版.rar 的形式。

图 5-7　班级小报排版样式 1

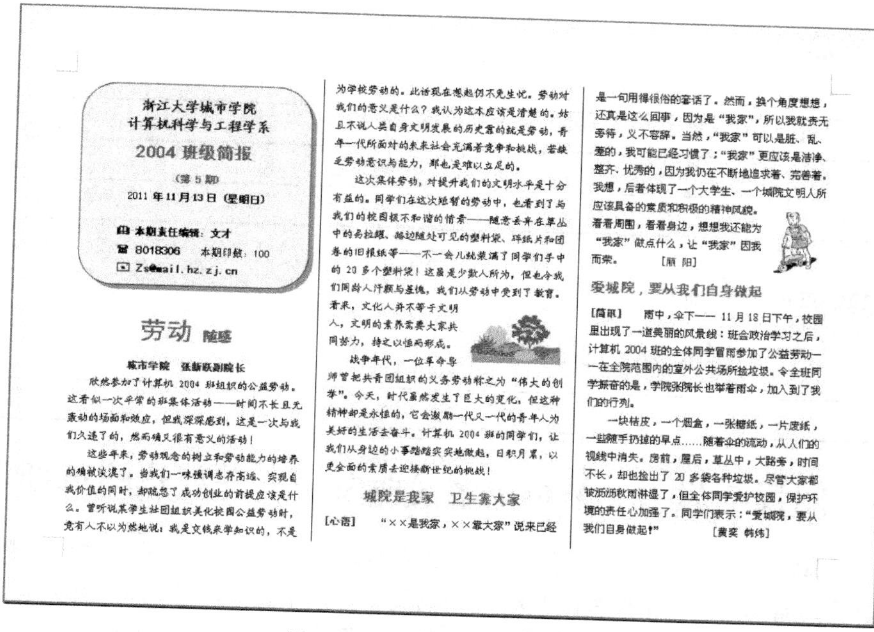

浙江大学城市学院
计算机科学与工程学系
2004 班级简报
（第 5 期）
2011 年 11 月 13 日（星期日）
本期责任编辑：文才
8018306 本期印数：100
Zs@mail.hz.zj.cn

劳动 随感

城市学院 张新联副院长

欣然参加了计算机 2004 班组织的公益劳动。这看似一次平常的班集体活动——时间不长且无轰动的场面和效应，但我深深感到，这是一次与我们久违了的，然而确又很有意义的活动！

这些年来，劳动观念的树立和劳动能力的培养的确被淡漠了。当我们一味强调志存高远、实现自我价值的同时，却疏忽了成功创业的前提应该是什么。曾听说某学生社团组织美化校园公益劳动时，竟有人不以为然地说：我是交钱来学知识的，不是为学校劳动的。此话现在想起仍不免生忧。劳动对我们的意义是什么？我认为这本应该是清楚的。姑且不说人类自身文明发展的历史靠的就是劳动，青年一代所面对的未来社会充满着竞争和挑战，若缺乏劳动意识与能力，那也是难以立足的。

这次集体劳动，对提升我们的文明水平是十分有益的。同学们在这次短暂的劳动中，也看到了与我们的校园极不和谐的情景——随意丢弃在草丛中的易拉罐、路边随处可见的塑料袋、碎纸片和团卷的旧报纸等——不一会儿就装满了同学们手中的 20 多个塑料袋！这虽是少数人所为，但也令我们同龄人汗颜与羞愧，我们从劳动中受到了教育。看来，文化人并不等于文明人，文明的素养需要大家共同努力，持之以恒而形成。

战争年代，一位革命导师曾把共青团组织的义务劳动称之为"伟大的创举"。今天，时代虽然发生了巨大的变化，但这种精神却是永恒的，它会激励一代又一代的青年人为美好的生活去奋斗。计算机 2004 班的同学们，让我们从身边的小事踏踏实实地做起，日积月累，以更全面的素质去迎接新世纪的挑战！

城院是我家 卫生靠大家

[心语] "××是我家，××靠大家"说来已经是一句用得很俗的套话了。然而，换个角度想想，还真是这么回事，因为是"我家"，所以我就责无旁待，义不容辞。当然，"我家"可以是脏、乱、差的，我可能已经习惯了；"我家"更应该是洁净、整齐、优秀的，因为我仍在不断地追求着、完善着。我想，后者体现了一个大学生、一个城院文明人所应该具备的素质和积极的精神风貌。看看周围，看看身边，想想我还能为"我家"做点什么，让"我家"因我而荣。 [丽 阳]

爱城院，要从我们自身做起

[简讯] 雨中，伞下—— 11 月 18 日下午，校园里出现了一道美丽的风景线：班会政治学习之后，计算机 2004 班的全体同学冒雨参加了公益劳动——在全院范围内的室外公共场所捡垃圾。令全班同学振奋的是，学院张院长也举着雨伞，加入到了我们的行列。

一块桔皮，一个烟盒，一张糖纸，一片废纸，一些随手扔掉的早点……随着伞的流动，从人们的视线中消失。房前，屋后，草丛中，大路旁，时间不长，却也捡出了 20 多袋各种垃圾。尽管大家都被沥沥秋雨淋湿了，但全体同学爱护校园，保护环境的责任心加强了。同学们表示："爱城院，要我们自身做起！" [黄奕 韩炜]

图 5-8 班级小报排版样式 2

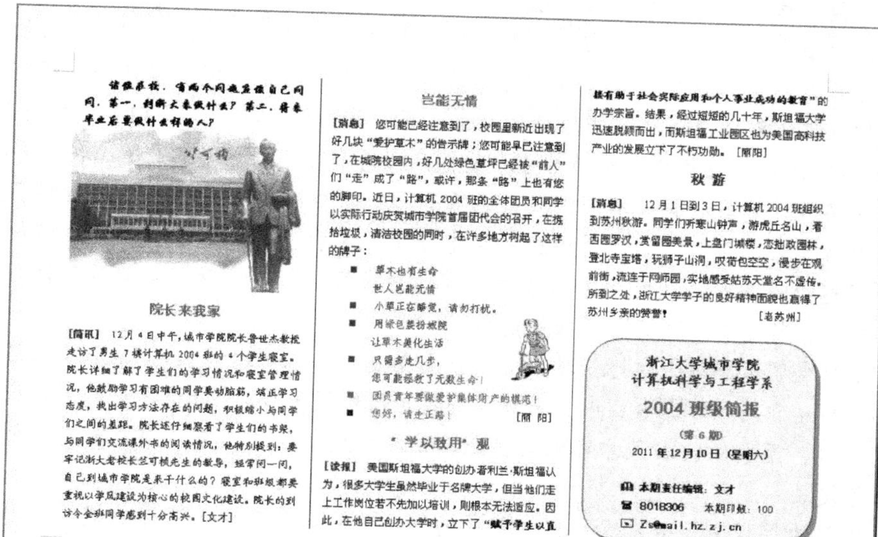

请你思考，有两个问题应该自己问问，第一，到浙大来做什么？第二，将来毕业后要做什么样的人？

院长来我家

[简讯] 12 月 4 日中午，城市学院院长鲁世杰教授走访了男生 7 楼计算机 2004 班的 4 个学生寝室。院长详细了解了学生们的学习情况和寝室管理情况，他鼓励学习有困难的同学要动脑筋，端正学习态度，找出学习方法存在的问题，积极缩小与同学们之间的差距。院长还仔细查看了学生们的书架，与同学们交流课外书的阅读情况，他特别谈到：要牢记浙大老校长竺可桢先生的教导，经常问一问，自己到城市学院是来干什么的？寝室和班级都要重视以学风建设为核心的校园文化建设。院长的到访令全班同学感到十分高兴。[文才]

岂能无情

[消息] 您可能已经注意到了，校园里新近出现了好几块"爱护草木"的告示牌；您可能早已注意到了，在城院校园内，好几处绿色草坪已经被"前人"们"走"成了"路"，或许，那条"路"上也有您的脚印。近日，计算机 2004 班的全体团员和同学以实际行动庆贺城市学院首届团代会的召开，在拣拾垃圾，清洁校园的同时，在许多地方树起了这样的牌子：

- 草木也有生命
  世人岂能无情
- 小草正在睡觉，请勿打扰。
- 用绿色装扮城院
  让草木美化生活
- 只需多走几步，
  您可能拯救了无数生命！
- 团员青年要做爱护集体财产的模范！
- 您好，请走正路！ [丽 阳]

"学以致用"观

[读报] 美国斯坦福大学的创办者利兰·斯坦福认为，很多大学生虽然毕业于名牌大学，但当他们走上工作岗位若不先加以培训，则根本无法适应。因此，在他自己创办大学时，立下了"赋予学生以直接有助于社会实际应用和个人事业成功的教育"的办学宗旨。结果，经过短短的几十年，斯坦福大学迅速脱颖而出，而斯坦福工业园区也为美国高科技产业的发展立下了不朽功勋。[丽阳]

秋 游

[消息] 12 月 1 日到 3 日，计算机 2004 班组织到苏州秋游。同学们听寒山钟声，游虎丘名山，看西园罗汉，赏留园美景，上盘门城楼，恋拙政园林，登北寺宝塔，玩狮子山洞，吹荷包空空，慢步在观前街，流连于网师园，实地感受姑苏天堂名不虚传。所到之处，浙江大学学子的良好精神面貌也赢得了苏州乡亲的赞誉！ [老苏州]

浙江大学城市学院
计算机科学与工程学系
2004 班级简报
（第 6 期）
2011 年 12 月 10 日（星期六）
本期责任编辑：文才
8018306 本期印数：100
Zs@mail.hz.zj.cn

图 5-9 班级小报排版样式 3

请将该压缩文件在要求的日期内，以电子邮件、QQ 文件传送或者实验指导老师指定的其他方式交付。

请记录：该项实践作业能够顺利完成吗？

____

四、实验总结

_____

_____

_____

五、实验评价（教师）

_____

_____

5.8　阅读与思考：Word 之父西蒙尼——狂热的革新者

几乎所有人都能在短时间内掌握微软的 Word 和 Excel，这两种工具软件的迅速普及正得益于"简单易用"的构想，但这种构想在 1981 年最初提出时几乎让微软所有的程序员都无从下手，直到"所见即所得"（WYSIWYG）的发明人查尔斯·西蒙尼（Charles Simonyi）找到入手的方向。

西蒙尼用他的这两项发明成功地引爆了图形操作时代，他的发明每年为微软创造了数十亿美元的财富，也使自己跻身于《福布斯》杂志的富豪榜。比尔·盖茨说："查尔斯是有史以来最伟大的程序员之一。"这位微软前任"首席建筑师"的成就除了那些软件外，还有"只有方便用户使用的软件才能普及"和"程序员生产力"等一系列超前理论。正如《福布斯》的评价："正是西蒙尼所有的这些林林总总推动着整个软件产业的高速前行，构建了现代软件业的框架。"

不同于大多数计算机科学家和程序员的内向，西蒙尼性格外向并且善于思考和表达。这主要是因为童年时父亲的影响，他的父亲是一名电子工程学教授，西蒙尼回忆到，"他总是提出一些古怪的问题让我回答，有时还给出答案让我逆向求解。"这也就不难理解为什么他总有着异于常人的想法，甚至有"预见"未来的能力。

1972 年，取得了斯坦福大学博士学位的西蒙尼受施乐公司的邀请加入 PARC（帕洛阿尔托研究中心），在 Alto 个人计算机项目中负责文本编辑器的研发工作。PARC 在当时可以说是世界上最好的研究中心，无数的技术天才都汇集在此，这种环境带给了西蒙尼前所未有的创造热情，也让他灵感倍发。

在开发程序的过程中，他发现，文本信息的微小改动会导致整个程序的混乱，要对文本信息进行格式化且保留原有程序在当时相当困难。为了解决这个难题，他在 Alto 个人计算机上开发了第一个文本编辑程序 Bravo，也就是常说的"所见即所得"字处理软件。在一次演示中，他用 Bravo 在计算机屏幕上输入了不同字体的文字，并通过以太网传到打印机上，打印出来的效果与屏幕上显示的一模一样。一位银行界高官看完演示后惊讶地说："这就是所见即所得，我在屏幕上看到什么就可以打印出什么。"之后，Bravo 软件开始在一些小型机上广泛使用，渐渐成为业界标准。窗体顶端

意外的是，西蒙尼首次发表的论文并不是关于"所见即所得"技术，而是研究如何提高程序员的生产力。在论文中他将软件开发设置为一个完整的项目，由一个"程序经理"统一管理。通过这套管理体系可以节省开发软件所需的时间，"程序经理"只负责制定整个程序的框架，

并不参与具体的编程工作，这种管理模式至今仍被证明是最有效的。1981 年他加入微软后，顺理成章地将这套理论完美融入软件开发中，一举将微软建成世界一流的"软件工厂"。

西蒙尼一再表示："加入微软是我人生的重大转折点。"事实也证明，无论是在程序开发、社会地位和个人财富上，辞去 PARC 的工作而投奔盖茨在当时来说是明智之举。来到微软后，他开始在 Bravo 的基础上开发最具前景的"图形操作界面"，不到两年，由他开发的 Word 文字系统就诞生了。1983 年 1 月 1 日，微软正式发布 Word 1.0 版本。这款在技术上远远领先同期各类产品的软件的出现让整个产业为之一震，当西蒙尼另一个惊世之作 Excel 问世并与 Windows 3.0 搭售成为全球最畅销的软件后，他已站在软件产业的金字塔尖上。

1991 年微软已经基本统治了 PC 操作系统软件的天下。此后西蒙尼不再介入图形操作系统的开发，而专注于研究新一代程序设计 Intentional Programming（目的编程），一种让普通人都可以编写程序的软件。2002 年，他离开微软，创办了自己的 Intentional Software 软件公司。他相信"目的编程"将引爆下一场软件革命，就像当初他相信图形操作系统一定成功一样。他现在的研究项目同样得到了微软的支持，盖茨表示："我知道西蒙尼的研究一定会成功，问题只是时间而已。"他从前的同事，微软的资深软件工程师 Chuck Thacker 说："顶尖程序员与其他无数普通程序员的一个重要区别就是，他有能力在第一时间构想出那些复杂程序的最终结果及可能出现的一切变化。西蒙尼恰恰就是这个人。"

2007 年 4 月，西蒙尼抵达地球上方 350 km 的国际空间站上度过了两周太空生活并成功返回地球。当他在国际空间站身体倒浮在空中时，法安塔尼说："查尔斯为我们展现了观察地球的新视角。"而其他机组人员身体则是保持直立。

资料来源：文/魏杰，新浪科技 （http://www.sina.com.cn），有删改。

第 **6** 章

文字处理、电子表格和演示文稿

对于微型计算机用户来说，1979 年和 1980 年的新闻是激动人心的：三个超级软件包上市并迅速形成了微型计算机软件的热潮。计算机用户很快通过字处理（又称文字处理）软件 WordStar[①] 开始制作专业风格的文档；电子表格软件 VisiCalc[②] 则以其创新的思想使用户可以在报表中进行复杂的计算；个人数据库 dBASE[③] 可以帮助计算机用户通过创建和维护数据库来组织自己的信息。文字处理、电子表格和数据库软件在当时被称为个人计算机软件的"三巨头"。

1989 年，中文字处理软件 WPS（Word Processing System）诞生，并以 WPS 为核心软件推出了金山汉卡，由此带出了当时盛行的整个汉卡产业。

在这一章中，主要学习文字处理、电子表格和演示文稿软件，这类软件的优秀版本之一今天被统称为 Office。Office 软件是软件生产厂商专为一般用户的计算机普及性应用而设计的，软件的用户界面友好，操作直观，功能强大，使用方便。如今，Office 软件的操作性学习教材、使用手册等种类丰富，大多数的一般读者都已经具备一定的应用基础。因此，本书不再在 Office 软件的操作细节上展开教学，而是针对专业学生，把学习重点放在对 Office 软件的操作特性和功能理解上，至于操作细节，请学生在实验环节中根据教材的指导自己进行探索和尝试，以促进专业学生对于应用性软件的自学能力。

6.1 文 字 处 理

文字处理在人们的日常学习、生活和工作中占有重要的位置。从历史上看，文明程度反映出读写的重要性与社会、经济发展相对应。随着世界文明的进步，文字处理和文档生成工具也在进步，文字处理软件取代了笔、橡皮和打字机，成为文档制作的主力工具。

[①] 由 Miropro 公司在 1979 年研制。

[②] VisiCalc 是世界上第一套电子试算表软件，由丹·布李克林和鲍伯·法兰克斯顿开发，1979 年 10 月随苹果 Ⅱ 计算机推出，成为苹果 Ⅱ 计算机上的"杀手应用软体"，带动苹果计算机和 PC 进入家庭和中小公司。但是，随着微软 Multiplan 推出，加上 Lotus 1-2-3 的红火，在 Microsoft Excel 出现之后，VisiCalc 渐渐被人所淡忘。

[③] dBASE 是第一个在微型机上被广泛使用的数据库管理系统（DBMS），由 Ashton-Tate 在 CP/M 系统上发布，然后又发布了 Apple、UNIX、VMS 和 IBM PC 的 DOS 版本，并在 DOS 平台上成为几年中最畅销的软件。dBASE 没有能成功转换到 Windows 平台，逐渐被 Paradox、Clipper、FoxPro 和 Access 等新产品所替代。

6.1.1　写作过程

用计算机进行写作时，通常会先使用文字处理软件输入文档草稿，然后对内容和风格进行编辑以得到满意的效果，最后再进行文档的排版和打印。有时候，还会使用专业的桌面排版软件（例如 Microsoft Publisher、Adobe Framemaker、方正飞腾创意等）来进行格式处理和打印。

一般来说，在输入文档内容时不必关心文档的外观，所要注意的是如何正确有效地表达用户的思想。在对文章内容感到满意的时候，再将注意力集中到对文档外观的处理上。文字处理软件可以很容易地修改文档的措辞。使用文字处理软件会使写作过程更流畅、效果更好。

6.1.2　改进写作质量

当能够熟练使用计算机的时候，文字处理软件有助于提高写作质量。使用文字处理软件可以很容易地创建文档的草稿，重新确定它的结构，仔细地修改语句结构和词语的用法。可以很方便地插入文字、删除文字、移动段落甚至整页来改进结构和文章的逻辑流程。

在文档生成过程中，首先必须决定如何组织文档以清楚地表达思想。文档的一部分称为"块"，删除或移动块称为块操作。

文字处理软件的大纲模式能够通过使用层次化的标题和子标题来清楚地显示文档的内容。当创建层次化文档时，要给每个标题做上标记，说明这是章、节或小节的开始。为了看到完整的文档，可以让软件只显示章标题；如果要显示更详细的结构，可以显示章标题和节标题等。

当在大纲视图中移动一个标题时，大纲模式会自动移动该标题下的所有子标题和段落。此外，还可以使用软件的"剪切"和"粘贴"命令来生成新结构的文档。

修改完整个文档的结构后，就可以注意文章的细节了，例如词语的用法、拼写和语法等。有些作者知道自己在文章中过度使用了某词或所用某词的用法不正确。如果已经知道了问题所在，就可以使用"查找"功能来获取该词的所有引用位置。针对每次引用来选择决定"保留"还是"修改"；另一个功能就是"查找和替换"，为在整篇文章中替换某个词提供了方便。

很多文档生成工具（包括电子邮件编辑器）中都有拼写检查工具，如图 6-1 所示。联机拼写检查功能在打字时通过增加波浪线实时显示错误（例如用红色波浪线指出英文拼写错误，用绿色波浪线指出汉字词组错误等）。用户可以手工消除和纠正错误，也可以单击拼错的单词，然后从正确单词的列表中选择更正。

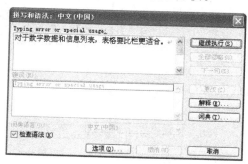

图 6-1　Word 的拼写检查工具

尽管文字处理软件的拼写检查器能帮助用户更正错误的拼写，但它并不能保证文档中没有一个错误。拼写检查器能将文档中的每个单词和称为拼写字典的数据文件中所存储的拼写正确的单词作对比。如果字典中有文档中的某个单词，那么拼写检查器认为这个单词拼写正确。如果字典中没有这个单词，那么拼写检查器就认为这个单词拼写错误。一些拼写正确的名词和有关科学、医学和技术的单词很可能被标记为拼写错误的单词，因为拼写检查器的字典中没有这些单词。如果在输入时发生单词混淆，例如 too 和 to，那么拼写检查器也起不了作用，因为它的字典中有这两个单词。所以请记住，拼写检查器不能替代全面校对。

6.1.3　格式化文档

在印刷时代之前，所有文档都是手写的。中世纪时，艺术家和僧侣们挤在称为"写字间"的大房间里辛勤地抄写宗教经典，这些手抄本被称为"神圣手稿"。手稿中有插图、精美的字体和花边，它除了是传播信息的手段外，还是艺术的结晶，价值都很高，如图 6-2 所示。

（a）700 多年前古印度梵文哲学手稿　　　　　　　　　　（b）神秘的伏尼契手稿

图 6-2　神圣手稿

如今，漂亮的文档不再是一种财富。现代的电子排版技术和印刷技术可以大批量低价格地生产出很多漂亮的文档。此外，文字处理软件提供了一些工具，例如文档模板、向导、字体、风格、边界和剪贴画等，可以帮助人们制作出专业化、个性化的优秀文档。

1）文档模板是一个预先设定格式的文档，可以向其中输入正文。绝大多数文字处理软件都建议在输入正文之前选择一个合适的模板。如果没有选择模板，软件会自动打开一个通用模板。在模板中，页边界、行距、页眉、字体和页面大小等格式都已经设置好了。图 6-3 显示了 Word 提供的典型文档模板。

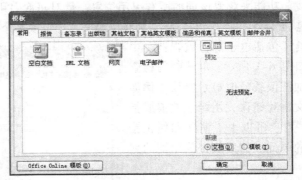

图 6-3　Word 提供的文档模板

2）文档向导不仅提供了文档格式，它还会提供分步骤的指南，来指导用户输入不同类型的文档。在创建自己的格式之前，应该先浏览一下软件所提供的模板和向导。

3）文档中使用的字体极大地影响着文档的外观。"字体"是一种特殊的样式设计，文字处理软件通常会提供多种字体。此外，还可以购买和安装其他字体包，甚至可以使用模拟手写体，使文档看起来就像是写出来的一样，也可以将手写体和传统的印刷体混合使用。

4）可以通过调整行距、页边距、缩进、制表、边界和图文框来修正文档的外观。可以将边距留大一些，增加字间空白，使文档不太紧密，以方便阅读。

"对齐"定义了每行字符和词语之间的对齐方式。排版字体文档通常是充分（左右）对齐，因此正文的左右边距排列很整齐。

"分栏"（见图 6-4）增加了可读性，表格使数据整齐。在文档制作中，"栏"通常意味着报纸风格的段落设计。表格将数据按照行列排列。对于数字数据和信息列表，表格要比栏更适合。

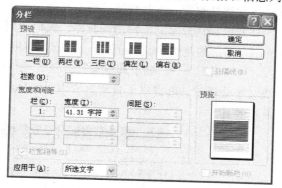

图 6-4　Word 的"分栏"功能

要使文档更加突出，可以使用边框和图片。边框是环绕在文字或图片（通常是标题、表格）上的方框。Word 的剪贴画中包含有上百幅可以用在文档中的图形，还可以在因特网上找到更多的剪贴画。可以使用图文框来放置图形，并将文字环绕在图文框周围。

6.1.4　纸版印刷和电子出版

毕昇[①]（见图 6-5）发明的胶泥活字印刷术，是印刷术发展中的一个根本性的改革，是对我国劳动人民长期实践经验的科学总结，为推动世界文明的发展做出了伟大贡献。直到德国人 Johann Gutenberg 在 1448 年演示了毕昇的印刷技术后，这项技术才出现在欧洲。

计算机文字处理最初并没有考虑到出版，但随着世界范围数据通信网的发展，电子出版成为出版界的新机遇。今天，电子文档的发送、存储和操作都非常简单。任何人都可以将自己的文章放在万维网上、发送电子邮件或参加各种在线讨论组。就发布信息而言，因特网以低成本方式提供了强大的通信渠道。

6.1.5　文档自动生成

图 6-5　毕昇

计算机在执行如记数、编号、搜索和复制等重复性任务时功能非常强大。文字处理软件充分利用计算机在这些方面的能力，来自动完成一些重复性的工作。

1）页面编号。编辑文档时，大段文字的增加或删除，或者文档间距的改变等，都将影响到页码。当编辑和格式化处理文档时计算机自动在文档的每一页标注上页码（称为"分页"）。

2）页眉和页脚。页眉是自动出现在文档每一页最上方的文字，页脚是自动出现在文档每一

---

① 毕昇（约 970—1051），北宋布衣，淮南路蕲州蕲水县直河乡（今湖北省英山县草盘地镇五桂墩村）人。毕昇初为印刷铺工人，专事手工印刷，他在印刷实践中，深知雕版印刷的艰难，在认真总结前人经验的基础上，发明了活字印刷术，这是我国古代四大发明之一。对此，沈括在《梦溪笔谈》中有具体记载。

页最下面的文字。通常应当告诉软件将页码放在页眉还是页脚。简单的页眉或页脚包含当前页的页码，也可能将文档作者和标题放在页眉或页脚中，以便打印时不会与其他文档相混淆。页眉和页脚有助于文档的识别。出版物一般每一页或者有页眉、页脚或者两者都有。

3）字数统计（"工具"→"字数统计"命令），如图 6-6 所示。文字处理软件可以很容易地统计文档中的字数，以便检查文档的长度。字数统计的另一个用途是文字分析。重要词汇索引就是指文章中按照字母顺序排列的词语以及它们的出现频率。人们使用重要词汇索引，通过比较未知作者和已知作者的文献中词语的使用频率来分析历史文献和同时代文档的原创作者。

4）索引和目录（"插入"→"引用"→"索引和目录"命令），如图 6-7 所示。较长的文档还需要目录和索引。大多数文字处理软件都提供了自动生成索引和目录的功能。当文档内容修改后，还能够自动更新目录和索引。

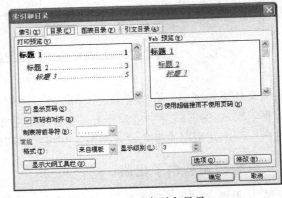

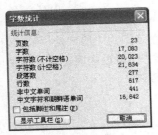

图 6-6　字数统计　　　　　　　　　　　　　图 6-7　索引和目录

5）邮件合并（"工具"→"信函与邮件"→"邮件合并"命令）。该命令是指通过使用套用信函来合并邮件列表中的信息，以创建个性化信件的过程。邮件合并需要两个文档：一个文档包含邮件列表，另一个文档包含套用信函。邮件列表只是在单列中输入名称和地址。套用信函是一个文档，其中包含来自于邮件列表的名称、地址或者其他信息的特殊标识的容器。一旦创建了包含邮件列表和套用信函的文档，就可以开始合并，逐次输入每封信的名字和地址，然后打印。

6）脚注（"插入"→"引用"→"脚注和尾注"命令），如图 6-8 所示。学术文章通常要求有脚注。脚注包含了正文中提到的引用出处。当修改文档的时候，脚注必须与它们在正文中的引用点相对应，因此需要按照顺序编号。在正文移动后，脚注功能仍然可以保持与脚注之间的位置和顺序关系。如果使用尾注，通常软件会

图 6-8　脚注与尾注

在文章的末尾添加文章的引用信息，并按照它们在文章中出现的顺序或字母顺序进行打印。

6.2　电 子 表 格

1978 年，哈佛商学院学生 Dan Bricklin 发明了电子表格软件 VisiCalc，专家认为这个软件加速了数字时代的来临。在此之前，消费者甚至都没有想过个人计算机会有那么多的用途。

VisiCalc 给人们提供了一个方便的工具，不需要统计或财务知识就可以进行复杂的计算。它包含了今天电子表格软件的所有基本元素——基于屏幕的行和列的网格、预定义的函数、自动计算、格式化功能，以及基本的复制公式的"智能"。

"电子表格"通常是指人们使用电子表格软件在计算机上创建和存储数据的数字模型，它能帮助人们减轻计算负担。电子表格是"直观的、自然的，可以用于金融分析、商业和数学模型、决策支持、模拟和解决问题的有力工具"。

可以把电子表格想象成一张（或一叠）"聪明"的纸，它能够自动累加（或处理）在"纸"上写下的数字。这张聪明的纸也可以基于简单公式进行计算。

6.2.1　创建简单的工作表

手持计算器最大的缺点是输入的数据虽然被存储起来，但是却看不到，不能校验它们是否准确。另外，要修改已经输入的数据也很困难，通常需要重新计算。与此相反，使用电子表格软件非常简单。只需输入要计算的数据，并通过操作或者公式告诉计算机如何处理这些数据就可以了，所有的数据都可以在屏幕上看到，也很容易对它们进行修改。还可以将结果打印成一份漂亮的报告，将数据转换成图形显示。用户也可以毫不费力地将计算结果输入到其他电子文档中，例如做成 Web 页面发布，或用电子邮件发送给同事们等。

使用电子表格软件在屏幕上建立的表格称为工作表（sheet）。工作表是由行和列组成的网格，列用字母表示，行用数字表示，行列的交点称为单元格。每个单元格都有一个唯一的单元格地址，用它的行号和列号表示。例如，工作表左上方第一个单元格的地址是 A1。

单元格内可以包含数字、文本或公式。数字就是要在计算中使用的数值，文本可用于工作表的标题和对数字的说明，公式用于指示如何在计算中使用单元格的内容。可以使用公式来进行数字的加减乘除，甚至更复杂的运算。

在创建新的工作表之前要仔细地思考和设计，这样才能够组织好工作表，得到准确的结果：

1）明确工作表的目的。列出需要进行的计算，同时尝试规划在行和列中如何放置数据。考虑工作表顶部和左下方使用什么标签。

2）在单元格中输入数字和栏目名称，然后输入公式。输入数字时，要在临近的单元格中提供描述性标签，通常标签位置位于数据的左边。最好在工作表的顶部提供标题。

3）格式化工作表。为了增强可读性，可以加大标题的字体，以及使用粗体来输入关键标签。可以使用不同的颜色来标识数字和结果，创建数据的图形表示方式，以及添加图形。

4）测试工作表。如果工作表中的计算结果与预期的不同，那么有可能是在输入的时候出现了错误。仔细检查输入的数字和公式并进行修正，直到工作表的运算结果正确为止。

5）存储和打印工作表。

6.2.2　公式计算与模板

事实上，电子表格软件的价值就在于它在工作表中处理数字和公式的方法。不妨把工作表想象成两层——一层是可以看到的，另外一层是隐含的。隐含层保存公式，其计算结果放在可见层。一旦增加或修改了单元格中的数值，电子表格就会重新计算所有的公式，也就是说，工作表上显示的总是当前单元格中最新数据的运算结果。

公式通常以等号开始，并包含着对其他单元格的引用。"引用"使更改数据和重新计算结果变得很容易。如果有一个公式是"从单元格 B4 中减去单元格 B5 中的数值",那么该公式并不关心单元格 B4 和 B5 中的具体数字,可以创建像"=B4-B5"这样的通用公式。即使以后修改了这两个单元格的数值,结果也总是准确的。

构造工作表时,除了可以输入公式执行计算外,也可以选择预定义好的公式,这些公式称为函数。例如,在一个研究任务中需要计算一个学校考试分数的标准方差。这时,根本不需要去找统计学书本,电子表格软件中有内置的可以进行标准方差计算的函数。只需在一些单元格中输入考试分数,并使用标准方差函数进行计算,就可以得到正确的结果。电子表格软件一般都包含有上百个函数,可以进行数学、财务、日期和统计等运算。

用户还可以使用预先定义好的模板,其中已经包含了格式和公文。需要时,只需选择该模板,再填充数据就可以了,如图 6-9 所示。

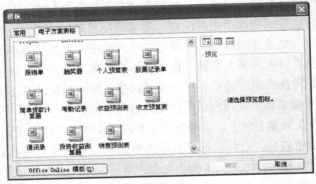

图 6-9　模板

6.2.3　测试和修改工作表

在创建工作表之后,应当对数据和公式的准确性进行认真测试。工作表设计和应用的原则之一,就是"在测试完成之前,不要相信你的工作表"。对工作表进行测试时,要通过输入一些已经知道结果的数据来进行验证。

很多电子表格软件提供了"公式审核"功能(见图 6-10),来帮助查找对空单元格的引用和未被引用单元格,以及导致无法终结循环计算的引用自身的公式。

图 6-10　公式审核

用户可以通过插入、删除行和列，或移动单元格中的内容来修改工作表的结构，并且此后电子表格软件会自动调整公式，以确保公式中的单元格引用保持正确。

如果不做特殊说明，单元格引用就是"相对引用"。也就是说，引用是相对的，可以变化。比如 B 列中数据上移一行，则公式中的单元格引用也将由 B4 变成 B3。如果不想让单元格引用发生变化，可以在公式中把单元格引用定义为"绝对引用"，这样，当插入行，或者复制或移动公式时，绝对引用不会变化（例如，不想让行发生变化，可将引用设置为 B$4，不想让列发生变化，可以将引用设置为$B4，行和列的引用都不变化则为B4），掌握何时使用绝对引用是进行电子表格设计的重要方面。

6.2.4　电子表格的"智能"

使用电子表格时，要注意区分输入的数据是文本还是数字（即"数据类型"），可以在"单元格格式"对话框中设置，如图 6-11 所示。

电子表格软件定义了很多可以简化创建、编辑和修饰工作表的过程。例如单元格有自动填充功能。在一个单元格中输入"星期一"，做"拖放"操作，那么填充功能就可以自动在后面的单元格中输入剩余的星期数。填充操作还能完成数字序号的编制，例如"1, 3, 5, 7, …"。

电子表格软件提供了许多格式化选项，以美化工作表的外观，如图 6-12 所示。电子表格使用的格式依赖于所希望的输出形式，例如是屏幕显示还是打印输出等。显示输出的工作表通常与打印输出的工作表的格式不同。

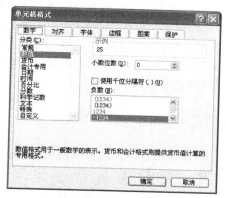

图 6-11　单元格格式

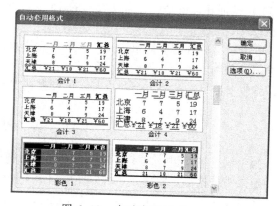

图 6-12　自动套用格式

如果要打印工作表，应该花一些时间使它更吸引人。例如，标题的字体大一些，重要的数字和标签加粗或变斜，去掉表格之间的格线使其看起来更加优雅等。但是，在电子表格中不要隔行，否则数据不连续在某些处理过程中会有麻烦。

用于演示的电子表格在显示的时候必须易于阅读。不妨使用更大的字体，以让坐在房间后面的人也能够看到工作表的内容。在演示中，滚动屏幕会让人不舒服，因此，工作表要尽量能够在一屏中显示。如果需要演示多个图表和图形，可以创建包含多个工作表的工作簿（Book）。

色彩会使演示更加生动有趣，有助于表达工作表中的重要数据。如果要使用黑白两色打印工作表，则要仔细选择色彩。因为在黑白输出中，打印的彩色部分都是灰度的。有些色彩会变成黑灰色，使得标签和数字难于阅读。

6.2.5 设计建议与假设分析

电子表格软件提供了制作专业化图形图表的简易方法，可以很容易地生成说明计算结果的漂亮饼图、折线图和条形图等，如图 6-13 所示。

当表格比较复杂时，图形是一种有效的演示工具，它直观、形象并且易于理解，可以帮助人们对数据进行快速分析和总结。

所谓"What if?"是电子表格建模过程的一部分，该过程由在工作表中设置数字来描述现实情况的过程组成。比如，电子表格常被用于商业建模。工作表数据代表或者描述商业中的财务活动，如销售的商品、员工的工资、租金、存货等。通过在商业模型中查看这些数字，就可以知道当前的利润情况。也可以通过改变模型中的某些数字来观察商业活动的变化是如何影响利润的。建立模型和使用不同数字进行试验的过程通常称为假设分析。

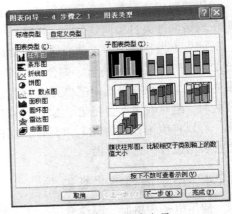

图 6-13　图表向导

What if 分析是个很有用的工具。人们常会问这样的问题："如果我在后面的两门考试中得到 A 会怎么样呢？如果是 B 又会怎样呢？""如果每月存 100 元作为退休金会怎么样呢？如果每月 200 元会怎么样呢？""如果销售率增长 10% 怎么样呢？如果是 5% 又怎么样呢？""是利息为 8.5% 的 30 年抵押好，还是利息为 7.75% 的 15 年抵押好呢？"使用电子表格回答诸如此类的问题都很容易。

电子表格软件的应用范围很广。教育工作者可以用它记录成绩和分析考试分数；农民可以用它记录谷物产量、计算购买的种子数量、预测投资资本和来年的收入；在家庭中应用可以帮助结算收支账目、监控节余和投资、记录家庭支出，以及计算税金等。

6.3　演　示　文　稿

为组织一场演讲，文字处理软件可以帮助制作印刷品讲义，电子表格软件可以在文章中加入图形来支持论点。此外，还可以使用演示文稿软件来创建演示用的幻灯片。

Microsoft PowerPoint 作为专业的演示文稿软件，是一个很重要的多媒体演讲和教学辅助工具，演讲者可以用它来制作多媒体幻灯片，完成更为容易和质量更高的信息传递，以及实现完美的演示环境。

用 PowerPoint 制作的演示文稿，既可以在计算机上显示，也可以输出到电子灯箱、35 mm 幻灯片或纸张上，还可以制作成发给听众的讲义或供演讲者参考的材料等。通过设置超链接和动作按钮，可以实现 PowerPoint 演示文稿的交互功能。用户也可以专门为因特网设计和在 Web 上广播演示文稿。不同版本的 PowerPoint 虽然操作界面有所不同，但操作方式基本是一致的。

6.3.1 建立演示文稿

用户可以使用多种方法来创建新的演示文稿。例如，可以在"开始工作"对话框中选择"新建演示文稿"，并进一步选择"空演示文稿"、"根据设计模板"、"根据内容提示向导"等，或者单击"根据现有演示文稿"进行操作。"内容提示向导"提供了系统建议的内容和设计方案；也可以利用已存在的演示文稿来创建新的演示文稿；此外，还可以使用从其他应用程序（例如 Word）导入的大纲来创建演示文稿，或者从空演示文稿制作自己的演示文稿。

为进行简单的演示文稿制作，以后再来修饰和优化，我们选择"新建演示文稿"→"空演示文稿"命令，屏幕右边进一步显示"幻灯片版式"对话框，如图 6-14 所示。

考虑到所建立的一组幻灯片中第一张幻灯片的"封面"作用，首先选择左上角"文字版式"中的"标题幻灯片"，此后可单击该对话框右上方的"关闭"按钮调整屏幕显示。根据屏幕提示输入各种不同的信息，即可将幻灯片组织成为效果卓然的演示文稿格式。一张幻灯片完成后，为增加新的幻灯片，应该单击"常用"工具栏上的"新幻灯片"按钮。

添加信息之后，就可以确定幻灯片的外观。为此，在"格式"工具栏中单击"设计"按钮，屏幕右边显示如图 6-15 所示。在 PowerPoint 提供的设计方案中进行选择，选中后单击即可，这时幻灯片的外观立刻得到改变。

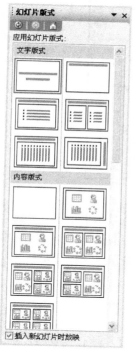

图 6-14　选择幻灯片的版式类型

图 6-15　PowerPoint 设计模板

单击"绘图"工具栏上的"插入剪贴画"按钮，可方便地浏览和选择剪贴画，也可依次选择"插入"→"图片"→"来自文件"命令从其他程序导入图形。

单击 PowerPoint 窗口左下方的"从当前幻灯片开始幻灯片放映"按钮，可以在屏幕上播放演示文稿。放映过程中，单击鼠标左键或使用键盘上的方向键，可以在所放映的各幻灯片中进行切换；要打印幻灯片、观众讲义或演示文稿大纲等，可选择"文件"→"打印"命令，但如果使用"常用"工具栏中的"打印"按钮则只能打印出幻灯片。

为方便用户制作演示文稿，PowerPoint 提供了多种视图界面，如普通、幻灯片浏览、幻灯片放映和备注页等，每种视图都以不同的方式来显示工作效果，帮助用户创建演示文稿。单击位于 PowerPoint 窗口左下方的相应按钮，即可在各种视图之间轻松切换。

在幻灯片浏览视图中可以同时看到以缩略图形式显示的演示文稿中的所有幻灯片。这样，用户可以很容易地添加、删除和移动以及选择动画切换，还可以预览多张幻灯片上的动画。

用户可以很方便地保存那些新建的和修改过的演示文稿，也可以用其他名称或路径来保存该文件的副本（另存为）。可以将演示文稿以 Web 页格式保存，以便在因特网上使用和浏览。另外，还可以在保存演示文稿进行设置，使之当打开时总是自动开始幻灯片放映。

第一次保存演示文稿时，系统会提示命名演示文稿。必要时，还可以使用密码来保护自己的演示文稿，使得只有输入预先设置的密码才能打开或更改该演示文稿（"工具"→"选项"→"安全性"命令），如图 6-16 所示。

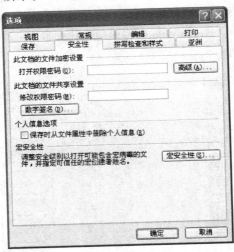

图 6-16 "安全性"选项

若要创建长密码（最长 255 个字符），应在"安全性"选项卡上单击"高级"按钮，再选择加密类型，然后在"选择密钥长度"下拉列表框中，使用箭头选择长密码要使用的字符个数。也可以选择"文件"→"另存为"命令，再单击"工具"按钮，选择"安全选项"命令，设置演示文稿的操作密码。

6.3.2 设计外观统一的演示文稿

利用 PowerPoint 提供的功能可以使演示文稿的所有幻灯片具有一致的外观。控制幻灯片外观的方法有四种：设计模板、母版、配色方案和幻灯片版式。

1. 设计模板

设计模板包含了配色方案、具有自定义格式的幻灯片和标题母版以及字体样式等，它们都可用来创建特殊的外观。当应用设计模板时，新模板的幻灯片母版、标题母版和配色方案等将取代原演示文稿的幻灯片母版、标题母版和配色方案。应用设计模板之后，添加的每张新幻灯片都会拥有相同的自定义外观。PowerPoint 提供了许多专业设计模板，用户还可以创建自己的模板。

2. 母版

PowerPoint 母版包括幻灯片和标题两类。母版包含背景项目，例如置于每张幻灯片上的图形等。幻灯片母版上的修改会反映在每张幻灯片上。如果要使个别幻灯片的外观与母版不同，则应直接修改该幻灯片而不是修改母版。

1）幻灯片母版。控制幻灯片上所键入的标题和文本的格式与类型（见图 6-17）。幻灯片母版控制的某些文本特征（如字体、字号和颜色等）称为"母版文本"。另外，它还控制了背景色和某些特殊效果（如阴影和项目符号样式等）。

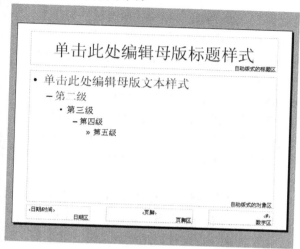

图 6-17 幻灯片母版

幻灯片母版包含文本占位符和页脚（如日期、时间和幻灯片编号等）占位符。占位符指创建新幻灯片时出现的虚线方框。这些方框作为一些对象（幻灯片标题、文本、图表、表格、组织结构图和剪贴画等）的占位符。单击占位符可以添加文字，双击可以添加指定的对象。在幻灯片母版上所做的修改将自动更新已有的幻灯片，并对以后新添加的幻灯片同样应用这些更改。

可以用幻灯片母版添加图片、改变背景、调整占位符大小，以及改变字体、字号和颜色等。幻灯片母版上的对象将出现在每张幻灯片的相同位置上。

2）标题母版。控制标题幻灯片的格式，它还能控制指定为标题幻灯片的幻灯片。对幻灯片母版上文本格式的改动会影响标题母版，所以，应该先完成对幻灯片母版的设置。

如果希望标题幻灯片与演示文稿中其他幻灯片的外观不同，可以改变标题母版。标题母版仅影响使用"标题幻灯片"版式的幻灯片。例如，要强调演示文稿中每节的起始幻灯片，可将标题母版设置为不同的格式，再对每节的起始幻灯片使用"标题幻灯片"版式。

3）设计模板与母版。每个设计模板均有它自己的幻灯片母版，幻灯片母版上的元素控制了模板的设计。许多模板还带有单独的标题母版。对演示文稿应用设计模板后，PowerPoint 会自动更新幻灯片母版上的文本样式和图形，并按新设计模板的配色方案改变颜色。应用新的设计模板时不会删除已添加到幻灯片母版上的任何对象（如文本框或图片）。

3. 配色方案

配色方案（在"幻灯片设计"任务窗格中单击"配色方案"命令）是指可以应用到所有幻灯片、个别幻灯片、备注页或幻灯片讲义的八种均衡颜色，如图 6-18 所示。配色方案由背景颜色、线条和文本的颜色以及其他六种颜色组成，主要作用于演示文稿的文本、背景、填充、强调文字等部分，也可用于图表和表格或对添加至幻灯片的图片重新着色。

每个设计模板均带有一套配色方案。良好的颜色设计有助于提高幻灯片的可读性。方案中的每种颜色都会自动作用于幻灯片上的不同组件，也可以挑选一种配色方案用于个别幻灯片或整个演示文稿中。应用设计模板时，可以从一组预定义的配色方案中选择，这样可以很容易地更改幻灯片或整个演示文稿的配色方案。

应用了一种配色方案后，其颜色对演示文稿中的所有对象都是有效的。用户所创建的所有对象的颜色均自动与演示文稿的其余部分相协调。如果要改变某种配色方案中的颜色，可单击"幻灯片设计"对话框下方的"编辑配色方案"命令。

没有出现在配色方案的颜色实际上也是可以使用的。无论何时，只要使用了这些颜色，它们就会自动添加到所有的颜色菜单中。所添加的颜色会出现在属于配色方案的八种颜色下方。如果添加的颜色超过八种，则新添加的颜色将取代调色板中最早添加的颜色。

4．幻灯片版式

创建新幻灯片时，用户可以在预先设计好的幻灯片版式中进行选择。例如，有一个版式包含标题、文本和图表占位符，而另一个版式包含标题和剪贴画占位符。标题和文本占位符依照演示文稿中幻灯片母版的格式。可以移动或重置其大小和格式，使之与幻灯片母版不同，也可以在创建幻灯片之后修改其版式。应用一个新的版式时，所有的文本和对象都保留在幻灯片中，但是可能需要重新排列它们以适应新版式。

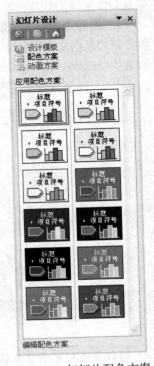

图 6-18　幻灯片配色方案

6.3.3　插入并处理对象

为丰富幻灯片的表现，用户可以在幻灯片中插入剪贴画或者图片等丰富的外部对象。

1．添加文本

将文本添加到幻灯片最简易的方式是直接将文本输入到幻灯片的任何占位符中。在 PowerPoint 提供的幻灯片自动版式中，许多版式都包含标题、正文和项目符号列表的文本占位符。单击占位符并输入文本即可将文本添至文本占位符。可以在任何时候改变文本占位符的大小和位置，或对已有幻灯片应用不同的自动版式，而不会丢失幻灯片的任何内容。

如果有若干行文本超出了占位符的范围，PowerPoint 会自动地尽量将文本安排于占位符内。如果文本超出了幻灯片的底部，则应该插入一张新幻灯片并将多出来的文本移至新插入的幻灯片中。并且，唯有添加至占位符的文本可出现在大纲窗格中并可导出至 Word。要在占位符或形状以外（即幻灯片的任何地方）添加文字，可单击"绘图"工具栏上的"文本框"按钮。

用户还可以向"自选图形"中添加文本以获得特殊的文本效果，这时，单击该图形并输入文本即可。文本与图形相关联，并随着图形一起移动或旋转。用户可向除线条、连接符和任意多边形以外的所有自选图形中添加文本。

用户也可以通过单击"绘图"工具栏上的"插入艺术字"按钮来添加文本。这种方法可创建阴影、扭曲、旋转、拉伸以及形状各异的特殊文本效果。但艺术字是一种图形对象，不能作为一般文本对待。

2．添加或更改自选图形

PowerPoint 提供了一组可用于演示文稿中的形状，这些形状除了可以调整大小、旋转、翻滚、着色之外，还可以和其他形状合并以形成更复杂多样的形状。许多形状都有调整柄，可以通过它来更改形状的一些重要特性，例如箭头的大小等。"绘图"工具栏上的"自选图形"菜单包含了几种不同的形状。

"其他自选图形"类型则显示了位于剪辑库中的自选图形，用户可以将所需的自选图形从剪辑库中拖动到幻灯片中。

3．剪辑库与插入图片

Office "剪辑库"所包含的大量图片、声音和视频剪辑等都能插入到 PowerPoint 演示文稿中使用。如果要在幻灯片中添加剪贴画，可单击"绘图"工具栏上的"插入剪贴画"按钮，进入剪辑库进行选择操作，如图 6-19 所示。

"剪辑库"包含搜索功能，可协助用户找到适合演示文稿的剪辑图形。要使用搜索功能，可在"搜索文字"文本框中输入一个或多个描述所需剪辑类型的单词。

用户可以将许多格式（例如 WMF、BMP、GIF 和 JPG 等）的图片添加到剪辑库中。

除"剪辑库"外，通过"插入"菜单，用户还可以插入从其他程序和位置导入的图片或者扫描的相片，此外，也可以在幻灯片中通过插入对象来使用公式、表格和图表等功能。

4．对齐和排列对象

对象对齐的方法有很多种。可以单击"绘图"工具栏上的"绘图"按钮，利用"对齐或分布"菜单来对齐对象的侧边、中间、顶端或底端；相对于整张幻灯片的位置对齐（例如幻灯片的顶端或左边缘）；使用辅助线通过目视对齐对象；或者在绘制或移动对象时，使用网格将对象与网格上的边角对齐等。

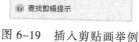

图 6-19　插入剪贴画举例

6.3.4　演示文稿放映

用户可以通过 PowerPoint 的各项特殊效果和功能，例如幻灯片切换、计时、影片、声音、动画和超链接等，使演示文稿更加精彩和完备。向演示文稿中添加特殊效果应该注意适度，其效果（如动画和切换效果等）应该是既能帮助突出重点，但又不会分散观众的注意力。

1．动画和切换效果

切换是指用于在幻灯片放映中引导幻灯片进入的一些特殊效果，可以通过改变切换达到强调某张幻灯片的效果。可以选择各种不同的切换方式并调整其播放速度。

动画是可以添加到文本或其他对象（如图表或图片等）上的特殊视听效果。这种变换能吸引观众的注意力，加强重点，并提高演示文稿的趣味性。可以设置动画的顺序和时间，也可以将它们设置为自动出现。可以在"幻灯片放映"菜单中选择"自定义动画"命令，在屏幕右侧出现的"自定义动画"任务窗格中进行设置选择。

2．音乐、声音和视频

可以在幻灯片上插入音乐、声音或视频剪辑。在幻灯片放映过程中，移动到幻灯片时，可以选择自动或者仅在单击其图标时才播放声音或视频。如果要更改激活剪辑的方式，或在剪辑上添加超链接，可在"幻灯片放映"菜单中选择"动作设置"命令，也可以利用"自定义动画"命令进行设置。

声音、音乐和视频是作为 PowerPoint 对象插入的。如果 PowerPoint 不支持特定的媒体类型或功能，可用"媒体播放器"播放该文件，为此，可在"插入"菜单中选择"对象"命令，在随之打开的"插入对象"对话框中选择"媒体剪辑"。此方法将使用 Windows 的"媒体播放器"播放声音或影片。"媒体播放器"可以播放多媒体文件，并控制 CD 唱盘和视盘机等播放设备。

3. 创建交互式演示文稿

PowerPoint 的交互功能主要是通过设置超链接和动作按钮来实现的。可以在演示文稿中通过任何对象（包括文本、形状、表格、图形和图片等）创建超链接。为此，可在"常用"工具栏中单击"插入超链接"按钮，屏幕显示对话框如图 6-20 所示，然后通过该超链接跳转到不同的位置，例如自定义放映、演示文稿中的某张幻灯片、其他演示文稿、Word 文档、Excel 电子表格、因特网地址、公司内部网地址或电子邮件地址等。

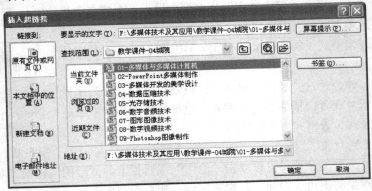

图 6-20　插入超链接

PowerPoint 提供了一些制作好的动作按钮（可通过"幻灯片放映"→"动作按钮"命令或者"绘图"工具栏中的"自选图形"→"动作按钮"命令选择），例如左箭头和右箭头等，可以使用这些易于理解的符号转到下一张、上一张、第一张和最后一张幻灯片等。

代表超链接的文本会添加下画线，并且显示成配色方案指定的颜色。单击超链接跳转到其他位置后，该颜色就会改变。因此可以通过颜色的改变来分辨已经访问过的超链接。超链接是在运行幻灯片放映时被激活的。可以为图形和文本分别设置超链接。

> **提示**：如果创建超链接到某张幻灯片上，则在该幻灯片中也应添加一个超链接，以便返回原幻灯片。

可以创建与任何类型的已有文件之间的超链接，例如 Word 文档、PowerPoint 演示文稿、Excel 工作簿、Access 数据库和 Web 页等；另外，还可创建与新文件的超链接，这时，在指定新文件的名称后，可选择立即打开并编辑该文件，或者以后再对该新文件进行处理。

4. 自动运行的演示文稿

自动运行的演示文稿是不需要专人播放就可以沟通信息的最好方式。例如，用户可能需要在展览会场的某个摊位或展台上设置可自动运行的演示文稿，这时，可以使大多数控制功能都失效，以使用户不能随意改动演示文稿。当自动运行的演示文稿放映结束后，或者某张手动操作的幻灯片闲置时间超过五分钟，它都会重新开始。

设计自动运行的演示文稿时需要考虑播放演示文稿的环境（如摊位或展台是否位于无人监视的公开场所等）以帮助使用者决定将哪些组件添加到演示文稿中、提供多少控制手段等。

为设置自动演示，可打开演示文稿，在"幻灯片放映"菜单中选择"设置放映方式"命令，打开对话框如图 6-21 所示，然后在"放映类型"选项区域中选择"在展台浏览（全屏幕）"单选按钮。选定后，"循环放映，按 ESC 键终止"复选框会被自动选中。

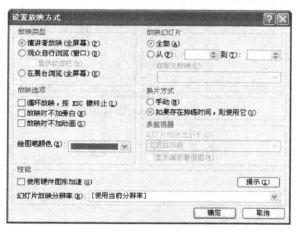

图 6-21　设置放映方式

5．Web 上的演示文稿

可以专门为因特网设计演示文稿，通过在"文件"菜单中选择"另存为网页"命令将其发布出去，这意味着将 HTML 格式的演示文稿副本放置到 Web 上。

可以选择在 PowerPoint 中进行演示，或者以 HTML 格式保存演示文稿后以浏览器作为演示工具，甚至还可以将演示文稿以全屏幕方式打开，这样会隐藏所有的浏览器窗口元素。

6.3.5　打印演示文稿

为进一步阐述演示文稿，或以特定的方式使用演示文稿幻灯片，可以用彩色、灰度或黑白方式打印特定的或者整个演示文稿的幻灯片、大纲、备注、讲义或大纲页。PowerPoint 讲义就是在一页纸上打印两张、三张或六张幻灯片，还可以为观众打印幻灯片备注等，如图 6-22 所示。为打印幻灯片、备注或讲义，可在"打印内容"下拉列表框中选择要打印的项目。如果选定了"讲义"，就可以进一步选择每页的幻灯片数目以及横向或纵向的顺序。

通过将幻灯片打印为黑白或彩色透明胶片，可以创建使用投影仪透明胶片的演示文稿，并且，还可以将幻灯片设计为横向或纵向等不同方式。

在打印讲义时，可选择不同的版式（每页包含不同数目的幻灯片、水平版式或垂直版式等）。还可在"文件"菜单中选择"发送"→Microsoft Office Word 命令，再利用 Word 打印其他版式。如果用户使用"会议记录"来记录备注或演示文稿中的操作项，那么可将其发送至 Word 并将会议细节和操作项作为 Word 文档进行打印。

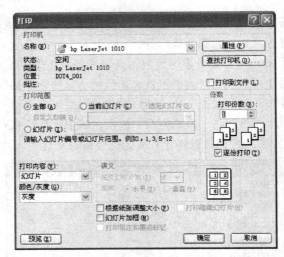

图 6-22 设置打印操作

6.4 习　　题

一、填空题

1. ＿＿＿＿＿＿为文档提供了预定格式，而＿＿＿＿＿＿可以指导用户一步步地完成将文本输入到文档的过程。

2. 在万维网上发布的文档必须是＿＿＿＿＿＿格式。

3. 在电子表格中，每个＿＿＿＿＿＿是字符编号的，每个＿＿＿＿＿＿是数字编号的。

4. 大多数电子表格软件提供了很多用于数学、财政和统计运算的预定义公式，它们称为＿＿＿＿＿＿。

5. 建立模型和使用不同数字进行试验的过程通常称为＿＿＿＿＿＿分析。

6. 创建演示文稿的方法有四种，它们是：＿＿＿＿＿＿、＿＿＿＿＿＿、＿＿＿＿＿＿和＿＿＿＿＿＿。

7. 幻灯片上使用的标题、文字、图片、图表和表格等，PowerPoint 将它们通称为＿＿＿＿＿＿，可以对它们进行移动、复制、删除等操作。

8. 对幻灯片打包的主要目的是＿＿＿＿＿＿。

9. 在输入文档的时候，最好不要关心文档最后看起来像什么，应当注意如何更好地表达你的思想。对不对？＿＿＿＿＿＿

10. 对于相对引用而言，如果它们引用的数据在工作表中的位置发生变化，则相对引用也会变化。相对地，绝对引用不会变化。对不对？＿＿＿＿＿＿

11. 在屏幕上观看工作表和使用黑白两色打印工作表所需要的格式不同。对不对？＿＿＿＿＿＿

二、选择题

1. PowerPoint 的功能是（　　　　）。

　　A. 创建演示文稿　　　　　　　　　　　B. 播放演示文稿

　　C. 创建并播放演示文稿　　　　　　　　D. 创建并播放电子表格

2. PowerPoint 提供的幻灯片版式设计主要是为幻灯片设置（　　　　）。

　　A. 背景图案　　　　　　　　　　　　　B. 对象的种类和其间相互位置

　　C. 对象的颜色　　　　　　　　　　　　D. 动画效果

3. PowerPoint 的超链接可以使幻灯片播放时自由跳转到（　　）。
  A. 某个 Web 页面
  B. 演示文稿中某一指定的幻灯片
  C. 某个 Office 文档或文件
  D. 以上都可以

4. 关于幻灯片母版，下列说法正确的是（　　）。
  A. 幻灯片母版不能进行编辑
  B. 只能编辑文本的字形、字号，不能插入其他对象（如图片、图表等）
  C. 演示文稿中所有的幻灯片的设计必须基于母版的设计，不能有其他版式和模板
  D. 演示文稿中所有的幻灯片的设计可以基于母版的设计

6.5　实验与思考：Excel 应用进阶

一、实验目的

1）正确认识和理解术语"数据"和"信息"。

2）基于容量和访问速度等特性来选择存储设备，能熟练完成保存、检索、修订、删除和复制文件等资源管理器操作。

3）熟悉电子表格的工作方式，掌握创建、格式化和审核工作表的操作方法，学会创建准确的工作表和图表。

二、工具/准备工作

在开始本实验之前，请回顾本章的相关内容。

需要准备一台安装有 Microsoft Office Excel 2003 的计算机。

三、实验内容与步骤

1. Excel 工作表的建立、编辑和格式化

Excel 是一个电子表格软件，可以用来制作电子表格、完成许多复杂的数据运算，进行数据的分析和预测，并且具有强大的制作图表的功能。

请熟练完成以下操作（必要时，请借助于 Excel 自带的"帮助"功能来协助完成操作）：

1）Excel 的基本操作。Excel 操作界面包括的主要元素有标题栏、菜单栏（Excel 的大部分功能都可以通过使用菜单来完成）、工具栏、公式栏（位于工具栏下方，用于显示当前单元格的公式或者常数）、单元格的行号和列标、工作表区、工作表标签、状态栏等。

2）工作表的编辑和格式化。双击指定单元格，将光标移至单元格内相应位置，就可以对该单元格的内容进行修改。可通过"插入"菜单选择插入一行、一列单元格或者一个新的工作表。选定工作表区域，右击并在快捷菜单中选择"设置单元格格式"命令，可以对单元格中的"数字"、"字体"、"对齐"、"边框"、"图案"及"保护"等选项根据需要进行相应设置。

设置页面格式。选择"文件"菜单中的"页面设置"命令，可设置页面格式，根据需要调整页面缩放比例、页眉及页脚等格式；选择"文件"菜单中的"打印"命令，可设置打印要求，输出工作表内容。

3）在工作表中应用公式和函数。单击要创建公式的单元格，输入"="，再输入相应的公式组成，完成公式设置。

选择"插入"菜单中的"函数"命令，可在对话框中选择所需的函数，输入运算参数，完成函数运算。Excel 函数分 11 类，包括数据库函数、日期与时间函数、外部函数、工程函数、财务函数、信息函数、逻辑运算符、查找和引用函数、数学和三角函数、统计函数、文本和数据函数，一共有 300 多个，构成了 Excel 强大的数据处理能力。

4）工作表操作。可以灵活地在多个工作表间切换，甚至可以方便地在多个工作簿之间进行数据的处理。

5）操作练习。请在 Excel 中完成表 6-1 的各项操作，使用函数计算出总分、最高分和平均分，使用 IF() 函数对总分大于等于 270 的学生在"总评"栏中给予"优秀"评价。

表 6-1　Excel 学生成绩表

学　生　成　绩　表					
姓名	数学	英语	计算机	总分	总评
钱婷婷	88	77	88	253	
李叶华	88	89	99	276	优秀
郑湾湾	67	76	86	229	
王瑜	66	77	76	219	
朱林燕	77	56	77	210	
李莎莎	80	92	100	272	优秀
李辉辉	43	76	67	186	
高丹华	57	77	75	209	
最高分	88	92	100	276	
平均分	70.8	77.5	83.5	231.8	

请记录：上述各项操作能够顺利完成吗？如果不能，请说明为什么。

2. Excel 数据的管理和图表化

请熟练完成以下操作：

1）数据管理。可以通过排序、筛选、分类汇总等工具对工作表中的数据进行管理，请熟悉 Excel "数据"菜单的各项命令。

2）数据图表化。在 Excel 中，可以利用"图表向导"方便地创建图表。

3）操作练习。请在 Excel 中完成下列操作：

① 在表 6-1 "姓名"列的右边增加"性别"列，并在学生记录中增加相应的性别内容。

② 对表 6-1 中的数据按数学成绩从高到底（降序）排序，数学成绩相同的则按英语成绩降序排序，数学和英语成绩都相同的，再按总分降序排列。

③ 在表 6-1 中筛选出总分小于 210 或大于 270 的女生记录。

④ 按性别分别求出男生和女生的各科平均成绩（包括总分）。提示：分类字段为"性别"，汇总项为三门课程及总分，汇总的方式为求平均值。

⑤ 针对三门课程的平均成绩建立直方图图表。

请记录：上述各项操作能够顺利完成吗？如果不能，请说明为什么。

3．Excel 精美制作

图 6-23 是 Excel 精美制作一例，表现了一个功能强大的日历（万年历），透过这个例子，可以体会 Excel 强大的运算和制作功能。请模仿该例，设计一个属于自己的 Excel 多功能日历作品，在制作过程中学习和体会 Excel 的丰富知识内涵。

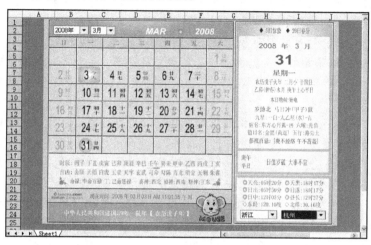

图 6-23　Excel 万年历制作示例

制作完成后，请将该 Excel 作品命名为<班级>_<学号>_<姓名>_Excel 万年历.xls。

请将该作品文件在要求的日期内，以电子邮件、QQ 文件传送或者按实验指导老师要求的方式交付。

请记录：

1）上述实验任务能够顺利完成吗？

_____

2）请简单描述你在操作过程中所遇到的问题（如果有的话）：

_____

_____

四、实验总结

_____

_____

_____

_____

五、实验评价（教师）

_____

_____

6.6 阅读与思考：数字化生存与人性化思考

生存与思考，是人类的永恒主题，也是科学家和艺术家使命之所在。

法国南部拉斯科洞穴岩画至今已有一万五千年历史，欧洲先民在岩画上留下的巨大的彩色野牛攻敌图依然使人惊心动魄；非洲东南部加坎斯伯洞穴岩画经过了约九千年的风霜，非洲先民描绘的集体使用弓箭的狩猎场面和白衣妇人的舞蹈姿态仍在召唤后人的加入。

自公元前 3 500 年苏美尔人在泥板上书写象形文字以来，生存与思考成了有文字记载的人类文明史的主线。从西方的泥板书、羊皮纸到东方的甲骨文、青铜器，生存状态的改变、科学技术的进步与人类记录思想、保存思想的不懈追求始终联系在一起。埃及金字塔是科学也是艺术；悉尼歌剧院是艺术又是科学。苹果砸出的牛顿地心引力是由生存状态引发的科学思考；罗丹的雕塑精品《思想者》是对科学思考的艺术提炼。

科学家与艺术家是人类文明的代表，他们都关注人类的生存状态。在使命感、责任感的强烈驱动下，科学家和艺术家们所表现的共同点是他们的创新意识。所不同的是：科学家们更多的是通过自己的实践行为直接参与和推动改变外部世界和人类生存状态的过程——研究生命起源、探索外层空间就是这种追求的体现；而艺术家们对人类生存状态表现更多的是强烈的爱憎感情和深刻的哲学思考，他们内心情感的积淀和爆发通常是各种艺术创作源泉之所在——对现实的批判和对理想的追求是大师们作品的共同主题。

科学的参与性、实践性与艺术的思想性、情感性是人所共见的事实。然而，艺术家们对科学实践的探求和科学家们对社会人生的思考是在科学和艺术的创造中更值得我们关注的现象。

深处音乐殿堂的交响乐出现于 18 世纪后半叶。交响乐以其内容深刻、结构完美，能够表现复杂而变化多样的思想感情，被认为代表了人类音乐思维的最高成就。而由铜管乐器组、木管乐器组、弦乐器组和打击乐器组构成的，能够演奏交响乐的管弦乐队则是 18 世纪声学和乐器制造技术水平的最高体现。

摄影艺术和电影艺术均诞生于 19 世纪，是基于科学家对光学原理的深刻理解。在 20 世纪发展过程中，有声电影、彩色电影、立体电影、宽银幕电影、球幕电影等形式的不断出现，更是把艺术创作与科学进步融为一体。当然，艺术家们不仅仅是接受科学成果，他们的艺术创作也在某种程度上推动着科学技术的进步和发展。法国电影大师梅里爱 1902 年在电影《月球旅行记》中，利用现代蒙太奇手法和特技手段讲述了一个科学家登月探险的故事。虽然银幕上的科学家显得那样幼稚，类似炮弹的登月工具显得那样拙劣，但这毕竟是第一次把人类登月的愿望付诸行动的尝试，尽管这种尝试是在银幕上。我们很难说 1969 年美国宇航员阿姆斯特朗等人登上月球的行动不是这种努力的延续。

1905 年爱因斯坦提出的相对论，揭示了空间、时间、物质和运动之间的内在联系。他的相对时空观不仅为科学认识世界提供了思想武器，也为艺术家对现实世界的思考和反馈提供了理论依据。作为科学家的爱因斯坦从小学习小提琴，并经常与身为出色钢琴家的母亲一起演二重奏。爱因斯坦的传记作者巴内什·霍夫曼写道：爱因斯坦的深刻本质藏在他的质朴个性之中；而他的科学本质藏在他的艺术性之中——他对美的非凡感觉。毕加索的分析立体主义油画作品，把对象分解后重新装配组合，在一个平面上同时表现人物的正面、侧面和斜侧面，在一定程度上是从艺术创作的角度印证了爱因斯坦科学理论中的相对空间概念。

从某种意义上说，艺术家和科学家的共通点是人性的流露。毕加索的大型油画《战争》与《和平》用的是分析立体主义手法，表现的却是人类最直白的呼声；爱因斯坦是最早认识到原子分裂可能释放出可怕的毁灭性力量的科学家之一，他又是战后积极呼吁废除所有核武器的和平斗士。正是有了这样一个共通的基点，人类才得以生存，社会才得以发展。

今天，人类已经走到了 21 世纪。20 世纪末，美国麻省理工学院媒体实验室主任尼格拉庞地的《数字化生存》一书给人类的生存与思考打上了新的时代烙印。当人们用计算机、多媒体、互联网等数字化元素重新构建生存环境时，数字化生存与人性化思考就成了当代科学家与艺术家们所必须关照的共同主题。

计算机出现于 20 世纪 40 年代。计算机是科学技术进步的产物，然而，一般人可能不太注意，从计算机诞生的第一天起，科学家们就思考着在计算机的数字化内核中融入人性化元素。从纯数字化的汇编语言到以英语为基本指令的高级编程语言的发展，是计算机与人对话的成功尝试；从占据一栋楼的大型主机到可放在办公桌面上的个人计算机的出现，是计算机与普通人交往的开始。

个人计算机的早期操作系统需要用户记忆 DOS 指令，苹果公司发明的图形界面使没有学过操作系统的用户也能使用计算机。键盘曾经是计算机输入的唯一途径，道格拉斯·恩格尔巴特发明的鼠标却用一个按键动作完成了人机交互的复杂过程。计算机表现的纯文本信息过于单调，立体声和动态视频在计算机信息处理中的应用使人的感官得到了充分的满足。语音识别、远程登录、动态交互、人工智能等，这些与计算机技术相关的科学进步实际上反映的是科学家们在数字化生存中最直接的人性化思考。

富有感情的艺术家们是人性化的代表。在艺术殿堂中我们常常看到艺术家们的数字化生存方式。

电子音乐是现代电子技术和音乐艺术的结合。以电子振荡为发声原理的电子琴和电子合成器具有以物理发声为基础的传统乐器不可比拟的长处。电子合成器不但能模拟传统乐器和自然界音响，而且能合成自然界不存在的音响。电子计算机音乐的出现使音乐家的创作空间更为拓展，他们可以将音乐的速度、力度、节奏、和声风格、曲式结构按自己的愿望编成计算机程序输入计算机，实现创作和演奏。截至 2001 年 4 月，在网上设有自己主页、有姓名可考的计算机音乐人有 1 105 人之多。目前在世界范围内专业化电子音乐、社会化电子音乐和家庭化电子音乐已经成为音乐艺术创作中不可或缺的有机组成部分。

计算机美术是从计算机界面设计中逐渐分离出来的一个独立艺术门类。早期的计算机美术作者多为从事计算机图像处理或略有色彩和造型基础的计算机软件人员。他们与计算机的天然缘分和工作需求使早期的计算机美术作品带有明显的实用目的。计算机界面、书籍装帧、设计效果图是最常见的样例。随着专业美术人员计算机水平的提高和介入，计算机美术才真正出现了以艺术创作为目的的作品。近年来，世界各地每年都有国际性的计算机美术作品展示和学术研讨会举行。网上的计算机艺术虚拟展览会更是计算机美术领域的专利。从展示的大量作品中，除了看到表现计算机长处的线条、色彩、拼接和变形处理的创作手法外，艺术家们将计算机表现能力与传统油画甚至中国画技法结合的作品，已可达到乱真的程度。

计算机交互媒体艺术的出现是艺术家们数字化生存的高级阶段。从二维平面到三维动画，从视觉艺术到视听交互，从虚拟现实空间到可以由用户选取交互点的虚实结合的交互媒体，计算机技术的每一步发展，都为艺术家们提供了更为广阔的创作空间。交互媒体艺术的集中表现是在电子游戏领域。2001 年 3 月，第 16 届世界游戏开发者大会在美国硅谷附近的圣何塞举行，会议的主题是关于"电子游戏中的人工智能生命"。所有在计算机行业工作的人都知道一个奇怪的事实：最新的计算机软硬件技术一定是在游戏领域最先应用。在电子游戏的创作和开发过程中，计算机科学的最新发展与艺术家的无边想象力得到了完美的结合。声音、光影、色彩与无数个三维模型一起构成了许多令儿童和成人都为之疯狂的生动场景。人们在虚拟世界中赛车、探险、打斗，扮演一个有着数字生命的角色去与他人交往，去构建新的社区，甚至去创建自己的国度。可以想见，随着计算机在日常生活中的普及与在艺术领域的广泛应用，艺术家的数字化生存与科学家的人性化思考将是未来社会的突出主题。

20 世纪 70 年代中期，当个人计算机刚刚从实验室走向公众的时候，美国电影《未来世界》就展现了缺乏人性化的数字化发展将给人类社会带来怎样的灾难。1984 年，从没使用过计算机的加拿大小说家威廉·吉普森在作品《神经漫游者》中，第一次提出了当时科学家们还未能描述的网络虚拟空间的概念。在作品中，作家担心的不是网络空间是否能够形成，而是在融合现实世界和虚拟空间的网络社会中人性的挑战和争斗。

生存与思考是人生的基本状态，数字化生存与人性化思考则揭示了人生基本状态中现实的矛盾与对立。我们相信，艺术家的数字化生存与科学家的人性化思考将为消除生存矛盾、推动社会发展起到不可替代的决定作用。

资料来源：本文作者为熊澄宇，

第 7 章

多媒体与数字艺术

计算机是迄今为止最成功和用途最广的机器之一，同一台计算机能产生专业化的排版文档，产生音乐，调控机械装置，预订飞机票，以及处理其他种种事务。在多媒体领域，计算机的多功能性尤其明显。现在，视频、照片、幻灯片、动画、音乐等内容，不再需要各自单独的设备，都可以合成起来，在单个机器——计算机上播放。更进一步地，计算机的诞生特别是微型计算机及其视觉艺术设计应用软件的普及和大量使用，逐步形成了数字艺术设计新兴学科，其展示世界、再现实物的能力，为科学与艺术的结合架起了桥梁。

多媒体和数字艺术设计的能力，应该是每一个科学技术工作者的基本素质之一。

7.1 多媒体技术

在人类社会中，一切知识的获取都来自媒体对人们感官（例如听觉、视觉、触觉、嗅觉、味觉等）的刺激。如果能利用更多、更直观、更有效、更活泼的媒体刺激，人们所得到的印象就会更深刻，所学习的知识就会保留得更久，效果也就更好。

多媒体技术就是这样一项正在迅速发展的综合性电子信息技术，它改善人类信息的交流，缩短人类传递信息的路径，使传统的计算机系统、音频和视频设备等产生了根本性的变革，对大众传媒产生着深远的影响，也给人们的学习、工作、生活和娱乐带来了深刻的变革。多媒体计算机的出现，也加速了计算机进入家庭和社会各个方面的进程，多媒体正以其美妙的声音、多彩的图像、动感无穷的画面吸引着每一个人。

7.1.1 多媒体的定义

所谓"媒体"在计算机领域有两个含义：一是指存储信息的实体，如磁盘、光盘、磁带、半导体存储器等；二是指传递信息的载体，如数字、文字、声音、图形和图像等。而多媒体技术中的"媒体"则指的是后者。人类在信息交流中要使用各种信息载体，多媒体就是指多种信息载体的表现形式和传递方式。人们普遍认为，所谓"多媒体"是指能够同时获取、处理、编辑、存储和展示两个以上不同类型信息媒体（如文字、声音、图形、图像、动画、视频等）的技术。从这里可以看出，我们常说的"多媒体"最终被归结为是一种"技术"。事实上，也正是由于通信技术、计算机技术和数字信息处理技术的实质性进展，才使我们今天拥有了处理多媒体信息的能力，也使得"多媒体"成为一种现实。所以，所谓"多媒体"常常不是指多种媒体本身，而更主要的是指处理和应用它的一整套技术，因此也常常被当作"多媒体技术"的同义语。此外，还应该注意到，多媒体技术往往与计算机联系在一起，这是由于计算机的数字化及交互式处理能力极大地推动了多媒体技术的发展。通常可以把多媒体看做先进的计算机技术与视频、音频和通信等技术融为一体而形成的新技术或新产品。人们利用多媒体计算机综合处理多种媒体信息，使声、文、图等多种信息建立逻辑连接，集成为一个系统并具有交互性。

综合来讲，多媒体技术具有以下特性：

1）集成性。集成性不仅指多媒体系统的设备集成，而且也包括多媒体的信息集成和表现集成。

多媒体技术是在数字化处理的基础上，结合多种媒体的一种应用。与传统文件不同，它是一个利用计算机技术的应用来整合各种媒体的系统。媒体依其属性的不同可分成文字、音频、视频等。其中，文字又可分为文字及数字，音频可分为音乐及语音，视频可分为静止图像、动画及影片等。

另外，多媒体技术基本上包含了当今计算机领域内的各种最新技术，如硬件技术、软件技术、人工智能技术、模式识别技术、通信技术、图像技术、数字信号处理技术、音频技术、视频技术、超文本技术、光存储技术及影像绘图技术等，并将不同性质的设备和信息媒体集成为一体，以计算机为中心进行综合处理。计算机多媒体的应用领域也比传统媒体更加广阔。

2）交互性。这是多媒体技术的特色之一，即可以与使用者进行交互性沟通，这也正是它和传统媒体最大的不同。这种改变，除了使应用者可以按照自己的意愿来解决问题外，更可借助于交互沟通来帮助学习、思考，进行系统地查询或统计，以达到增进知识及解决问题的目的。

多媒体处理过程的交互性使得人们更加注意和理解信息，更加具有主动性，增加了有效控制和使用信息的手段，与人们与计算机的交流也变得更加亲切友好。

3）非循序性。一般而言，使用者对非循序性的信息存取需求要比对循序性存取大得多。过去在查询信息时，要把大部分的时间花在寻找资料及接收重复信息上。借助"超文本"概念，多媒体系统克服了这个缺点，使得以往人们依照章、节、页阶梯式的结构，循序渐进地获取知识的方式得以改善。所谓"超文本"，简单地说就是非循序性文字，它可以简化使用者查询资料的过程，这也是多媒体强调的功能之一。

4）非纸张输出形式。多媒体系统应用有别于传统出版模式。传统模式以纸张为主要输出载体，通过记录在纸张上的文字及图形来传递和保存知识，但此种方式受限于纸张，无法将有关的影像及声音记录下来，所以读者往往需要再去翻阅其他方面的资料才能得到一系列完整的内容。多媒体系统的出版模式中强调的是无纸输出形式，以光盘为主要输出载体。这不但使存储容量大增，而且提高了保存的方便性。

5）实时性。多媒体技术中的声音及活动的视频图像是和时间密切相关的，这就决定了多媒体技术必须要支持实时处理，如播放时声音和图像都不能出现停顿现象等。

6）数字化。早期的媒体技术在处理音像信息时，采用模拟方式进行信息的存储和演播。但由于衰减和噪声干扰较大，且传播中存在着逐步积累的误差等，模拟信号的质量较差。而多媒体技术以数字化方式加工和处理信息，精确度高，播放效果好。

正因为"多媒体技术"具有以上这些特性，目前常见的家用电视系统就不能称为多媒体系统。虽然电视也是"声、图、文"并茂的多种信息媒体，但是，我们除了可以在电视机上选择不同频道外，只能被动地接收电视台播放的节目，这个过程是单向的，即不具有交互性。

7.1.2　多媒体设备

一般的多媒体系统主要由四部分内容组成：

1）多媒体操作系统：具有实时任务调度、多媒体数据转换和同步、对多媒体设备的驱动和控制以及图形用户界面管理等。目前主流的操作系统都是多媒体系统。

2）多媒体硬件系统：包括计算机硬件、音频/视频处理设备、多种媒体输入/输出设备及信号转换装置、通信传输设备及接口装置等。其中，最重要的是根据多媒体技术标准而研制生成的多媒体信息处理芯片、光盘驱动器等。

3）媒体处理系统工具：又称多媒体系统开发工具软件，这是多媒体系统的重要组成部分。

4）用户应用软件：根据多媒体系统终端用户要求而定制的应用软件或面向某一领域的用户应用软件系统，它是面向大规模用户的系统产品。

今天，多媒体设备已经是计算机的普通标准配置。然而，一般来说，计算机的价格越高，其多媒体设备的处理速度越快，可以产生更好的输出质量。

高性能处理器芯片能够快速处理用来存储和产生多媒体的大量数字数据。处理器的速度越快，它每秒处理的数据就越多。处理器速度较快的计算机能够输出更加流畅的视频流，并且保证声音与动作同步。

声卡可以向计算机提供记录和播放声音文件，以及播放视频声音的能力。声卡位于系统单元内部，并且提供外部接口，可以把扬声器、耳机和麦克风等插到该接口上。好的声卡包含能够产生特殊声音效果（比如 3D 声音）的电路。计算机的扬声器和麦克风的质量也影响到声音的质量。可以在多媒体作品中集成图片、声音、动画和视频，比如借助于麦克风和 Windows 操作系统中提供的软件，可以很容易地实现录音的数字化。

借助于光盘驱动器，计算机可以访问 CD 音频和 CD-ROM、DVD-ROM 以及蓝光光盘。多媒体元素尤其是视频一般都需要大量的存储空间。可以把多媒体数据存储在 CD-ROM、DVD-ROM 和蓝光光盘上，在需要访问时再插入光盘。

计算机的图形卡从处理器获取信号，然后使用这些信号在屏幕上绘制图像。图形卡一般安装在计算机的系统单元中，并且提供到监视器数据电缆的连接。图形卡必须进行大量的处理工作，而且处理速度必须快。比如，为了显示视频，它会每秒刷新屏幕上的每个像素 15 次。借助于更好的图形加速卡，可以改进显示处理的速度。

7.1.3　数字扫描

图片和其他固定图形通常称为"静态图形"，以区分于视频和动画。扫描仪可以把静态图形从印刷体转换为数字格式的位图图形，其方法是把印刷体图形分割为细粒度的单元格，并给每个单元格的颜色分配一个数字值。然后，计算机存储这些数字值，就可以使用图形软件对其进行操作，将其添加到文档中，或将其集成到多媒体项目中。

7.1.4　数字摄影

数码照相机是数字化静态图形的方式之一。扫描仪可以数字化印刷体图形，而数码照相机可以直接数字化真实对象，并把数字照片转存到计算机中。

当使用数码照相机拍摄照片时，进入照相机光圈的图形被细分为细粒度的单元格。高质量的数码照相机使用更细的单元格，这样可以保证产生更加平滑的图形。和扫描仪一样，每个单元格的颜色值被保存到数码照相机的存储设备中。不同数码照相机使用不同类型的存储设备，例如快闪内存卡等。

把数字图形数据从数码照相机转移到计算机中的方式取决于数码照相机的存储机制。使用快闪内存模块的数码照相机通常借助于数码照相机和计算机之间的电缆转移图形数据。这个电缆只有在进行转移时才需要。图形数据直接从数码照相机转移到计算机的硬盘，然后就可以使用照片编辑软件对它进行浏览、操作，或将其粘贴到多媒体对象中。

7.1.5　数字动画和视频

数字动画和视频涉及很多技术，包括产生专业级质量的特殊效果、DVD 电影以及桌面视频等。视频和动画的区别主要在于其来源。数字动画通常是艺术家在计算机的帮助下"全新"制作的；而数字视频则是基于真实对象的电影胶片。数字动画和视频的技术质量依赖于用来进行创建和播放的设备。

数字动画的特殊效果是借助于功能强大的计算机，每次一帧地制作完成的，这些帧（例如每秒 30 帧）顺序化地转变成电影。

桌面视频的电影镜头通常是通过数字视频照相机捕捉的，但桌面视频通常只有每秒 15 帧，一般只能显示在屏幕上的一个小窗口中，而不能达到全屏幕效果。

7.2　数据压缩技术

多媒体技术的核心是计算机实时地综合处理声音、文字、图形、图像等信息，而为了使计算机能够处理这些信息，就必须对它们进行数字化，即把那些在时间和幅度上连续变化的声音、图形和图像信号，转换成计算机能够处理的、在时间和幅度上均为离散量的数字信号。这个过程称为多媒体数据编码。

20 世纪 90 年代以后，由于移动通信等的无线接入和多媒体技术的大量引入，同时又受到频带的限制，迫使人们采用压缩编码，新的编码思想和编码标准不断出现，数据压缩技术的应用已经有了一些封装性很好的软件工具和方法。

常用的压缩编码可以分为两大类，即无损压缩法和有损压缩法。无损压缩法去掉或减少了数据中的冗余，但这些冗余值可以重新插入到数据中，因此，无损压缩是可逆的过程，由于不会产生失真，在多媒体技术中一般用于文本数据的压缩，它能保证完全地恢复原始数据，但这种方法压缩比较低。有损压缩法会减少信息量，但损失了的信息不能再恢复，因此，这种压缩法是不可逆的，适用于允许一定程度的失真，重构信号不一定非要和原始信号完全相同的场合，可用于图像、声音、动态视频等数据的压缩。文件压缩软件的压缩率一般在 10%以上。

7.3　虚拟现实技术

所谓虚拟现实（virtual reality，VR），就是采用计算机技术建立一个逼真的视觉、听觉、触觉及味觉等的感观世界。这里包含三层含义：首先，虚拟现实是用计算机生成的一个逼真的实体，即要达到三维视觉、听觉和触觉等效果；其次，用户可以通过人的自然技能（五官与四肢与这个环境进行交互；最后，虚拟现实往往要借助一些三维传感技术为用户提供一个逼真的操作环境。由此可见，虚拟现实是多媒体发展的更高境界，具有更高层次的集成性和交互性，成为多媒体技术研究中十分活跃的一个领域。

作为一项与多媒体技术密切相关的边缘技术，虚拟现实通过综合应用计算机图像、模拟与仿真、传感器、显示系统等技术和设备，以模拟仿真的方式，给用户提供一个真实反映操作对象变化与相互作用的三维图像环境所构成的虚拟世界，并通过特殊设备提供给用户一个与该虚拟世界相互作用的三维交互式用户界面。虚拟现实系统的硬件主要有数据手套、头盔、轨迹追踪装置、语音识别装置及摄像机等，如图 7-1 和图 7-2 所示。虚拟现实软件一般涉及数据输入和准备、仿真和显示、交互媒体的设备及控制等功能。

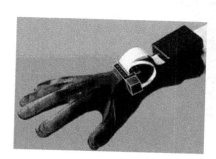

图 7-1　数据手套

图 7-2　虚拟环境系统示意

虚拟现实的定义分为狭义和广义两种。狭义定义只把它当作是一种人机界面，从而认为它的主要技术瓶颈就是"能对人类感知和肌肉活动做交互作用的基于计算机系统的接口系统"；广义定义是"对虚拟想象（三维及可视化）或真实三维世界的模拟"。其主要部分是内部模拟，并采用虚拟现实的界面。

对某个特定环境真实再现后，用户通过接受和响应模拟环境的各种感官刺激，与其中虚拟的人及事物进行行为等的交流，使用户有身临其境的感觉。虚拟现实的真实再现指的是三维图形世界，为了区分起见，那些非三维的世界称为"虚拟世界"，并不称为"虚拟现实"。

7.4　动漫设计技术

通俗地讲，"动漫"就是动画和漫画，是动画和漫画相互影响的一种载体。漫画是平面设计，可以由一个人来完成创作，体现绘画者个人的风格；动画通常是二维设计，强调团队作业。通常情况下，漫画体裁可以转化为动画。

作为造型艺术的一门分支，动漫深受人们的喜爱。《米老鼠与唐老鸭》、《狮子王》、《大闹天宫》等都是生动活泼、个性鲜明的动漫。抽象来讲，动漫就是用各种手段更完美、更具体地表达人们所感觉的东西。动漫作品是超现实的，它是对生活更完美的表达。近年来，随着大众文艺娱乐日趋多元化及数码特效技术的不断创新，动漫文化得以繁荣与飞跃，出现了 Flash 动画、三维动画和全息动画等崭新的动漫形式。

从广义上说，动漫设计师在一部动画产品或者漫画产品的设计过程中，需凭借丰富的想象力，坚实的美术功底，并且懂得应用各种设计软件，对所要开发的产品市场能够有一个了解，进而设计出比较符合观众口味的高质量的产品。动漫设计本身包含了不同角色的工种，如前期策划、导演、编剧、设计和制作等。

按计算机软件在动画制作中的作用分类，计算机动画有辅助动画和造型动画两种。计算机辅助动画属于二维动画，其主要用途是辅助动画师制作传统动画；而造型动画则属于三维动画，如图 7-3 所示。二维计算机动画制作同样要经过传统动画制作的基本步骤。但使用计算机大大简化了工作程序，方便快捷，提高了效率。

EGO : Cyber model Characterdesign by BEOK CHAN   Digital maya

图 7-3　动漫设计作品欣赏（Maya）[①]

7.5　技术对艺术的影响

数字艺术设计是科学与艺术，以及计算机与艺术设计相结合的边缘学科。

艺术与科学的结合曾经是许多科学家和艺术家的夙愿。在人类社会的早期，科学与艺术同时产生并统一为一体，许多艺术家同时也是科学家。这种统一在文艺复兴时期达到了顶峰。此后，随着科学和艺术的日趋复杂化，艺术与科学逐渐分化。

20 世纪中，随着科学的迅速发展，在科学理论中积累了许多有关艺术的问题，而在艺术中也积累了许多科学的问题，同时，科学的艺术化和艺术的科学化也日趋重要，于是，许多科学家呼吁科学与艺术的重新综合。然而，艺术与科学结合的一个主要困难就是表现手段的问题。以视觉艺术为例，绘画表现能力难倒了科学家，而艺术家又很难理解科学家大脑之中的科学形象，无法使之视觉化。

科学技术对于社会进步和发展的影响在艺术领域也是如此。在近代历史上，科学技术对艺术的冲击已经发生过多次，每一次都产生了一些新的艺术门类。

1. 摄影技术的诞生

第一次是摄影技术的诞生。摄影技术的诞生，特别是彩色摄影技术的诞生，对于写实绘画艺术实践产生了重要的冲击，使得以再现现实和虚拟现实见长的绘画艺术相形见绌。以往需要

---

① 作品选自"中国艺术设计联盟"（http://www.arting365.com/）。

画家画上几个月甚至几年的作品（见图 7-4）被照相机所取代。于是画家们开始探索绘画自身的本质，进而催生了新的现代绘画艺术及流派，诞生了抽象绘画艺术，以及以抽象形态为造型基础的构成教学体系和现代艺术设计专业。

图 7-4 英王亨利八世

小汉斯·霍尔拜因（1497—1543），是德国艺术家的代表，他是德国卓越的水粉画、肖像画和写生画家，被赞誉为"奇才的画家"。他的主要作品有《巴塞尔市长迈耶耳像》、《伊拉斯谟》、《英王亨利八世》、《外交家莫列特》等。在人物画中，他以出色的技巧、流畅的线条，重点刻画人物的个性和神态。如他对伊拉斯谟写作时聚精会神姿态的刻画栩栩如生而且完美。《伊拉斯谟》誉满欧洲，是当时写实主义绘画的高峰。他的作品不仅写实，而且触及了欧洲的平民阶层。

2．电子媒体的诞生

第二次是电子媒体的诞生。电视影像、微波通信特别是卫星通信技术的诞生，对电影艺术冲击并导致了电影业的萧条，同时也对现代绘画艺术产生了重要的影响。

电子媒体的主要代表形式为广播、电影和电视，这些技术和媒体的诞生产生了动态的视觉形式，丰富了人们的视觉感受，进而催生了广播剧、电视剧、电子音乐，以及影视广告、MTV等许多新的视觉艺术形式。

3．电子计算机的诞生

第三次是电子计算机的诞生。以往的各种工具发明，都是人类各种器官能力的扩大与延长，而计算机则是人类大脑智能的扩展和延伸，它使人类更聪明，更富于智慧。计算机技术对艺术、艺术设计和艺术设计教育的冲击和影响已经初见端倪。

从 20 世纪 80 年代初期开始，计算机图形艺术设计等数字艺术设计形式作为最尖端的视觉表现手段，大量出现在电视、电影、平面设计、广告艺术、工业设计、展示艺术设计、建筑环境艺术设计和服装设计等大众传播媒介和视觉艺术设计领域中，其设计对象也与计算机技术息息相关，例如数字化消费产品、智能化家居、网页与网络广告、计算机软/硬件界面、数字化展示、多媒体数字影视等。数字艺术设计展示了一个新颖的视觉和艺术天地，以往人们用手工很难实现的视觉和艺术效果被计算机轻而易举地完成，甚至比预想的还好。

计算机的诞生还催生了因特网媒体，进而又催生了一批新的艺术设计形式，如网页设计、多媒体艺术设计、视频艺术设计、二维和三维计算机动画艺术设计、MIDI 音乐创作、计算机与网络游戏等各种数字艺术作品。

7.6 数字艺术设计

"数字艺术"即"数字化"，是指以计算机为平台的，以 0 和 1 的数字集合将计算机应用软件与相应的艺术相结合而形成的艺术形式。"数字艺术"是一个大的概念，凡是"数字化"的艺术应用都可以称为"数字艺术"，它几乎囊括了所有艺术形式。

传统的四个艺术设计专业（即装潢艺术设计、环境艺术设计、服装设计、工业设计）是数字艺术设计的姐妹专业和基础。随着计算机硬件和软件水平的提高，如今，在艺术设计领域中，大多数人都已经改用计算机进行设计，计算机技术在艺术设计领域中的应用程度和范围愈来愈大。在以计算机为基本平台的数字艺术设计中，其最终结果——作品或者产品、商品，不仅仅是一个平面设计、一个工业设计或者环境设计、服装设计，而是它们的综合——科学与艺术的综合、艺术设计与计算机技术的综合。以计算机为平台的图形、图像技术和艺术的结合将成为 21 世纪视觉艺术的主流。

可见，"数字艺术设计"是一个宽口径的，以技术为主、艺术为辅、技术与艺术相结合的新学科方向，学生需要掌握信息领域的基础理论与方法，具备数字艺术设计、制作、传输与处理的专业知识和技能，并具有一定的艺术修养，这样才能综合运用所学知识与技能去分析和解决实际问题。

数字艺术设计虽然以计算机为依托，但在题材、技巧、观念等方面却脱胎于传统艺术。与此相应，有关数字艺术设计的理论深受传统艺术影响，不少术语和范畴就借鉴于传统艺术学。

7.7 习　　题

1. 具备多媒体功能的计算机应该包含_____，通过它可以连接扬声器、耳机和麦克风等设备。

2. 由于个人计算机存在着存储容量和处理速度的限制，_____视频通常出现在小窗口中，而不是填充整个屏幕。

3. 多媒体是文本、图片、语音、音乐、动画序列和视频等技术混合物。对不对？_____

4. DVD 驱动器能够像使用 DVD 一样使用 CD-ROM。对不对？_____

5. 通过阅读教科书和查阅网站资料，尽量用自己的语言解释以下基本概念：

数字媒体：_____

_____

数字艺术：_____

_____

数字艺术设计：_____

_____

这些定义的参考来源：_____

7.8 实验与思考：PowerPoint 应用进阶

一、实验目的

1）熟悉多媒体技术的基本概念与主要内容，熟悉多媒体计算机与设备的基本组成。

2）熟悉数字艺术的基本概念、基本内容与数字艺术设计的基本应用。

3）熟悉演示文稿的操作和应用技巧，掌握多媒体制作工具软件的基本应用能力。

二、工具/准备工作

在开始本实验之前，请回顾本章的相关内容。

需要准备一台安装有 Microsoft Office PowerPoint 2003 软件的计算机。

三、实验内容与步骤

1. PowerPoint 作品欣赏与分析

多媒体作品《万园之园——圆明园》[①]篇幅不大（共 18 页），但内容丰富，表现生动，从圆明园简介、圆明园精华、圆明园被毁和正义的雨果等方面来介绍圆明园文化。

下面，我们从内容组织、链接处理等方面来学习和欣赏 PPT 作品《万园之园——圆明园》。

（1）内容组织

作品的全部 18 页幻灯片分成以下各部分：

1）封面：第 1 页，也是主菜单，如图 7-5 所示。

图 7-5　万园之园——圆明园（第 1 页）

2）圆明园简介：第 2～3 页，介绍圆明园的基本情况，展示圆明园全景示意图，如图 7-6 和图 7-7 所示。

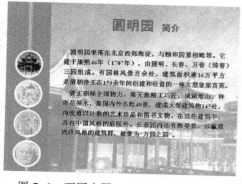

图 7-6　万园之园——圆明园（第 2 页）

图 7-7　万园之园——圆明园（第 3 页）

---

① PPT 作品《万园之园——圆明园》中的部分图片取自大型史诗数字电影《圆明园》。

3）圆明园精华：第 4～7 页，介绍作为"一切造园艺术的典范"和"万园之园"的圆明园的精华所在。其中，采用了多幅应用 3D 技术再现的圆明园景观图，此处还可以插入 3D 视频片段，内容将更为丰富和生动，如图 7-8 至图 7-11 所示。

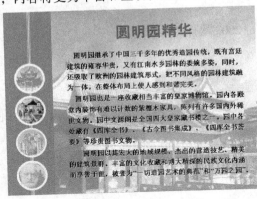

图 7-8　万园之园——圆明园（第 4 页）

图 7-9　万园之园——圆明园（第 5 页）

图 7-10　万园之园——圆明园（第 6 页）

图 7-11　万园之园——圆明园（第 7 页）

4）圆明园被毁：第 8～11 页，介绍圆明园遭遇的多次劫难，展示遗址公园的一些主要图片，如图 7-12 至图 7-15 所示。

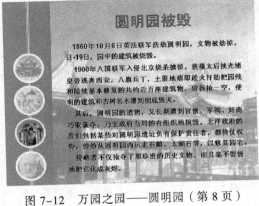

图 7-12　万园之园——圆明园（第 8 页）

图 7-13　万园之园——圆明园（第 9 页）

图 7-14 万园之园——圆明园（第 10 页）

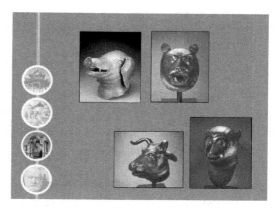

图 7-15 万园之园——圆明园（第 11 页）

5）正义的雨果：第 12～17 页，介绍 19 世纪前期法国积极浪漫主义文学运动的领袖，法国文学史上卓越的资产阶级民主作家雨果，以及当年雨果致巴雷特上尉的一封信，雨果在信中愤怒声讨了糟蹋和毁灭圆明园的强盗，如图 7-16 至图 7-21 所示。

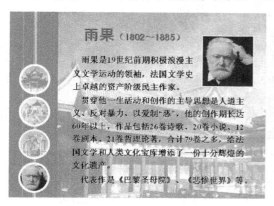

图 7-16 万园之园——圆明园（第 12 页）

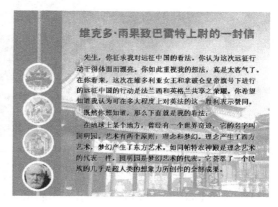

图 7-17 万园之园——圆明园（第 13 页）

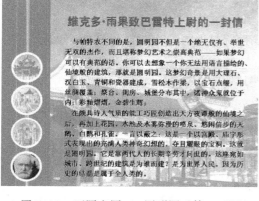

图 7-18 万园之园——圆明园（第 14 页）

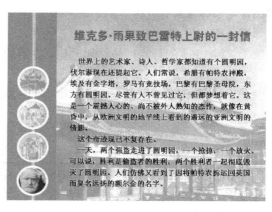

图 7-19 万园之园——圆明园（第 15 页）

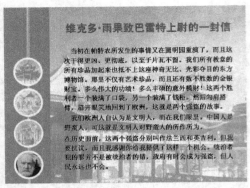

图 7-20　万园之园——圆明园（第 16 页）　　图 7-21　万园之园——圆明园（第 17 页）

6）结束页：第 18 页，如图 7-22 所示。

图 7-22　万园之园——圆明园（第 18 页）

（2）内容链接

1）启动 PowerPoint 软件，显示该作品第 1 页，这一页既是作品封面，又是主菜单。

2）幻灯片标题下方的 4 个图标分别链接到作品对应的各个部分。除了第一张封面幻灯片外，其余各张幻灯片均有此内容。

请分析：

① 除第 1 页幻灯片以外，其他各页左侧的圆形图标是用来实现链接还是仅用于提示？

_____

② 如何实现图标上蒙罩的虚化功能（对象的半透明）？

_____

③ 如何设置超链接功能？

_____

3）请在 PowerPoint 的"幻灯片浏览"视图中观看和分析幻灯片 1、3、7、11。

步骤 1：打开幻灯片文件"万园之园——圆明园"。

步骤 2：单击 PowerPoint 屏幕左下角的"幻灯片浏览视图"按钮，在排列的幻灯片中单击上述幻灯片之一，再在"幻灯片浏览"工具栏中单击"切换"按钮。

步骤 3：在屏幕右侧出现的"幻灯片切换"窗格中，你会发现"换片方式"栏的"单击鼠标时"复选框没有被选中。

请分析：此项设置的意义何在？

（3）声音效果的处理

可以在幻灯片中加入音乐对象。

步骤 1：打开幻灯片文件"万园之园——圆明园"。

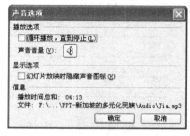

步骤 2：以"插入"方式加入声音文件（一般适用于 MP3 和 MID 文件），注意需要保持该文件所处的存储位置。音乐文件插入后，右击幻灯片中的声音对象（扬声器图标），选择快捷菜单中的"编辑声音对象"命令，屏幕显示"声音选项"对话框，如图 7-23 所示。

可以通过"声音选项"对话框来了解声音的有关信息。

图 7-23　"声音选项"对话框

步骤 3：返回幻灯片，如果在编辑状态双击该声音图标不能正常播放，则通常是因为文件查找路径有问题，可以重新查找并插入该声音文件。

（4）其他特点

通过对作品"万园之园——圆明园"的实验观察分析，你还对哪些功能感兴趣？

_____

_____

你感觉该作品存在哪些问题？

_____

2．自选项目 PowerPoint 多媒体制作

自选内容主题，用 PowerPoint 作为多媒体开发工具，制作一个 PowerPoint 多媒体作品。制作过程中请注意以下要求：

1）为该作品建立一个文件夹，保存与之相关的所有素材和文件等。作品以源文件（PPT）形式保存，并为作品正确命名。

你作品的名字是：_____

2）加入作品的视频文件应保存在作品文件夹中。如果 PPT 文件中的音乐对象是利用 PowerPoint 的"插入"功能加入的，则该音乐素材文件也应该保存在作品文件夹中。

3）设计中注意作品的科学性（不出现逻辑错误）、教育性（有利于理解）、艺术性（画面美观，声音清晰）和技术性（操作简便、合理应用超链接等功能）。

4）编写一说明文件（PPT_Readme），保存为 txt 或者 doc。在 Readme 文件中简单说明作品的制作思路，所用软件工具的版本信息，使用中的操作须知（如果有的话），制作人的专业、班级、学号和姓名等信息，以及作品制作中的收获和体会。

5）用 WinRAR 等压缩文件对作品文件夹进行压缩处理，并将压缩文件命名为<班级>_<学号>_<姓名>_<作品名称>.rar。

请将作品压缩文件在要求的日期内，以电子邮件、QQ 文件传送或者按实验指导老师要求的方式交付。

请记录：

1）上述实验任务能够顺利完成吗？_____。

2）请简单描述你在操作过程中所遇到的问题（如果有的话）：

_____

_____

四、实验总结

_____

_____

_____

_____

五、实验评价（教师）

_____

_____

7.9　阅读与思考：鼠标之父、人机交互大师恩格尔巴特

计算机奇才道格·恩格尔巴特（Doug Engelbart）是"人机交互"领域的大师。从 20 世纪 60 年代初开始，他在人机交互方面做出了许多开创性的贡献。他一生研究计算机，憧憬着建造一套可以为人类增加智慧的计算机。他出版著作 30 余部，获得专利 20 多项，其中大多数是今天计算机技术和计算机网络技术的基本功能。虽然他发明的视窗、文字处理系统、在线呼叫集成系统、共享屏幕的远程会议、超媒体、新的计算机交互输入设备、群件等已经遍地开花，却很少有人提及他。人们提起他，却仅仅是因为他创造发明的一个边角料：鼠标。如今数亿只鼠标遍布全球，而这位鼠标之父却仍然默默无名。

1.　被忽略的天才

1968 年，旧金山秋季联合计算机会议（FJCC），恩格尔巴特的演示震惊了同行。他利用远在 25 英里之外的一台仅仅是 192 KB 的原始大型计算机，就将上述发明集成在一起。当时，"鼠标"被很雅致地称为"显示系统的 X-Y 位置指示器"。

恩格尔巴特的发明太超前了。直到 1984 年，苹果 Mac 才让鼠标流行起来。Windows 95 取得巨大成功后，证明了恩格尔巴特原始视窗的概念是多么英明。1996 年 6 月，比尔·盖茨对恩格尔巴特开拓性的研究大加赞扬。著名的 Byte 杂志将其列入对个人计算机发展最具影响的 20 人之列，并评价说："将他比作爱迪生并不牵强"，"无法想象没有恩格尔巴特，计算机技术将会怎么样"。

2.　寻梦之路

恩格尔巴特 1925 年 1 月 30 日生于俄勒冈州的波特兰市。1942 年，他考上俄勒冈州立大学，次年应征入伍，进入海军，从事雷达工作。

1945 年夏末，20 岁的恩格尔巴特是美国海军雷达技术员。在一个闷热的日子，他踱进红十字会图书馆。里面安静、凉爽，在那里他邂逅了 Vannevar Bush 的文章。这是有关信息处理技术用于扩大人类记忆和思想的论文。从此，一个梦想生发于他的大脑。

战争结束后，他续完学业。1948 年，他获俄勒冈州立大学的电机工程学学士学位，毕业后去旧金山的阿梅斯实验室（美国国家宇航局 NASA 的前身）当了三年电气工程师。没有很大收获，却认识了一个人，并成了他的妻子。就在订婚的那个星期一，恩格尔巴特突然意识到他的三个目标：一个学位、一份工作、一个妻子，全部都实现了。他成了一个没有目标的人。他在路上认真思考：这一生还剩下 550 万分钟的工作时间，有什么事值得他投资呢？

1951 年，他着手设计基于计算机的问题解决系统，试图通过机器增加人类的智慧。这一工程一拉开，他就沉迷于其中。

3. 开始造梦

1951 年，恩格尔巴特辞去工作，进入加州大学伯克利分校的研究生院。这里正在建造最早的冯·诺依曼架构的计算机。这时他开始注意到，人们不但不懂他所谈论的东西，而且一些科学家对他极度不友好。但这位年轻人仍表示质疑："我们造出了计算机，但我能用他教导别人吗？我能给它挂上键盘让人和计算机相互交流吗？或者让它教人打字？"这些问题如果讲给学心理学的人听，或许不错，但工程人员却认为莫名其妙。

1955 年拿到博士头衔后，恩格尔巴特又在斯坦福研究所工作，他还想继续为他的梦想努力，但系里没有人愿意听他谈论远大计划。年轻的恩格尔巴特不得不重新踏入社会，去寻找新的机会，使他能够做成可以增加人类智慧的电子系统。他带着自己奇妙的想法去推销自己。HP 创始人威廉·休利特、戴维·帕卡德和公司研发负责人 Barney Oliver 对恩格尔巴特的计划非常热心。协议达成了。恩格尔巴特兴高采烈地驾车回家。走到半路，恩格尔巴特典型的风格又发作了。他停车找到电话亭，给 Oliver 打电话，说下午谈论的建议只是向数字电子的一个过渡，他认为像 HP 这样的电子仪器公司，最好的路是全面迈向数字技术和计算机。Oliver 说 HP 还没有做计算机的计划。恩格尔巴特就说："很抱歉，我得去寻找数字的道路。"满怀鸿鹄之志的他就这样取消了刚刚与 HP 达成的协约，继续寻找他的理想之地。

1957 年，美国对前瞻性的科研也突然重视起来。一天，恩格尔巴特忽然得到一个机构的邀请。这就是斯坦福研究学院（SRI），他们对计算机在科学、军事和商业应用方面的长远研究深感兴趣。

恩格尔巴特对面试的人谈论了能与人相互交流的计算机构想。

"这些内容你跟多少人谈过？"那人问。

"还没有，你是我告诉的第一个人。"他回答。

"好，现在你不要再告诉别人。这个设想听起来很离奇，会引起别人的反对。"

于是，恩格尔巴特闭上了嘴。这样工作了一年半，他又蠢蠢欲动，想把他的设想付诸书面。他向主管谈了他的打算，虽遇到点阻力，但最后同意了。美国空军的科研部给他提供了一小笔经费。恩格尔巴特终于可以着手他的研究了。但是他孤军作战，没有人可以交换想法。1962 年，他终于写成了文章，并于 1963 年发表，这篇论文的题目是"增加人类智慧的概念性架构"。

人们对恩格尔巴特构想和工作了十年的概念性框架毫无反应，但文章还是吸引了几个人的注意。一代伯乐——NASA 掌管部分研究经费的鲍伯·泰勒是其中之一，他没有被恩格尔巴特超前的设想所吓倒，并为他的项目提供了最早的资金资助。还有另外一个人也能理解他的设想，这就是刚刚进入 ARPA 的 Licklider。他们都对恩格尔巴特被主流计算机界所忽视的设想十分感兴趣。

1964 年，鲍伯·泰勒告诉恩格尔巴特和 SRI，信息处理技术处（IPTO）准备投入 100 万美元的启动资金开发新的分时计算机系统，其中每年有 50 万美元用来支持恩格尔巴特的"智慧增加"项目的研究。对恩格尔巴特来说可谓恰逢其时。此时他的概念性框架已经完成，所需的技术也已具备，下一步就是组建班子，建造第一台样机。恩格尔巴特的"增智研究中心"（ARC）立马红火起来。十年中，有几十位天才般的人物为恩格尔巴特的梦想工作后，成了其他大学和研究机构的项目领导人。

4．鼠标之父

鼠标最早于 1963 年开始研究，早期的鼠标只是一个其貌不扬的纯机械结构的小木盒（见图 7-24），精度低、反应迟钝，且功能极其有限。1967 年 6 月 21 日，恩格尔巴特为他的显示系统用"X-Y 定位器"申请了专利，为了这种装置，他已冥思苦想、辛勤工作了十几年。发明的目的不是赚钱或制造产品，相反，是恩格尔巴特希望"找到更好的方式，让人们共同使世界变得更美好"。Netscape 通信公司的创始人之一马克·安德森（Marc Andreessen）这样谈及恩格尔巴特及其同事："恩格尔巴特那样的发明家最大的与众不同之处在于，他们心目中最注重的是对人类的影响，这是一种今天不复存在的社会理想主义。"

图 7-24　木头鼠标

2007 年，鼠标将度过它的 39 岁生日。随着 Windows 操作系统的不断普及和升级，鼠标作为计算机一个最不起眼的输入设备身价陡升，在某些场合它的重要程度甚至超过了键盘。鼠标从发明之初的一个木盒子向着实用和多功能的方向不断发展。经过几十年的发展，鼠标科技取得了长足的进步，出现了光学式、光机式鼠标，轨迹球、特大轨迹球，以及衍生到笔记本式计算机上的指点杆和手指感应式鼠标，还有红外线鼠标等，鼠标家族可谓人丁兴旺，并且向着多功能、多媒体、符合人体工程学的方向继续发展。

恩格尔巴特的功绩终于得到公众的承认，他受之无愧。1997 年，恩格尔巴特荣获麻省理工学院颁发的 50 万美元奖金，这是为美国人的发明和革新技术颁发的现金数额最大的奖金。

2007 年，恩格尔巴特已经 82 岁了。当年过于超前的恩格尔巴特，如今却又显得陈旧、落伍。当他还在埋头扩大计算机多用户的性能时，外面的世界却是崇尚一人一台自己的计算机。无论是过去、现在，还是他不多的将来，恩格尔巴特都置身于主流之外，留给历史一个独特而孤独的背影。不过，生活也不乏乐趣，他有 4 个孩子与 9 个孙子（女）。锻炼、旅行、野营、航行、阅读、民间舞蹈、骑自行车，还养鸭，养蚯蚓和蜜蜂，给孩子们讲科幻故事。当然最大的快乐还是家人团聚一刻。生命无非就是如此，无论曾经成就过什么。

资料来源：方兴东等、新浪科技（http://tech.sina.com.cn），有删改

第 **8** 章

局域网和无线局域网

如今网络已无处不在，网络技术也在迅速发展。尽管网络技术日新月异，持续发展，却仍然是基于一系列相当可靠的原理。

8.1　网络构建基础

在早期的计算机应用领域，大多数的个人计算机都是作为独立单元运行的，在一人一机进行交互的时代，计算从本质上讲是一种孤独的存在。但一些计算机工程师深谋远虑，他们预见到了个人计算机可以组成网络，能够提供独立计算机所不具备的广阔空间。鲍勃·梅特卡夫（Bob Metcalfe）在 1976 年提出的最重要的网络构想之一（在计算机之间传送数据），几乎已成为所有计算机网络中的关键部分。

1. 网络的分类

计算机网络可以按其大小和地理范围来进行分类。

个人区域网（personal area network，PAN）有时用来指距离为 10 m 以内的个人数字设备或消费电子产品之间的连接，这种连接不需要使用电缆。例如，个人区域网可以用来从计算机向PDA 或打印机无线传输数据，还可以用来从计算机向家庭影院投影设备传输数据。

局域网（local area network，LAN）是指连接有限地理区域（通常是单一建筑）内个人计算机的数据通信网络。局域网可以使用多种有线和无线技术。例如，学校的计算机实验室、家庭或宿舍网络都是局域网。

城域网（metropolitan area network，MAN）是指能在约 80 km 的距离内进行声音和数据传输的高速公共网络。例如，本地因特网服务提供商、有线电视公司和本地电话公司使用的都是城域网。

广域网（wide area network，WAN）能覆盖大面积的地理区域，通常由多个可能使用不同计算机平台和网络技术的较小网络构成。因特网是世界上最大的广域网，全国性的银行网络、大型有线电视公司网络或分布在各地的连锁超市网络也属于广域网。

本地网络通常包括少量可由基本设备相连接的计算机。随着网络覆盖区域的扩大和工作站数量的增加，有时需要专门的设备来增强信号，而多样化的设备也需要复杂的管理工具和策略。

2. 局域网标准

在网络发展初期，人们积极设想了多种让数据传送更快、更有效并且更安全的技术思想，所以存在着多种局域网技术。今天，局域网更为标准化，但为了适应从简单家庭网络到大型商用网络的不同网络环境，多种局域网标准依然是必要的。

美国电气和电子工程师学会（Institute of Electrical and Electronics Engineers，IEEE）的802计划（本地网络标准）已将局域网技术标准化。IEEE标准适用于多种商业网络，并指定某些数字（如 IEEE 802.3）来标识网络标准。在采购将计算机连接到网络的各种设备时，这些指定的数字可以用来识别与网络技术相兼容的设备。

许多过去曾经很流行的局域网标准，如附加资源计算机网络 ARCnet、令牌环网（token ring）和光纤分布式数据接口（FDDI）等，现在已经不多见。现在大多数局域网都采用以太网技术，在需要无线访问时使用兼容的 Wi-Fi 标准，这些标准在家用和商用领域都很流行。

3. 网络设备

可以将网络想象成有很多连接点的蜘蛛网。网络中的每个连接点被视为一个结点，网络结点通常包括计算机、网络化外围设备或网络设备，连接到网络上的个人计算机有时称为工作站。其他种类的计算机（如大型计算机、超级计算机、服务器和掌上型计算机等）也能连接到局域网。

要将计算机连接到局域网，需要有网络电路，即网卡（network interface card，NIC，又称网络接口卡、网络适配器）。网卡通常集成在个人计算机中。

网络化外围设备（或可联网的外围设备）是指可以直接联网的外围设备，如某些网络打印机和存储设备等，都可以配备成直接连接到网络而不用通过工作站。可联网的设备有时被描述为拥有"固定网络连接"，某些设备可将网络功能作为其可选附件。可以直接连接到网络的存储设备又称网络附加存储（network attached storage，NAS）。

网络设备（或网络装置）是指可传播网络数据、放大信号或发送数据到目的地的某一电子设备，通常包括集线器、交换机、路由器、网关、网桥和中继器等。

图8-1所示为连接着各种计算机、外围设备以及网络设备的局域网示例。

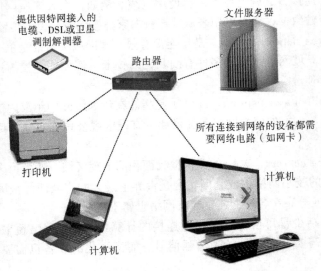

图 8-1　小型局域网使用网络设备连接计算机和外围设备

4.　客户机、服务器和对等网络

在网络环境中，服务器用来向客户端计算机提供服务。例如，应用程序服务器为网络工作站运行应用软件（如浏览器或电子邮件包），而文件服务器用来存储文件并向发出请求的工作站提供文件，打印服务器则负责处理发送到网络打印机的作业。

虽然计算机也可以配置成同时扮演服务器和客户机两个角色，但服务器通常专门用来完成特定的任务，一般不再作为工作站指派给用户，以保证获得其最佳的工作表现。

在网络的客户机/服务器（C/S）模式中，服务器是最重要的资源，网络中可以包含一台或多台服务器（见图 8-2）。可以将 C/S 模式想象成层次结构，服务器处于最上层。但少数情况下服务器对于网络来说并非必需的，文件和应用程序可以在使用对等网络模式的工作站间共享，在这种模式下，工作站可以共享处理、存储、打印和联系任务的职责（见图 8-3）。

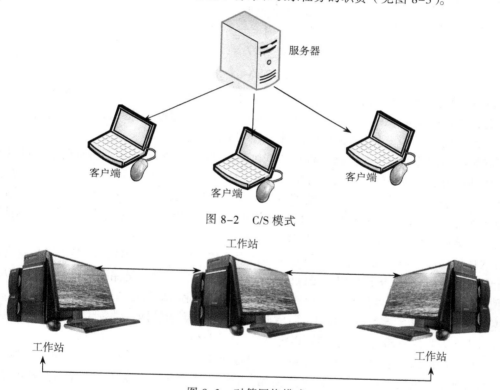

图 8-2　C/S 模式

图 8-3　对等网络模式

5.　物理拓扑结构

网络中设备的排列称为物理拓扑结构（又称网络拓扑结构），如图 8-4 所示，结点间的路径可由物理电缆或无线信号连接。

星状拓扑结构网络是由一个中心连接点通过电缆或无线广播连接所有的工作站和外围设备。家庭网络通常以星状拓扑结构排列。该拓扑结构的优点在于任何连接失败都不会影响到网络的其他部分，但连接失败的设备会从网络断开。其主要的缺点是需要较多的电缆来连接所有设备（此缺点在无线网络中不复存在）。

环状拓扑结构中所有设备连成一个环，数据沿环路传输。该拓扑结构使电缆数量最小化，但任一设备失效都会影响到整个网络。现在很少有网络在使用环状拓扑结构。

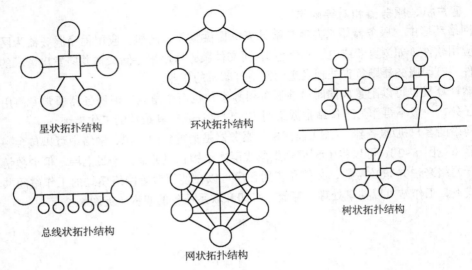

图 8-4　网络拓扑结构

　　总线状拓扑结构使用公用主干链路连接所有的网络设备。主干链路是传送网络数据的共享通信链路，它可以终止于每一个带有"终端连接器"的网络端点。总线状网络一般只能用于有限的设备，而且如果主干链路电缆坏掉，则整个网络就无法使用。

　　网状拓扑结构能够将每个网络设备都和其他多个网络设备相连接，所传输的数据可以选择从出发地到目的地的多条可能路径中的任意一条。这些冗余的数据路径可使网状网络非常健全，即使其中有几条链路失效，数据仍然能够沿着可用链路到达目的地，这是其优势所在。因特网的最初计划就是基于网状拓扑结构的。现在网状拓扑结构也用于一些无线网络，在无线网络中，数据从一个结点跳到另一个结点，可以传输到远离中心接入点的结点中。

　　树状拓扑结构本质上是星状与总线状网络的混合体，由一个主干链路将多个星状网络连接成一个总线状结构。树状拓扑结构能提供极好的扩展适应性——主干链路上的单个链接可以使用同类型的集线器配置为星状结构，如今许多校园网络和企业网络都是基于树状拓扑结构的。

　　各种网络还可以互相连接。例如，家庭网络可以连接到因特网，学院（分院）的局域网可以连接到所在大学的校园网，零售店可以将其收银机网络连接到其财务网络等。

　　两种相似的网络可以通过一种叫做网桥的设备相连接，使用不同拓扑结构和技术的网络可以通过网关互连。网关是指将两个网络连接起来的设备或软件，可以是纯软件或者纯硬件的，也可以是软硬结合的。用来将家庭局域网连到因特网的设备就是一种网关。

6．网络链路

　　数据可以通过电缆（有线网络）或者空气（无线网络）在网络设备间传送。通信信道（或链路）是物理通路或者信号传输的频段。例如，电视调谐器的 12 频道是电视台播送视听数据的特定频率，该数据也可作为有线电视系统的一部分，在另外一个频道（如同轴电缆）上传输。

　　网络链路必须快速传输数据，这时，带宽是指通信信道的传输能力。就像四车道高速路比两车道道路的交通承载能力更强一样，高带宽的通信信道较之低带宽能传输更多的数据。例如，可以承载 100 甚至更多个有线电视频道的同轴电缆，比家庭电话线的带宽就宽得多。数字数据信道的带宽通常用比特/秒（bit/s）来度量，模拟数据信道的带宽通常用赫兹（Hz）来度量。

高带宽通信系统（如有线电视和 DSL）有时称为宽带，而能力较低的系统（如拨号上网）则称为窄带。宽带连接能力对那些支持很多用户以及需要承载很多音频和视频数据（如音乐和电影下载）的网络来说是最基础的要求。

7. 通信协议

在网络中，通信协议是指从网络的一个结点向另一个结点有效地传输数据的一套规则。网络中的两台计算机能通过一种叫做"握手"的处理来协商它们的通信协议。传输设备先发送意思是"我想通信"的信号，然后就等待接收设备的确认信号。两台设备协商出一种它们都能处理的协议，两台调制解调器或传真机连接时的声音就可以看做是"握手"的例子。最著名的通信协议要算 TCP/IP，它是管理因特网数据传输的协议，并且也已成为局域网的标准。

通信协议为数据的编码和解码、引导数据到达其目的地以及减少干扰的影响设定了标准。协议能完成下列的网络通信功能：

1）将消息分成包。

2）在包上粘贴地址。

3）初始化传输。

4）控制数据流。

5）校验传输错误。

6）对已传输数据进行收到确认。

1948 年，著名的贝尔实验室的工程师克劳德·香农（Claude Shannon）发表了一篇文章，描述了一种适用于各种网络（包括现在的计算机网络）的通信系统模型。在香农模型中，来自诸如网络工作站的数据在经过编码后，作为信号通过通信信道传输到目的地（如网络打印机、存储设备、服务器或工作站），然后被解码。传输信号有可能被一种叫做"噪声"的干扰打断，使数据有被破坏的隐患，并使数据变得不正确或难以解读。通信系统基本上都是从数据源向目的地发送信息的。虽然在图 8-5 中数据源和目的地间的通路看起来是直的，但数据能够在几个设备之间传输，这些设备可以将数据转化成电、声、光或无线电信号，向卫星发射数据，将数据路由到拥堵程度最小的链路上，或清理被噪声失真的部分信号。

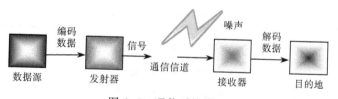

图 8-5　通信系统模型

数据通常是以电磁信号的形式在网络链路中传送的，可以将这些信号想象成在电缆或空气中的波动。数字信号仅用有限的一系列频率按位传送，数字信道上承载的信号被描绘成阶梯状波形，而模拟信号则可以是特定频率范围内的任意值。

传输数字信号的数字网络可以很容易地被监控，以确定网络干扰是否破坏了信号。纠正错误是协议的职责之一。简单地说，数字设备只对两个频率敏感，一个是 0 的序列，一个是 1 的序列。假定 0 用-5 V 来传送，1 用+5 V 来传送，如果传送过程中某些干扰把"完美"的 1 的电压变成+3 V，会怎样呢？当信号被接收时，接收设备可以识别出+3 V 不是两个有效电压中的一个，并能够"推测"实际传来的是一个 1 位（+5 V），并将电压恢复到+5 V 以"清理"信号。

　　在发送文件或电子邮件时，文件实际上是被分割成很多称为"包"的小块。包是通过计算机网络发送的打包数据。每个包都包括发送者地址、目的地地址、序列号和一些数据。当这些包到达目的地时，再根据序列号重新组合成原始的消息。

　　某些通信网络使用了线路交换技术，例如电话系统，这种技术能在两部电话通话期间建立一个专用的链接，给打电话的人提供一条声音数据流可以直接流经的管线。但线路交换技术的效率很低。例如，当一个人持话筒等待时，不能进行其他的通信（线路已被占用）。

　　比线路交换更高效的选择是包交换技术，它可以将消息分成可独立路由至其目的地的若干个包。而将消息分成大小均等的包，比将消息分类成小、中、大或巨大的文件更容易处理。不同消息的包可以共用一个通信信道或线路。包在线路上的传送基于"先来先服务"的原则。如果无法获得某个消息的一些包，系统不需等待。相反，系统可以继续发送其他消息的包，其结果是有一个稳定的数据流。图 8-6 所示为一个包交换网的例子。

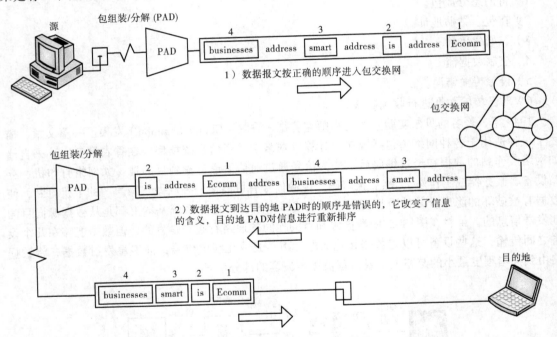

图 8-6　包交换网和信息包的传送

　　网络上传送的每个包都包括其目的地设备的地址，通信协议指定了在网络中所适用的地址格式。当包到达一个网络结点时，路由设备会检查其地址，并把它发往其目的地。

　　网络地址是潜在的混乱源头。网络设备出于不同的使用目的会有多个地址，其中最常用的两种地址是 MAC 地址和 IP 地址。在网络领域中，MAC（media access control，介质存取控制）地址是指生产网卡时指定的一串唯一的数字。MAC 地址被用来实现一些低层的网络功能，并且能来确保网络安全。IP 地址是指用来识别网络设备的一串数字，现在各种计算机网络都在使用这个标准来给设备指定地址。IP 地址可以被指定给网络计算机、服务器、外围设备等。IP 地址在书写时会用小数点分成四段（如 204.127.129.1），以便于使用者识别。一段就是一个 8 位组，因为其在二进制状态下是由 8 位表示的。

IP 地址是由因特网服务提供商（Internet service provider，ISP）或系统管理员指定的。指定的 IP 地址一般是半永久的，在每次启动计算机时都保持一致。为使用指定的 IP 地址，就需要在配置网络接入时输入这个地址。

IP 地址也可以通过动态主机配置协议（dynamic host configuration protocol，DHCP）来获得，这个协议用来自动分配 IP 地址。多数计算机会预配置成这种模式：通过向作为 DHCP 服务器的网络设备发送询问来获得 IP 地址。若由 DHCP 来分配 IP 地址，则在下一次启动该计算机时，被分配到的可能是不同的地址。

即使是在小型家庭网络中，包也可能不是由数据源直接传送到其目的地的。像旅行者从一个航空枢纽途经另一个航空枢纽一样，网络交通也经常通过中间路由设备传输。一些网络还会含有记录每个结点间包的来回传输的协议。

在数据到达其目的地时，会进行一次最终的错误检查，包被重组成原来的结构，然后所传送的文件就会存储或出现在目的设备上。

8.2 有 线 网 络

与无线网络相比，有线网络能为需要安全快速的网络接入应用提供更多服务。例如，经常要将比较大的视频文件从一台计算机传输到另一台计算机，或者要把一个大的图形打印任务发送到网络打印机，有线网络连接将是首选。

8.2.1 有线网络基础

有线网络通过电缆连接网络设备，因特网的很多基础结构都是有线的。虽然如今无线网络应用日渐频繁，但对于需要快速安全连接的局域网而言，有线网络还是值得选用的网络技术。

有线网络快速、安全并且容易配置。有线网络通过电缆传输数据，电缆通常会有更高的带宽和更好的抗干扰性。在读取本地服务器上的大文件时，有线网络的文件传输速度明显快于无线网络。有线网络也能为局域网的多人计算机游戏提供更快的基础结构。但对于基于因特网的多人游戏来说，通常因特网（而不是局域网）的连接速度才是其受限制的因素。

有线网络比无线网络更安全，因为计算机只能通过电缆连接到有线网络，用户不必担心盗用或非法访问网络。

为有线网络带来速度和安全的电缆也是它的主要弱点，电缆的安装不够美观，连着电缆的设备其移动性受限。通常，桌面计算机往往更适合使用有线网络，而笔记本式计算机需要便于移动，更适合使用无线网络。

8.2.2 以太网

以太网（Ethernet）是指由 Xerox 公司创建并由 Xerox、Intel 和 DEC 公司联合开发的基带局域网规范，是现行局域网所采用的最通用的通信协议标准和技术规范。如今，家庭、学校和企业中的多数有线网络使用的都是以太网技术。IEEE 802.3 定义的以太网能同时将数据包向所有的网络设备进行广播，而只有被寻址的设备才能接收数据包。

以太网技术的重要部分是 CSMA/CD（载波侦听多路访问/冲突检测）协议。CSMA/CD 可负责处理两个网络设备试图同时发送包的情况。当两个信号同时传输时，"冲突"就会发生，并且信号不能到达其目的地，CSMA/CD 协议能够检测这种冲突、删除有冲突的信号、重置网络并准备重传数据。两个设备在重新传输前，可以等待一个随机的时间来避免冲突的再次发生。

最初的以太网标准能够通过同轴电缆的总线状拓扑结构以 10 Mbit/s 的速度传输数据。现在，以太网包括一系列的局域网技术，可以提供多种数据的传输速度，如表 8-1 所示。现在多数个人计算机和局域网设备都具备使用千兆以太网的能力。

表 8-1　以太网标准

以 太 网 标 准	IEEE 编 号	速　　度
10BaseT 以太网	IEEE 02.3	10 Mbit/s
快速以太网	IEEE 802.3u	100 Mbit/s
千兆以太网	IEEE 802.3z	1 000 Mbit/s
万兆以太网	IEEE 802.3ae	10 Gbit/s
40/100G 以太网	IEEE 802.3ba	40 Gbit/s 或 100 Gbit/s

以太网的成功可以归结为以下几个因素：

1）以太网网络容易理解、实现、管理和维护。

2）作为非专有技术，以太网设备可以从各种供应商处获得，而且设备价格较低。

3）现有的以太网标准允许网络拓扑结构有很大的灵活性，以满足小型和大型设备的需求。

4）以太网能兼容 Wi-Fi 无线网络，可以很容易地在一个网络中混合使用有线和无线设备。

以太网是典型的有线网络技术，对需要访问因特网的典型家庭网络来说，需要如下设备：

1）两台或两台以上能够使用以太网的计算机。

2）一个以太网路由器。

3）防电涌电源转换器或者 UPS。

4）每台计算机所需的电缆。

5）因特网访问设备，如电缆调制解调器或 DSL 调制解调器和通信电缆。

很多计算机在主机箱背面都有内置的以太网端口（RJ-45），这个端口看起来很像大一点的电话接口。

网络集线器是指连接有线网络中两个或多个网络结点的设备。在典型的网络中，集线器能从一台计算机接收数据，并将其广播至所有其他的网络结点。一些设备会收到本不属于它们的数据，而它们的网卡会过滤掉这些数据。

网络交换机是指一种更完善的连接设备，它只将数据发送到指定为目的地的设备。用交换机代替集线器可以提高网络的性能和安全性，因为数据不会不加选择地流向网络中的各个设备。

网络路由器（见图 8-7）则是指可以将数据从一个网络传输到另一个网络的网络设备。大多数路由器同时也是包含多个可以连接工作站端口的交换机。路由器特别适合用来将家庭网络连接到因特网。

图 8-7　以太网路由器

　　集线器、交换机或路由器需要为每一个用线连接到网络的设备提供一个端口。例如，一个价格便宜的路由器会有四或五个端口，用来连接网络设备，并且它会有一个广域网端口，专门用来将路由器连接到因特网。

　　以太网路由器可以提供 10/l00 Mbit/s 甚至千兆级别的数据传输速度。如果有千兆路由器并且所有网络计算机都有千兆以太网适配器，那么网络连接间的数据就能以千兆级别的速度传输。如果一些计算机拥有千兆适配器，而另一些只有 10/100 Mbit/s 的适配器，那么千兆路由器会以适合于各个适配器的速度传输数据。浪费带宽的情况只有一种，那就是在使用 10/100 Mbit/s 的路由器时，许多网络计算机使用的却是千兆以太网适配器。在局域网中配置高带宽设备，例如千兆以太网路由器和适配器等，对网络对抗游戏、视频会议和流视频播放等都有好处。

　　以太网中的设备一般是用网络电缆连接的，所有电缆的末端都为 RJ-45 接头。网络电缆包括四对铜线，每一对相互独立绝缘的电线缠绕在一起，即双绞线。每台工作站都需要一根电缆。

　　安装一个如图 8-8 所示的有线网络很简单，步骤如下：

1）在路由器和所有工作站或服务器之间布设电缆。
2）在路由器和连接因特网的设备之间布设电缆。
3）配置所有工作站。
4）配置路由器。

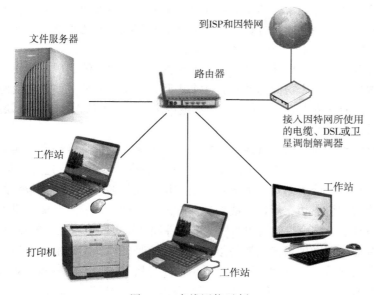

图 8-8　有线网络示例

　　在布设网线之前，要确保路由器、计算机和其他设备的电源都是关闭的。打开一个工作站并等待其启动时，操作系统会自动识别网络连接，不需要附加配置操作。

　　路由器的配置数据存储在它的 EEPROM 芯片里。为访问配置数据，需要打开浏览器，并在"地址"栏中输入路由器的地址，多数路由器使用 http://192.168.1.1 或 http://192.168.1.100 作为配置地址，可以通过检查路由器的文档来验证。最基本的配置操作是更改路由器的密码，这是为了防止他人擅自修改网络地址参数。为将网络连到因特网，可能还需要进行一些附加配置。

　　操作系统通常会在系统连接到网络时显示消息或图标来提示用户。Windows 会在任务栏中显示"本地连接"图标，用来显示有线网络的状态。

8.3　无　线　网　络

无线局域网（又称 WLAN）技术已经成为现在的趋势。无线局域网便于安装，但保护无线局域网不被入侵是很重要的。

8.3.1　无线网络基础

无线网络无须电缆或电线，通过无线电信号、微波或红外线等，就可以将数据从一个设备传输到另一个设备。无线网络的规模各异，从个人区域网到广域网，都能使用无线技术。

多数无线网络可以通过射频信号（即 RF signal，通常叫做无线电波）传输数据。射频信号是由带有天线的无线电收发器（发射机和接收器的结合体）发送和接收的。工作站、外围设备和网络设备等都能装上无线电收发器，从而发送和接收无线网络上的数据。

微波是通过无线网络进行数据传输的另一种选择。像无线电波那样，微波也是电磁信号，但它们的表现不同。微波可以精确地指向一个方向，并且与无线电波相比有更大的传输容量。但是，微波不能穿透金属物体，在发射机和接收器之间没有障碍时，微波传输效果最好。微波装置通常用于大公司内部网络的数据传输。

现在人们已经习惯于看电视时用发射红外线光束的遥控器来切换频道。红外线其实也能传输数据信号，但只能在较短距离内进行，并且从发射机到接收器的路线上不能有障碍。红外线最实际的应用就是在个人区域网的设备之间传输数据。

无线网络最显著的优点是可移动性，由于不受网络电缆的束缚，因此，由电池提供电源的无线设备可以很方便地从一个房间移动到另一个房间，甚至是室外。使用无线网络后，电缆的电流尖峰损坏工作站的现象也会大大减少。与有线网络相比，无线网络的主要缺点表现在速度、覆盖范围、授权以及安全等方面。

人们常常会感觉到无线网络比有线网络慢，这是因为无线信号容易受诸如微波炉、无绳电话之类设备的干扰。当干扰影响到无线信号时，数据就必须重新传输，这就要花费额外的时间。然而，即使受到干扰，无线网络对于大多数应用来说已经足够快了。通常最慢的无线局域网技术也要比大多数因特网服务快，所以无线局域网对因特网的访问速度总体来说不比有线局域网慢。但无线局域网对于局域网内的操作（如交换文件和共享打印机）来说就比较慢。

无线信号的覆盖范围受到很多因素的限制，例如信号类型、发射机功率强度以及物理环境等。就像广播电台的信号会随着听众远离广播信号发射塔而逐渐减弱一样，数据信号也会随着网络设备之间距离的增加而减弱。信号覆盖范围还受到较厚的墙壁、地板或者天花板等的限制。

无线信号可在空气中传播并能穿透墙壁。因此，从房屋外也可以访问携带无线数据的信号，这样就有可能造成非法存取文件、盗用因特网连接等。要使入侵者无法使用无线网络数据，就要对无线网络数据加密。

另外还有一个问题，就是授权。在多数频率（如无线电广播和电视使用的频率）上进行的广播都需要获得授权。只有特定的频率可以不经授权而用于公共事业（公用频率）。公用频率，例如无绳电话所使用的是 2.4 GHz，无线网络也使用公用频率。建立无线网络不需要申请许可，但有限的公用频率会很拥挤，相邻的家庭网络间不得不使用相同的频率，因此造成了安全风险。

目前，最流行的无线局域网技术是 Wi-Fi。诸如蓝牙、无线 USB（WUSB）和无线 HD（WiHD）

之类的无线技术对个人区域网（包含无线游戏控制器、MP3 播放器、电视机、打印机、数码照相机和扫描仪）来说是很有用的。其他城域网或广域网无线技术（如 WiMAX 和 Zigbee）通常用于固定因特网接入。

8.3.2 蓝牙技术

蓝牙（Bluetooth）技术的倡导者是几家世界著名的计算机和通信公司，如 IBM、Intel、爱立信、诺基亚、东芝、微软、3COM、朗讯、摩托罗拉等，他们采取了向产业界无偿转让该项专利技术的策略，以实现其全球统一标准的目标。

蓝牙是一种低功率、短距离无线连接的一个事实上的全球性技术标准，它无须通过电缆或用户的直接行为而在电子设备、数字设备之间建立连接，摆脱了曾经用来连接设备的各种电缆。蓝牙基于无线电波建立通信，其可靠性和保密性由独特的安全密钥和健全的加密机制来保证。

蓝牙网络有时也叫做微型网（plconet）。要组成网络，蓝牙设备会搜索覆盖范围内的其他蓝牙设备。当蓝牙设备彼此相距 10 m 以内时，蓝牙网络会在两个或多个蓝牙设备间自动形成，使得在其范围之内的各种移动便携设备都能无缝地实现资源共享。在侦测到其他蓝牙设备时，它通常会广播设备类型，例如，打印机、PC 或移动电话。在交换数据前，两个蓝牙设备的所有者需要交换密钥或个人身份识别号（PIN）。一旦交换了密钥，两个蓝牙设备就会形成一个可信赖配对，以后在这两个设备之间进行通信就不再需要重新输入密钥了。

蓝牙运行在 2.4 GHz 的公用频率下，所以任何人都能建立蓝牙网络。蓝牙通常用来取代将鼠标、键盘或打印机束缚在计算机上的短连接线。蓝牙也能用来连接个人区域网内的设备，连接家庭娱乐系统组件，让汽车驾驶员不用手就可以操作移动电话和无线耳机，以及在 PDA 和桌面基站之间进行同步等。一些外围设备里也内置了蓝牙功能。如果想实现计算机与这些设备的通信，可以使用各种扩展卡。蓝牙 2.1 传输速度的峰值只有 3 Mbit/s，覆盖范围大约是 1～91 m，而蓝牙 3.0 能使用 6～9 GHz 的频率范围，峰值传输速度能达到 480 Mbit/s。

8.3.3 Wi-Fi 技术

Wi-Fi 是指一组在 IEEE 802.11 标准中定义的无线网络技术，这些标准与以太网兼容。Wi-Fi 设备可以像无线电波（频率是 2.4 GHz 或 5.8 GHz）一样传输数据。目前人们提到的无线网络通常就是指 Wi-Fi。

Wi-Fi 包括很多标准，以 b、a、g、n 和 y 标识。其中一些标准是交叉兼容的，这就是说，在同一个无线网络中可以使用不同的标准。表 8-2 列出了每种 Wi-Fi 标准的规范。

表 8-2 Wi-Fi 标准

标 识 号	频率/GHz	通常能达到的速度/Mb/s	覆盖范围/m	优 缺 点
IEEE 802.11b	2.4	5	30～90	原始标准
IEEE 802.11a	5	27	8～24	与 b、g 或 n 不兼容
IEEE 802.11g	2.4	27	30～45	比 b 快并与之兼容
IEEE 802.11n	2.4/5	144	30～45	比 b 和 g 快，并与之兼容
IEEE 802.11y	3.6～3.7	27	4 800	用于大区域商用基站

在有线网络中评定的速度和覆盖范围一般与实际应用很接近，但无线网络的速度和覆盖范围通常只是理论上的最大值，因为无线信号很容易衰减。虽然从理论上讲 Wi-Fi 802.11n 可以达到 600 Mbit/s 的速度，但在实际应用中，它的速度通常只能达到 144 Mbit/s，这远慢于千兆以太网。

在普通的办公室环境中，Wi-Fi 的覆盖范围是 8～45 m。厚水泥墙、钢梁和其他的环境障碍物都会显著减少这个理论上的覆盖范围，因为信号不能可靠地传输。Wi-Fi 信号还会因为同频率电子设备（如 2.4 GHz 的无绳电话）产生的干扰而中断。

Wi-Fi 的速度和覆盖范围可以借助多种技术来提升。例如，多入多出（multiple-input multiple-output，MIMO）技术使用两根或多根天线在网络设备之间发送多组信号。

大多数笔记本式计算机的天线和无线电收发器是内置的。通常可以通过查看计算机的说明文档或屏幕上的实用程序来了解计算机是否具有使用无线网络的功能（见图 8-9）。

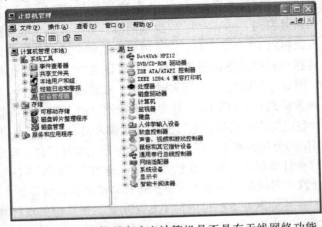

图 8-9　通过硬件列表确定计算机是否具有无线网络功能

现在多数计算机都配备了 Wi-Fi 功能。如果计算机没有 Wi-Fi 或者只带较慢 Wi-Fi 协议的电路，那么可以使用 Wi-Fi 适配器（又称 Wi-Fi 卡或无线网络控制器）升级。那些带 USB 接口的 Wi-Fi 卡可用于升级桌面计算机（见图 8-10）。

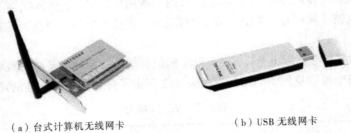

（a）台式计算机无线网卡　　　　　　　　（b）USB 无线网卡

图 8-10　无线网卡

有两种建立无线网络的方法（见图 8-11）。一种是建立无线点对点网络，其中的设备直接向其他设备广播信号，好处是开销小。因为如果设备预装了无线网络电路，那么用户就不需要额外的设备了。点对点网络的缺点在于因特网接入。虽然可以通过点对点网路接入因特网，但是必须指定一台网络中的计算机作为网关设备。这台用作网关的计算机需要一根电缆来连接因特网的调制解调器，并且网络中的计算机访问因特网时作为网关的计算机必须是开机的。

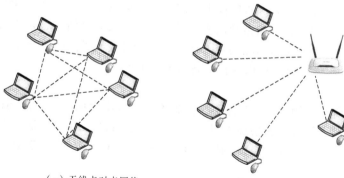

（a）无线点对点网络　　　　　　　　（b）无线集中控制网络

图 8-11　建立无线网络的方法

第二种选择是无线集中控制网络，它使用集中广播设备，例如无线接入点或无线路由器。无线接入点是指发射和接收无线信号的设备，而无线路由器则是指带有路由电路的无线访问点，它可以将 Wi-Fi 网络连接到因特网。无线路由器为因特网接入提供了最大的灵活性和最佳的安全选择。

8.3.4　3G 技术

第三代移动通信技术（3rd-generation，3G），是指支持高速数据传输的蜂窝移动通信技术。3G 服务能够同时传送声音及数据信息，速率一般在几百 kbit/s 以上。目前 3G 存在四种标准：CDMA2000、WCDMA、TDSCDMA 和 WiMAX。

相对于第一代模拟制式手机（1G）和第二代 GSM、TDMA 等数字手机（2G），第三代手机一般是指将无线通信与因特网等多媒体通信结合的新一代移动通信系统，它能够处理图像、音乐、视频流等多种媒体形式，提供包括网页浏览、电话会议、电子商务等多种信息服务。为此，无线网络必须能够支持不同的数据传输速度，也就是说在室内、室外和行车的环境中能够分别支持至少 2 Mbit/s、84 kbit/s 以及 144 kbit/s 的传输速度。

1．3G 的技术标准

国际电信联盟（ITU）在 2000 年 5 月确定 WCDMA、CDMA2000 和 TDSCDMA 三大主流无线接口标准，写入 3G 技术指导性文件《2000 年国际移动通信计划》（简称 IMT-2000）。

WCDMA，即 WidebandCDMA，又称 CDMADirectSpread（意为宽频分码多重存取），其支持者主要是以 GSM 系统为主的欧洲厂商，日本公司也参与其中，包括欧美的爱立信、阿尔卡特、朗讯、北电，以及日本的 NTT、富士通、夏普等厂商。这套系统能够架设在现有的 GSM 网络上，对于系统提供商而言可以较轻易地过渡，GSM 系统相当普及的亚洲对这套新技术的接受度会相当高。因此，WCDMA 具有先天的市场优势。

CDMA2000，又称 CDMAMulti-Carrier，由美国高通北美公司为主导提出，摩托罗拉、Lucent 和后来加入的韩国企业都有参与，韩国现在成为该标准的主导者。这套系统是从窄频 CDMAOne 数字标准衍生出来的，可以从原有的 CDMAOne 结构直接升级到 3G，建设成本低廉。但目前使用 CDMA 的主要地区是日本、韩国和北美，其支持者不如 WCDMA 多。不过 CDMA2000 的研发技术却是目前各标准中进度最快的，许多 3G 手机率先面世。

TDSCDMA 标准是由中国内地独自制定的 3G 标准，1999 年 6 月 29 日，由中国原邮电部电信科学技术研究院（大唐电信）向 ITU 提出。该标准将智能无线、同步 CDMA 和软件无线电等当今国际领先技术融于其中，在频谱利用率、对业务支持具有灵活性、频率灵活性及成本等方面的独特优势。另外，由于中国内在的庞大市场，该标准受到各大主要电信设备厂商的重视，全球一半以上的设备厂商都宣布可以支持 TDSCDMA 标准。

2．2.5G 技术

目前已经进行商业应用的 2.5G 移动通信技术是从 2G 迈向 3G 的衔接性技术，由于 3G 是个相当浩大的工程，所牵扯的层面多且复杂，要从 2G 迈向 3G 不可能一下子就能衔接，因此出现了介于 2G 和 3G 之间的 2.5G。HSCSD、WAP、EDGE、蓝牙、EPOC 等技术都是 2.5G 技术。

8.4　使用局域网

局域网和其他类型的网络已非常普及，通过提供共享资源（如授权网络用户可以访问的硬件、软件和数据）已经显著地改变了计算环境。局域网具有以下优点：

1）局域网能让人们协同工作。在使用群件和其他专用网络应用软件后，很多人可以一起同时处理同一个文档，通过电子邮件或即时消息进行联系，多人计算机游戏，或参与在线会议等。

2）共享网络化软件可以减少开支。虽然为整个局域网购买和安装同一份软件副本在技术上也许是可行的，但通常这种行为在单一用户许可协议的条款中是不允许的。但供网络使用的软件场所许可证通常还是比为每个网络用户购买单人版的软件要便宜。

3）在局域网上共享数据可以提高生产率。要在独立的计算机间交换数据，通常需要将文件复制到某种可移动的存储介质中，然后将它带到或邮寄到目标计算机，再将文件复制到目标计算机。而局域网可以让授权用户存取所有存储在网络服务器或工作站上的数据。

4）共享网络化硬件可以节省开支。共享网络化硬件可以使用更广泛的服务和特定的外围设备。例如，在办公室环境中，可以只购买一台彩色打印机，并将其连接到局域网，而不必为每一个需要进行彩色打印的雇员购买彩色打印机。

局域网的缺点之一在于：当网络发生故障时，所有资源都将不可使用，直到网络修复为止。局域网的另一个缺点是容易受到未经授权接入的攻击。与独立计算机易受内部盗窃或访问的攻击不同的是，网络计算机会受到来自很多来源和地区的未经授权接入的攻击。

8.5　Ad hoc 网络

Ad hoc 网络（见图 8-12）是一种具有特殊用途，没有有线基础设施支持的移动网络，IEEE 802.11 标准委员会采用 Ad hoc 网络来描述这种特殊的自组织对等式多跳移动通信网络。

Ad hoc 网络中的结点均由移动主机构成。它最初应用于军事领域，研究起源于战场环境下分组无线网数据通信项目，该项目由 DARPA（美国国防部高级研究计划局）资助，其后，又在 1983 年和 1994 年进行了抗毁可适应网络（SURAN）和全球移动信息系统（GloMo）项目的研究。由于无线通信和终端技术的不断发展，Ad hoc 网络在民用环境下也得到了发展，如需要在没有有线基础设施的地区进行临时通信时，可以很方便地通过搭建 Ad hoc 网络实现。

在 Ad hoc 网络中，当两个移动主机在彼此的通信覆盖范围内时，它们可以直接通信。但由于移动主机的通信覆盖范围有限，如果要进行通信的两个主机相距较远，则需要通过它们之间的其他移动主机的转发才能实现。因此，在 Ad hoc 网络中，主机同时还是路由器，担负着寻找路由和转发报文的工作。Ad hoc 网络中每个主机的通信范围有限，因此路由一般都由多跳组成，数据通过多个主机的转发才能到达目的地，故 Ad hoc 网络又称多跳无线网络。

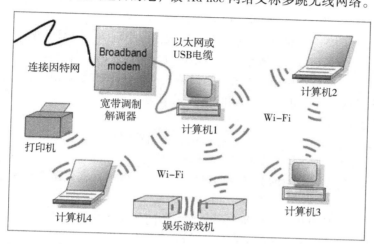

图 8-12　Ad hoc 网络示意

　　Ad hoc 网络可以看做移动通信和计算机网络的交叉。Ad hoc 网络使用计算机网络的分组交换机制，而不是电路交换机制，通信的主机一般是笔记本式计算机、PDA 等移动终端设备。

　　Ad hoc 网络不同于因特网环境中的移动 IP 网络。在移动 IP 网络中，移动主机可以通过固定有线网络、无线链路和拨号线路等方式接入网络，而在 Ad hoc 网络中只存在无线链路一种连接方式。在移动 IP 网络中，移动主机通过相邻的基站等有线设施的支持通信，在基站和基站（代理和代理）之间均为有线网络，仍然使用因特网的传统路由协议。而 Ad hoc 网络没有这些设施的支持。此外，在移动 IP 网络中移动主机不具备路由功能，只是一个普通的通信终端。当移动主机时并不改变网络拓扑结构，而 Ad hoc 网络中移动主机将导致拓扑结构改变。

8.6　习　　题

一、快速测试

1. 要连接到局域网，计算机需要网络电路，网络电路有时也称为网络_____卡。

2. 对等网络就是小型的客户端/服务器网络。对或错？_____

3. 通信_____（如 TCP/IP）为编码和解码数据、引导数据到达其目的地和减弱噪声的影响设定了标准。

4. _____交换网络可将消息分成小的包并基于"先到先服务"的原则进行处理，而_____交换网络可在两个设备之间建立专用连接。

5. DHCP 服务器可以将_____地址指定给网络工作站。

6. _____局域网可同时向所有网络链接广播数据包，并且使用 CSMA/CD 协议来处理冲突。

7. 家庭 PNA 网络可使用现有的电话线。对或错？_____

8. 快速以太网的速度是_____ Mbit/s。

9. 网络_____是能连接两个或多个有线网络结点，并向所有网络结点广播数据的设备。

10. _____可以连接局域网的结点，也能处理局域网和因特网之间传输的数据。

11. 现在最流行的无线局域网技术与以太网兼容，叫做_____。

12. _____、WUSB 和 WiHD 是用于个人区域网的小范围无线网络技术。

13. 在无线_____网络中，网络设备可不通过集中的广播设备而直接互相广播。

14. 无线_____网络可使用集中式广播设备，例如，无线接入点或路由器。

15. 在安装无线网络时，更改用户名和密码、创建唯一的_____和启用加密是很重要的。（提示：使用首字母缩写词。）

16. 网络可以提供共享_____，如打印机、应用软件和存储空间等。

17. 出于安全原因，不建议用户共享驱动器 C 的_____目录。

18. 在向连接到其他工作站的共享打印机发送打印任务前，首先需要确保在计算机上安装了打印机_____。

19. _____服务器是用来存储供网络工作站访问的文件的计算机。

20. 什么是蓝牙技术？它主要应用在哪些领域？_____

二、名词解释

网络设备是指可传播网络数据、放大信号或发送数据到目的地的某一电子设备。请指出下列设备的主要用途：

1. 集线器：_____

_____

2. 交换机：_____

_____

3. 路由器：_____

_____

4. 网关：_____

_____

5. 网桥：_____

_____

6. 中继器：_____

8.7 实验与思考：局域网基础

一、实验目的

1）熟悉局域网和无线局域网的基本概念。

2）了解无线网络的主要技术。

3）熟悉无线传统与移动通信的主要概念。

二、工具/准备工作

在开始本实验之前，请回顾本章的相关内容。

需要准备一台带有浏览器并能够访问因特网的计算机。

三、实验内容与步骤

1．分析并简述

1）举例说明：什么情况下使用集线器、交换机或者路由器？

_____

_____

_____

2）在配置网络路由时，什么情况下会发生"带宽浪费"？

_____

_____

_____

2．简述下列技术

1）蓝牙技术：_____

_____

_____

2）Wi-Fi 技术：_____

_____

_____

3）3G 技术：_____

_____

_____

_____

4）根据网络信息，分析上述无线技术的发展前景：

_____

_____

_____

3．支持 Wi-Fi 的主流品牌手机

请在网络上搜索支持 Wi-Fi 技术的主流品牌智能手机产品，并将相关信息记录在表 8-3 中。

表 8-3　支持 Wi-Fi 技术的主流品牌智能手机

品牌	品名	制　　式	操作系统	CPU	内存容量	
					ROM	RAM
苹果	iPhone4	GSM，WCDMA（联通 3G），UMTS	iOS 4	苹果 A4 1 GHz	16 GB	--

请记录：

1）如何理解智能手机的 ROM 和 RAM 内存参数？

_____

_____

2）通过产品搜索和性能对比，简述你的实验感想：

_____

_____

_____

请记录：操作能够顺利完成吗？如果不能，请分析原因。

四、实验总结

_____

_____

_____

五、实验评价（教师）

_____

_____

8.8　阅读与思考：3G 技术的起源

1942 年美国女演员海蒂·拉玛和她的作曲家丈夫提出了一个 Spectrum（频谱）的技术概念，这个被称为"展布频谱技术"（又称码分扩频技术）的技术理论在此后带给了我们这个世界不可思议的变化，就是这个理论最终演变成今天的 3G 技术，展布频谱技术是 3G 技术的基础原理。

海蒂·拉玛最初研究这个技术是为了帮助美国军方制造出能够对付电波干扰或防窃听的军事通信系统，因此这个技术最初是用于军事目的。二战结束后，因为暂时失去了价值，美国军方封存了这项技术，但它的概念已使很多国家对此产生了兴趣，多个国家在 20 个世纪 60 年代都对此技术展开了研究，但进展不大。

直到 1985 年，在美国的圣迭戈成立了一个名为"高通"的小公司（现成为世界五百强），这个公司利用美国军方解禁的"展布频谱技术"开发出一个被名为 CDMA 的新通信技术，而正是这项 CDMA 技术直接导致了 3G 的诞生。现在世界 3G 技术的三大标准：CDMA2000、WCDMA、TDSCDMA、都是在 CDMA 的技术基础上开发出来的，CDMA 是 3G 的基础，而展布频谱技术就是 CDMA 的基础原理。

海蒂·拉玛当时将这项技术送给美国政府时，希望能够对当时正如火如荼进行中的二次大战有所帮助。可是美国军方的科学家完全不把她的研究当一回事。美国军方甚至认为海蒂如果想要帮助美国，还不如多利用她的美貌和明星的地位帮助美国多卖一些政府公债。事实上，海蒂也真的帮忙卖了七百万美元的公债，而她和丈夫乔治的伟大发明，则一直处于被冷冻的状态。

最终，1942 年 8 月她获得了美国专利，在美国的专利局，曾经尘封着这样一份专利：专利号为 2 292 387 的"保密通信系统"专利，专利通过时间是 1942 年 8 月 11 日，申请时间是 1941 年 6 月 10 日，展布频谱技术（扩频技术 Spread Spectrum）。美国国家专利局网站上的存档，最初用于军事用途。这份专利拥有者的第二个人，她的丈夫乔治·安塞尔是当时小有名气的作曲家，而居于第一位的就是好莱坞历史上号称最富姿色的绝世女星——曾经以 50 岁高龄活跃在屏幕上的艳星，海蒂·拉玛（她用了半个世纪的艺名，真名是 Hedy Kiesler Markey，但人们只记住了她的艺名）。

海蒂·拉玛出生于奥地利，她的丈夫是作曲家乔治·安塞尔。1938 年她逃到伦敦，也把无线通信方面的"军事机密"带到了盟国。这些机密主要是基于无线电保密通信的"指令式制导"系统，用于自动控制武器，精确打击目标，但为了防止无线电指令被敌军窃取，需要开发一系列的无线电通信的保密技术——受过良好教育的她吸收了许多极具价值的前瞻性概念。

上帝的确是太偏爱这个女人了，除了惊人的美貌，更有惊人的头脑。她出身富贵，受过良好的教育，学的是通信专业。她精力过人，在好莱坞打拼之余，竟有了如此发明，令人莫名震惊！

海蒂·拉玛一生在娱乐杂志封面出现已经是司空见惯，这一回却出现在了科技杂志封面上，真是科技与美的完美结合！

资料来源：百度百科，http://baike.baidu.com/view/84273.htm

第**9**章

因特网与 Web 技术

20世纪70年代开始发展起来的因特网是一个遍及全球并且彼此可以相互通信的大型计算机网络，组成因特网的计算机网络包括小规模的局域网（LAN）、中等规模的城域网（MAN），以及大规模的广域网（WAN）等。这些网络通过普通电话线、高速专用线路、卫星、微波和光缆等不同传输介质，主要采用 TCP/IP（传输控制协议/因特网协议），把不同国家和地区的大学、公司、科研部门，以及军事机构和政府组织等连接起来，构成一个统一的整体。把网络中的信息资源组合起来，这是因特网的精华所在及其迅速发展的原因。因特网已经成为一个面向公众的社会性组织，世界各地数以亿计的人们可以通过因特网进行信息交流和资源共享。

9.1 因特网技术

因特网并不是由某一公司或者政府所拥有和运作的，它就是一种数据通信网络。随着时间的发展，在网络与网络及网络与因特网主干网互联时，偶然地形成了因特网现在的结构。

9.1.1 发展背景

因特网的历史始于 1957 年，美国政府决定致力于改善它的科技基础设施。美国高级研究计划署（ARPA）就是众多的发起者之一。

ARPA 积极参与了一个项目，这个项目可以用来帮助科学家们交流和共享有价值的计算机资源。1969 年架设的 ARPANET（网络）连接了加州大学洛杉矶分校（UCLA）、斯坦福研究所（Stanford Research Institute）、犹他州立大学（University of Utah）和加州大学圣巴巴拉分校（University of California at Santa Barbara）四个地方的计算机。1985 年，美国国家科学基金会（NSF）使用 ARPANET 技术架设了一个类似但更大的网络，它连接了多个地方的局域网。连接两个或多个网络就形成了"互联网"（internet，小写 i 开头），NSF 网络就是一种互联网。随着这种网络在世界范围内的发展，其名字逐渐演变成为"因特网"（Internet，大写"I"开头）。

早期的因特网先驱们（大部分是教育工作者和科学家）使用原始的命令提示符用户界面来发送电子邮件、传输文件以及在因特网中的超级计算机上进行科学计算。当时，由于没有搜索引擎，要找到有用信息不是一件容易的事情。

20 世纪 90 年代初期，软件开发者发明了用户界面友好的新式因特网接入工具，只要愿意按月缴纳订阅费用，每个人都可以获得因特网账户。如今，因特网已经可以连接全世界的计算机，为不同年龄、不同爱好、具有不同需求的用户提供相同或者不同的信息。

因特网是庞大的，据估计有 5 亿个结点和 15 亿以上的用户。尽管确切的数字无法确定，但据估计因特网每天处理的数据量大概超过了 1EB（Exabyte，艾字节）。1 EB 大概是 1 073 741 824 GB，这几乎是个让人难以想象的数据量。

9.1.2　因特网的基础结构

因特网主干网是指为在因特网上进行数据传输提供主路由所需的高性能通信链路的网络，一般由高速光纤链路和与光纤连接的高性能路由器组成，这些路由器用来指挥网络交通。以前，因特网的主干网就像是脊柱，其他网络则像肋骨一样随主干网延伸的方向连接。然而，现在的拓扑结构更像国家高速公路，有着许多连接点和许多冗长的路线。

因特网主干网的链路和路由器一般由网络服务提供商（network service provider，NSP）进行维护，其设备和链路通过网络接入点连接到一起。NSP 可以为大的因特网服务提供商（Internet service provider，ISP）提供因特网连接，以进一步向个人、企业和小型因特网服务提供商提供因特网接入服务。图 9-1 是一个简化了的因特网主干网及其组成部分的概念图，因特网主干网包括高速路由器和高速光纤链路。主干网的各个部分由不同的通信公司维护，通过网络接入点（NAP）连接到一起。

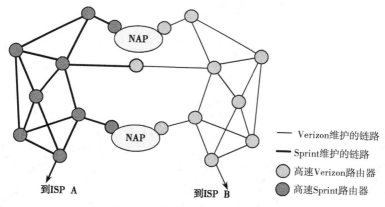

图 9-1　简化的因特网概念图

ISP 管理路由器、通信设备和其他的网络设备，这些网络设备能够在物理层面上处理用户和因特网之间传送与接收的数据。许多 ISP 还使用电子邮件服务器来处理用户传入和传出的邮件，有些 ISP 使用 Web 服务器来维护用户的网站。ISP 也可能使用服务器将域名地址转换成有效的 IP 地址。ISP 也可以维护聊天组、即时消息、音乐共享、FTP、流媒体视频（FLV），以及其他文件传输服务所使用的服务器（见图 9-2）。

为连接到 ISP，计算机需要使用某种通信设备，例如调制解调器。调制解调器包含一些电路，可以将来自计算机载有数据的信号转换成可以通过各种通信信道传输的信号。所使用的调制解调器的类型取决于 ISP 所能提供的因特网服务类型（如拨号、有线电视因特网服务、卫星因特网服务或 DSL 等）。

独立计算机可以使用调制解调器或者调制解调器与路由器的组合直接连接到 ISP。如果计算机处在网络中，则路由器通常会处理因特网连接。图 9-3 所示为了独立计算机因特网接入和局域网中的计算机因特网接入之间的区别。

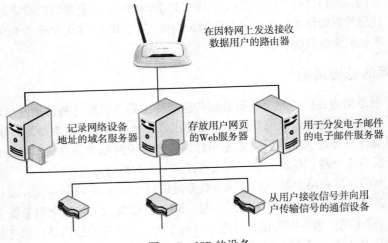

图 9-2 ISP 的设备

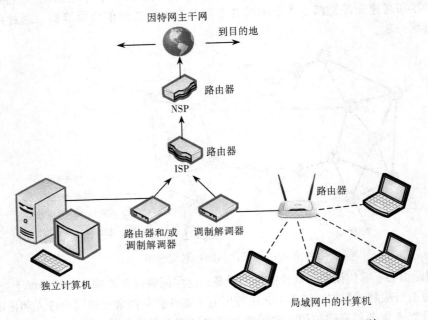

图 9-3 独立计算机与局域网中的计算机接入因特网的区别

9.1.3 因特网的网络结构

因特网具有分级的网络结构，例如，一般可分三层，最下面一层为校园网和企业网，中间层是地区网络，最上面一层是骨干网。

因特网采用一种唯一通用的地址格式，为因特网中的每一个网络和几乎每一台主机都分配了一个地址，地址类型有 IP 地址和域名地址两种。

1. 因特网协议

因特网使用多种通信协议来支持基础数据的传输和服务，如电子邮件、Web 访问和下载。表 9-1 简要地描述了一些因特网使用的主要协议。

表 9-1　因特网使用的协议

协　议	名　　　称	功　　　能
TCP	transmission control protocol，传输控制协议	创建连接并交换数据包
IP	Internet protocol，因特网协议	为设备提供为一地址
UDP	user datagram protocol，用户数据报协议	域名系统、IP 电话以及文件共享所使用的另一种不同于 TCP 的数据传输协议
HTTP	hypertext transfer protocol，超文本传输协议	在 Web 上交换信息
FTP	file transfer protocol，文件传输协议	在本地计算机和远程主机之间传输文件
POP	post office protocol，邮局协议	将电子邮件从电子邮件服务器传送到客户机收件箱
SMTP	simple mail transfer protocol，简单邮件传输协议	将电子邮件从客户机传送到电子邮件服务器
VoIP	voice over Internet protocol，因特网语音传输协议	在因特网上传送语音会话
IRC	Internet relay chat，因特网中继聊天	在线用户之间实时传送文本消息
BitTorrent	bittorrent，比特洪流	由分散的客户机而不是服务器来传输文件

TCP/IP 是负责因特网上消息传输的主协议组，协议组是指协同工作的相关协议的组合。TCP 能够将消息或者文件分成包，IP 负责给各个包加上地址以便使它们能够路由到其目的地。从实用角度看，TCP/IP 提供了一个易于实现、通用、免费并且扩展性好的因特网协议标准。

2．IP 地址

IPv4 的地址采用二进制表示，每个地址长 32 bit。在读写 IP 地址时，32 位分为 4 字节，每个字节转成十进制，字节之间用"."分隔。Internet NIC（因特网网络信息中心）统一负责全球 IP 地址的规划、管理。通常每个国家或地区成立一个组织，统一向国际组织申请 IP 地址，然后再分配给客户。由于网络的规模有较大差别，有的主机多，有的主机少，所以根据网络规模的大小将 IP 地址分为 A、B、C 三大类，此外还有 D、E 两类特殊 IP 地址。

A 类地址：该地址主要用于世界上少数的具有大量主机的网络，其网络数量有限，故仅有很少的国家或地区及网络才可获得此类地址。

B 类地址：此类地址用于适量的，规模适中的网络，但随着因特网的迅速发展，也已很难分配到此类地址。

C 类地址：主要用于网络数多、主机数相对较少的网络，每个网络最多不超过 256 台主机。

D 类地址：特殊的 IP 地址，用于与网络上多台主机同时进行通信的地址。

E 类地址：特殊 IP 地址，暂保留，以备将来使用。

3．域名地址

IP 地址是数字型的，一般难以记忆和理解，因此，因特网还采用另一套字符型的地址方案，即域名地址。它以具有一定意思的字符串来标识主机地址，IP 与域名地址两者相互对应，而且保持全网统一。一台主机的 IP 地址是唯一的，但它的域名地址却可以有多个。

DNS（domain name system）即域名系统，它是一个分层的名字管理查询系统，主要提供因特网上主机 IP 地址和主机名相互对应关系的服务，其通用的格式是：

第一级域名（地址右侧）往往表示主机所属的国家或地区及网络性质的代码，如中国（cn）、英国（uk）、商业组织（com）等。第二、三级是子域，第四级是主机。常见的二级域名包括：教育（edu）、网络（net）、科研（ac）、团体（org）、政府（gov）、商业（com）、组织（org）、军队（mil）等。我国各省、市、自治区则采用其拼音缩写，如 bj 代表北京、sh 代表上海等。

由于因特网主要是在美国发展起来的，所以美国的主机其第一级域名一般直接说明其主机性质，如 com、edu、gov 等，而不是地域代码。其他国家和地区第一级域名一般是其地域代码。

在我国，中国科学院计算机网络信息中心组建了中国因特网络信息中心（CNNIC），行使国家因特网信息中心的职责。CNNIC 最初的一项主要业务就是域名注册服务，对域名的管理严格遵守《中国因特网络域名注册暂行管理办法》和《中国因特网络域名注册实施细则》的规定。

9.1.4　WWW 的系统结构

WWW 的系统结构基于客户机/服务器模式。在服务器上存放着各种 HTML 编写的超文本/超媒体文件；在客户机，则有各种处理 HTML 文件的浏览器。客户机与服务器之间的通信按照 HTTP（hypertext transfer protocol）进行。当运行一个浏览器时，用户通过输入一个称为 URL 的 WWW 地址来指定其想要看的 Web 页，然后由浏览器向服务器指定数据类型，服务器取出该页并把数据动态地转换成客户机指定的格式。如果转换不成，服务器会反馈一个信息，这一过程又称"格式协商"。最后，服务器把 Web 页数据以客户指定的方式传给客户，并等待下一个指令。这样，一个服务器就能为多个客户机提取 Web 页，并将客户机请求排队，顺序进行。这种模式使 Web 页以一种格式存储，以多种格式发布。Web 页与平台和特定的数据格式无关，而客户又能以最佳的方式得到所需的资料。

统一资源定位符（uniform resource locator，URL）用来唯一和统一地定位在 WWW 上的资源位置，它是 URI（uniform resource identifier，统一资源识别符）的一种。其他类型的 URI 还包括社会保障号码和标识图书用的 ISBN（international standard book number，国际标准图书编号）。URL 由三部分组成，其格式如下：

```
Scheme://Host/path/filename
```

其中，Scheme 代表取得数据的方法或通信协议的种类，常见的有 http、news、gopher、WAIS、file 和 telnet，分别代表 WWW 服务器上的文件、新闻组服务器上的新闻组、gopher 服务器上的文件、WAIS 服务器上的文件、自己机器上的文件和 telnet 登录到另一个主机。URL 的 host 部分指定存放各种电子数据的服务器的网络地址。URL 的第三部分为文件或目录的路径名，它指定浏览器所访问的最终目标。图 9-4 展示了 URL 的各个部分。

http://www.cnn.com/showbiz/movies.htm

Web协议标准　　　　Web服务器名　　　　　文件夹名　　　　文件名和文件扩展名

图 9-4　URL 各部分意义

多数 URL 都是用 http:// 开头，以表明使用的是 Web 的标准通信协议。在输入 URL 时，通常可以省略 http://。URL 中不能含有空格，可以用下画线来替代单词间的空格；确保使用了正确的斜线（URL 中全是正斜线），并正确地输入了 URL 的大写字母。有些 Web 服务器是对大小写敏感的。

如果相关文件位于同一台主机甚至同一个目录下时，也可使用部分 URL。部分 URL 是以当前计算机上的位置作为指引浏览器的参考路径，所以又称相对 URL。

多数网站都有一个主页（又称首页），以充当站点其他页面的"指引入口"。术语"主页"有时也指打开浏览器时显示的页面。网站主页的 URL 通常是简明扼要的。

9.1.5　上行速度和下行速度

上行速度是指由用户计算机到因特网的数据传输速度，而下行速度则是指数据到达用户计算机的速度。许多 ISP 会限制用户与因特网之间的数据交换速度，以保证所有用户能共享到相同的带宽。在很多情况下，上行速度要远低于下行速度。在上行速度与下行速度不同时，用户所使用的是非对称因特网连接。而上行速度等于下行速度时，用户所使用的是对称因特网连接。

非对称连接会阻止用户架设可以传输大量上行数据的 Web 服务器或电子邮件服务器。对多数用户来说，非对称连接就足够了。

9.2　固定因特网接入

因特网最具挑战性的方面之一就是对服务提供商的选择，而固定因特网接入通常是连接到因特网的主要方式。

9.2.1　拨号连接

拨号连接是指使用语音频带调制解调器和电话线在用户计算机和 ISP 之间进行数据传输的固定因特网连接。许多 ISP 都能提供拨号因特网接入服务。拨号连接的服务费通常便宜但接入速度很慢。

使用拨号连接时，用户计算机上的调制解调器实际上是给其 ISP 拨打了一个普通电话。在 ISP 的计算机"应答"了这个呼叫后，用户计算机和 ISP 之间就建立了一个专用的电路——就像是拨打了一个语音电话，而 ISP 那边有人"接听"了电话一样。在呼叫期间，这个电路会一直连接着，并且在用户计算机和 ISP 之间的这个电路可以提供一条传送数据的通信链路。当用户数据到达 ISP 时，路由器把它转发到因特网上。

9.2.2　专线、ISDN 和 DSL

尽管电信公司提供的标准设备限制了可以发送和接收的数据量，但是电话系统所使用的铜线实际上可以提供相当大的容量。有几种服务（如专线、ISDN、DSL）就利用这种容量提供了高速语音和数据的数字通信链路。

用户可以直接向电信公司租用高容量专线，专线的速度范围是 1.544～274 Mbit/s。通常这些高速服务对于个人来说是很昂贵的，而企业则可租用专线以获得大量连接到因特网主干网的链路。

ISDN（integrated services digital network，综合业务数字网络）是指一种在普通电话线上以 64 kbit/s 或 128 kbit/s 的速度传输数据的固定因特网连接。ISDN 的速度是对称的，用户的上下行数据的传输速度相同。用户通常可以从本地电信企业那里获得这种服务。

和拨号连接一样，ISDN 用户需要使用电话线插口作为连接点，但用户不需要将其计算机连接到调制解调器，而是使用一种能传输数字信号的叫做 ISDN 终端适配器的设备。ISDN 终端适配器从技术上讲并不是调制解调器，因为它并不会调制和解调数据信号。

基础的 ISDN 服务就像拨号那样，只有在用户打开浏览器、电子邮件或其他因特网应用软件时才会进行连接，而在用户关闭那些应用软件后就会断开连接。但 ISDN 连接几乎是瞬时的，所以 ISDN 用户不需要为拨号和"握手"过程进行漫长的等待。一些 ISDN 提供商也会提供一种叫做持续在线动态 ISDN 的服务，只要计算机和终端适配器开着，就会一直保持到 ISP 的连接。但持续在线连接会使计算机容易被黑客入侵。

ISDN 允许用户的电话线在进行语音通话的同时进行数据传输。由于 ISDN 服务要比拨号快，有时也将其归类为高速因特网服务，但实际上它并不是真正的高速因特网连接（如 DSL 和有线电视因特网连接）。

DSL（digital subscriber line，数字用户线路）是指一种高速、数字化并且持续在线的因特网接入技术，它使用标准的电话线系统。这种技术存在几种变体，包括 ADSL（asymmetric DSL，非对称数字用户线路，下行速度比上行速度快）、SDSL（symmetric DSL，对称数字用户线路，下行和上行速度相等）、HDSL（high-rate DSL，高速数字用户线路）、VDSL（very high-speed DSL，极高速数字用户线路）以及 DSL lite（DSL 简化版）。常用 xDSL 泛指 DSL 技术的整个家族。

DSL 传入和传出本地电话交换站的数据都是以纯数字形式传输的，这样就规避了模拟—数字—模拟转换的瓶颈，避免了使用分配给语音传输的狭窄带宽，从而可以在标准的电话电缆上进行高速数据传输。

DSL 能将数字信号附加到普通电话线上未使用的频率范围中。如果 DSL 提供商允许的话，DSL 连接可以同时传输语音和数据。语音和数据信号通过电话线路传输到本地电话公司的交换站，在那里，语音信号与数据信号分离。语音信号被路由到普通的电话系统中，而数据信号被路由到 ISP，然后传输到因特网。影响 DSL 速度的因素有电话线路的特性以及计算机与电话公司交换站的距离等。

在许多地区，DSL 是由电信公司和 ISP 共同投资的，电信公司负责物理线路和语音传输，而 ISP 则负责数据传输。

9.2.3　有线电视因特网服务

所谓有线电视因特网服务（cable Internet service）是指建立在能提供有线电视服务基础设施上的持续在线宽带因特网接入。一些有线电视公司能提供按月计费的有线电视因特网服务，而在所有的因特网服务中，有线电视因特网现在能提供最快的接入速度。

有线电视系统本来是为了向无法使用天线接收电视广播信号的偏远地区传输电视信号而设计的，这些系统本来叫做公用天线电视（community antenna television，CATV）。公用天线电视的概念就是在社区中安装一个或多个规模庞大的碟形卫星天线，并用这些天线来接收电视信号，然后通过电缆系统将电视信号发送到各个家庭。有线电视系统的拓扑结构很像计算机网络的物理拓扑结构，所以可以利用有线电视网络来提供因特网服务，而用户的计算机可以连接到一个由有线电视基础设施的线路组建的邻里局域网中。

有线电视的同轴电缆或光缆除了能传输数字数据外，还具有传输数百甚至上千个频道电视信号的带宽的能力，可以同时为电视信号、输入数据信号和输出数据信号提供带宽。多数有线电视因特网服务是不对称的，上行速度要比下行速度慢很多，以避免用户架设公共的 Web 服务器。有线电视信号不太容易受环境干扰的影响，但数据传输速度会受用户使用的影响。用户与邻居共享的线路只有一定的带宽，如果越来越多的邻居同时使用这种服务，速度就会越来越慢。

在为计算机安装有线电视因特网服务时，用户的计算机实际上是接入到了有线电视网络的以太网类型的局域网中，这个局域网连接了许多邻近地区的有线电视用户。这种类型的连接有两个要求：处理以太网协议的电路和电缆调制解调器。电缆调制解调器将计算机的信号转变成可以在有线电视网络上传送的信号，多数用户都会从有线电视公司那里租用电缆调制解调器。

9.2.4　卫星因特网服务

多数人对通过个人碟形卫星天线接收电视节目的服务都很熟悉，卫星电视服务的公司也能提供因特网接入。卫星因特网服务是指使用个人碟形卫星传播信号而建立的持续在线、高速非对称的因特网接入。在很多农村地区，卫星因特网是除拨号连接外的唯一选择。

卫星因特网服务使用同步卫星在计算机和个人拥有的碟形天线间直接传输数据（见图 9-5）。在所有因特网接入服务中，卫星有着最大的覆盖范围和到达偏远地区的能力。ISDN 和 DSL 服务被限制在电信公司交换站附近方圆数千米的范围内，有线电视因特网服务被限制在提供了有线电视服务的地区，而任何与在轨卫星间没有障碍的用户都可以使用卫星因特网服务。地球同步轨道上的通信卫星与地球的自转同步运动，并始终出现在天空中的同一位置。

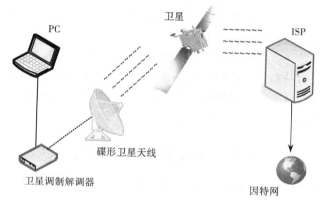

图 9-5　卫星因特网服务使用同步卫星在用户和 ISP 之间传输数据

卫星服务通常平均能提供 1～1.5 Mbit/s 的有效下行速度，但上行速度只有 100～256 kbit/s。卫星信号的发送和接收可能会很慢，且容易受不利天气情况的影响，这使得这种数据传输方式的可靠性比有线因特网接入服务要差。

卫星数据传输会有一秒或更长时间的延迟，这是由于数据要在计算机和距地面 35 719.8 km 的绕轨道运行卫星之间进行传送的缘故。延迟可能对一般的 Web 浏览和下载文件等影响不大，但对于需要快速反应的互动游戏和 IP 电话来说，这可能会成为一个致命的缺陷。

与有线电视因特网服务一样，卫星因特网服务数据传输的速度也可能会随着其他用户的加入而下降，因为卫星的带宽是由所有用户共享使用的。

碟形卫星天线和卫星调制解调器是卫星因特网接入所必需的两种设备，并且其设备和安装费用要比其他因特网服务的高。

9.2.5　固定无线服务

固定无线因特网服务（又称无线宽带服务）可以通过向能覆盖多数城市及边远地区的地理范围广播数据信号来为家庭和企业提供因特网接入。固定无线技术符合城域网（MAN）标准，这与诸如 Wi-Fi 之类符合局域网（LAN）标准的技术不同。最著名的固定无线标准之一就是 WiMAX，美国公司（如 Clearwire）和英国公司（如 FREEDOM4）提供了 WiMAX 服务。

WiMAX（worldwide interoperability for microwave access，全球微波互联接入）是指一种与以太网兼容的网络标准，它的 IEEE 标识号是 802.16。因为可以作为有线技术（如需要昂贵的基础设施建设费用的 DSL 和有线电视因特网服务）的替代选择，所以正在逐渐流行起来。WiMAX 可以部署在没有有线电视服务的农村地区，或是消费者远离使用 DSL 服务所需的电话交换站的地区。而在城市中，WiMAX 可以与其他因特网服务提供商形成良性竞争。

WiMAX 系统使用架设在发射塔上的 WiMAX 天线收发数据。每一个发射塔可以为一片大的地理区域内的用户提供服务。发射塔既可以向用户传输数据，也可以作为其他使用微波连接的发射塔的数据中继站，而且它们可以直接通过电缆连接到因特网的主干网。在距发射塔 5 km 的范围内，信号强度足够使非视线范围内的设备接收到信号，这一点类似于 Wi-Fi 接入点。而超出这个范围后，就需要使用天线了。

在理想情况下，WiMAX 能以 70 Mbit/s 的速度传输数据。但实际的速度会受到距离、天气和使用情况的影响。目前该项服务声称下行速度在 1～5 Mbit/s 之间。WiMAX 既可以作为对称服务，也可以作为非对称服务。固定无线技术比卫星因特网服务的延迟要短，而且通常可以提供适合在线游戏、IP 电话和电话会议使用的连接速度。

无线服务提供商通常会提供能够连接到用户计算机的无线调制解调器。这种调制解调器包括能接收无线接入点的信号和发送信号到无线接入点所使用的无线收发器，而无线接入点通常是设置在附近的通信发射塔上。在网络覆盖边缘的用户也可能需要在窗户或屋顶上架设天线，并且使天线架设在 WiMAX 发射塔的视线范围内。

9.3　移动因特网接入

随着时尚的笔记本式计算机、PDA、智能手机以及其他移动终端的流行，因特网用户呼唤着一种能让他们在访问在线信息和服务的同时自由漫步的服务。目前的技术还没有达到理想的"因特网无处不在"的境界，但尽管如此，现在可用的便携式以及移动因特网接入选择还是有一定价值的。

便携式因特网接入可以定义为能够方便地将因特网设备从一个位置移动到另一个位置的能力，其服务包括 Wi-Fi、便携式卫星因特网服务以及便携式无线因特网服务。

移动因特网接入是指在用户走动或者搭乘汽车、火车或飞机时可以为用户提供不间断的因特网连接。这和移动电话服务的理念非常相似，允许用户在网络的覆盖区域内自由移动，而且在从一个发射塔的覆盖区域移动到另一个发射塔的覆盖区域时信号不会中断。移动因特网接入包括 Wi-Fi、移动 WiMAX 和蜂窝宽带服务。

1. Wi-Fi 热点

所谓 Wi-Fi 热点是指公众可以访问能提供因特网服务的 Wi-Fi 网络的区域。目前人们通常可以在咖啡店、露营地、酒店、社区中心、大学校园和机场候机大厅等地方找到 Wi-Fi 热点，以使用便携式因特网接入。Windows 连接网络的实用程序会自动识别 Wi-Fi 网络并建立连接。

尽管 Wi-Fi 是一种常见的便携式因特网接入方式，但它并不能提供移动因特网接入，用户只能在网络热点的覆盖范围内保持连接。在从一个 Wi-Fi 网络移动到另一个 Wi-Fi 网络的过程中，Wi-Fi 会变得难用而且可能导致丢失数据包。

2. 便携式 WiMAX 和移动 WiMAX

WiMAX 可以被用作一种便携式技术，因为在发射塔的覆盖范围内的任何地点，用户都可以使用因特网接入服务。使用集成有天线的调制解调器的 WiMAX 用户可以方便地移动他们的因特网服务，只需将其调制解调器重新放置在服务提供商覆盖范围内的任何一个地方即可。

装有 WiMAX 的计算机可以让便携式因特网接入变得更简单。就像许多笔记本式计算机装配了 Wi-Fi 电路那样，生产商也可以为笔记本式计算机添加 WiMAX 电路和天线，这样就不需要外置调制解调器了。便携式 WiMAX 最大的优点就是：不管用户在家里还是在外面，都可以使用同一个因特网服务提供商。但 WiMAX 目前还没有被广泛使用，其覆盖范围有限。

3. 便携式卫星服务

WiMAX 和 Wi-Fi 热点能够为偏远地区和小型城镇提供信号覆盖，但通常不会延伸到很远的人烟稀少的地区。如果用户计划停留在一个固定的偏远地点，那么固定卫星因特网服务是一个好的选择。而如果是在多个偏远地区作远足旅行或是进行研究时需要因特网接入，则可以使用便携式卫星技术。

对便携式卫星因特网服务来说，卫星天线通常是架设在车辆上的。在车辆开动时碟形天线会被收起来，但只要车辆停下来就可以迅速架设好碟形天线。就像固定卫星碟形天线那样，便携式碟形天线也是能发送信号到同步卫星并接收来自同步卫星的信号。如果固定卫星碟形天线的朝向有所改变，它就不能准确地捕捉信号。而移动卫星服务所面临的挑战就是不管用户在什么地方使用，碟形天线都要确保始终能对准正确的朝向。

4. 蜂窝数据服务

如今，在许多国家和地区，蜂窝电话（即手机）的覆盖区域非常广阔，这项技术真正算得上是"移动"技术，用户可以在行走或乘坐移动中的车辆时使用蜂窝电话服务，从一个蜂窝区域移动到另一个区域的过程（信号不受干扰）真正实现了无缝衔接。使用蜂窝电话技术接入因特网可以提供很好的可移动性，这是当前多数有线或无线计算机网络技术所无法实现的。

多数蜂窝服务提供商能提供电子邮件和因特网服务。普通的蜂窝电话可以使用 WAP（无线接入协议）来访问一些经过专门设计的网站。

WAP 是一种通信协议，它可以为手持设备（如蜂窝电话）提供因特网接入。具有 WAP 功能的设备包含一个微型浏览器，它可以显示简化版的常见网站，WAP 设备也带有适合小的低分辨率屏幕使用的电子邮件软件。

实现"真正的"因特网访问需要一种与 WAP 方式所不同的方式。蜂窝服务提供商提供的真正的因特网数据服务称为移动宽带服务。宽带接入需要快速的连接、数据服务费以及移动宽带设备。

9.4　Web 技术

1990 年，英国科学家 Tim Bemers-Lee 制订了 URL、IITML 以及 HTTP 技术规范，他希望这三种技术能够让研究人员通过建立访问一种电子文档的 Web 来共享信息。Berners-Lee 的免费 Web 软件于 1991 年在因特网上出现，但是直到 1993 年马克·安德森（Marc Andreessen）和他的同事在伊利诺斯大学开发出图像浏览器 Mosaic 后，Web 才真正开始腾飞。之后，Andreesen 建立了自己的公司并开发了名为 Netscape 的浏览器。正是 Netscape 浏览器把 Web 推到了数以百万计的 Web"冲浪者"面前。

9.4.1　Web 基础

作为因特网最有魅力、最吸引人的地方之一，WWW（World Wide Web，又称"万维网"）

是指能通过 HTTP 协议在因特网上连接和访问的文档、图像、视频和声音文件的集合。

虽然术语"因特网"和"Web"有时被混用,但两者其实是不同的。Web 是互连信息的集合,而因特网是一个通信系统,其用途是把计算机上的信息传输到需要查看该信息的客户端。

网站通常会包含有一系列经过组织和格式化的相关信息,用户能使用浏览器软件访问这些信息。网站也可以提供基于 Web 的应用。除了提供基于文本的信息和新闻的传统网站外,还有其他各种网站。业余视频、图片和音乐类的网站能获得很大的流量。网上购物是一种很流行的基于 Web 的活动,从小型的淘宝商店到亚马逊(Amazon.com)大型超市以及数不清的 eBay 拍卖,用户几乎可以在 Web 上找到各种商品或服务。

许多网站还为用户提供了创建个人博客和查看他人博客的工具。Web 上也有数量繁多的播客。播客是指通过下载或使用 RSS(really simple syndication,真正简单聚合)或"订阅"服务传播的音频文件。用户可以选用一种订阅服务来确保自己可以自动收到新制作的播客。播客已经广泛地用来传播新闻、体育、音乐、教育指导以及博客。视频广播则和播客类似,只不过它传播的是视频而不是音频。

博客、社交网站和 Web 应用有时也被定义为 Web 2.0。Web 2.0 乍看起来像是 Web 的新版本,实际上它不过是指代一些新兴的对 Web 的创造性使用方式。Web 2.0 和"旧"Web 所使用的都是同样的因特网通信体系。

所有在网站上的行为都是在 Web 服务器的控制之下进行的。Web 服务器是指连接到因特网能接收浏览器请求的计算机。服务器会收集被请求的信息,并将这些信息按照浏览器可以显示的格式(通常是以网页的形式)传回浏览器。

当浏览器有新版本时,应该对现有的浏览器进行升级。浏览器的更新一般都是免费的,用户只需要花几分钟的时间下载和安装,就能够使浏览器拥有最新的功能。

9.4.2　实时消息

基于网络的实时消息系统可以让在线的人互发短消息。一对一地发送消息称为即时消息(instant messaging,IM),而群组通信则称为聊天。

每天会有数以百万计的人使用消息系统,例如 AOL Instant Messenger(AOL 即时通)、Yahoo! Messenger(雅虎通)和 Windows Live Messenger、QQ 等。一些系统会提供语音消息选项,这样就可以通过连接到计算机的传声器互相对话,也可以通过参与双方都有的连接到计算机的摄像头交流视频消息。

如果正在使用消息服务,应该采取措施保护计算机以及隐私的安全。即时消息系统是很脆弱的,因为即时消息病毒和间谍软件很可能隐藏在消息中的链接所指向的文件中。要免受病毒的侵扰,就要确保启用了最新的杀毒软件,还要使用反间谍软件,并且一定不要打开来历不明的文件,也一定不要点击来历不明的链接。

9.4.3　VoIP

VoIP(voice over Internet protocol,IP 电话)是指一种使用宽带因特网连接代替普通电话系统进行电话通话的技术。最早的 VoIP 是计算机到计算机的连接,其工作方式更像是带语音功能的即时消息,而不像传统的电话通话。但现在的 VoIP 系统还允许用户使用标准电话机听筒来打电话或接电话,它们也可以让用户将固定电话机收到的电话转接到标准电话机上。

　　VoIP 系统的工作原理是：将语音通信转换成数据包，IP 地址被附加在每个包上。例如，如果用户正在通过基于计算机的 VoIP 给朋友打电话，那么朋友的 IP 地址就会被附加在数据包上。如果通话对象使用的是固定电话，或是其他没有 IP 地址的电话，那么 VoIP 包上附加的地址就是可将包通过所需的固定电话线路路由到其目的地的服务 IP 地址。

　　如果需要给固定电话的用户打电话，就需要注册服务提供商如 Skype（见图 9-6）之类的 VoIP 服务。多数提供有线电视因特网服务的 ISP 也能提供 VoIP 服务。VoIP 服务会收取固定的月费，以处理基于因特网的电话数据与本地电话公司互联的问题。在登入 VoIP 服务后，用户会得到一个指定的标准电话号码。而用户还会发现这个号码也是有区号的，但这个区号不一定是所在地的普通电话所使用的区号。

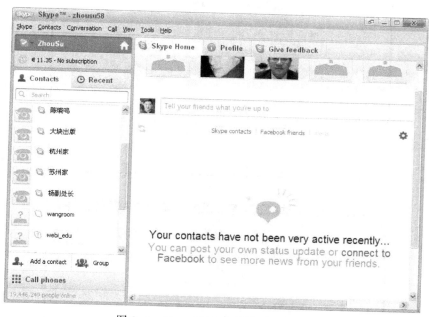

图 9-6　Skype VoIP 电话的对话窗口

　　VoIP 就像使用普通电话那样，几乎能拨打世界各个国家和地区的电话，用户在缴纳月费或年费后，基本上就可以不受限制地使用 VoIP 服务拨打本地或长途电话。这就是说，没有时间的限制，没有漫游费，没有额外的国内外长途电话费。

9.5　搜索引擎与电子邮件

　　Web 中包含有数以亿计的页面，它们存储在遍布世界各地的服务器上。不过要使用这些信息，就必须找到它们。想要找到基于 Web 的信息的位置是很难的，用户希望发现的特定事实，可能位于某台地理位置偏僻的服务器上，也可能深藏在某个大型电子商务网站文件夹的结构中。Web 冲浪者可依靠搜索引擎来在浩如烟海的 Web 信息中导航。

9.5.1　搜索引擎基础

　　Web 搜索引擎（通常简称为"搜索引擎"）是指一种通过形成简单的关键字查询来帮助人们定位 Web 上的信息的程序。作为对查询的响应，搜索引擎会把结果或"命中"以相关网站列表的形式显示出来,并且还带有到源页面的链接以及包含关键字的简短摘录。

常用的搜索引擎是存放在网站上的,例如 www.google.com.hk、www.yahoo.com、www.soso.com 等。通常情况下,图书索引能帮助读者找到含有特定词语或概念的书页,而搜索引擎能帮助 Web 冲浪者链接到包含他们所找信息的网页。但与书本不同的是,Web 上的信息量实在大得惊人,根本不可能通过手工对其按目录分类,所以是由搜索引擎软件来完成这项工作(见图 9-7)。

(a)搜搜

(b)百度

图 9-7 常用的搜索引擎网站

可以简单地认为 www.google.com.hk 就是搜索引擎,但更确切地说,它是一个提供搜索引擎访问的网站。搜索引擎是在幕后从 Web 上收集信息、编制索引、查找和排列信息的程序,包括 Google 在内的一些网站使用的是自有版权的搜索引擎,而其他网站则会付费使用第三方搜索技术。搜索引擎技术还可以与电子商务和公司网站等结合起来使用。

搜索引擎包含有四个组件:爬网程序、索引程序、数据库和查询处理器。爬网程序会遍寻

Web 以收集描述网页内容的数据。索引程序会处理爬网程序收集来的信息，将其转换成存储在数据库中的关键字列表和 URL 列表。而查询处理器允许用户通过输入关键字访问数据库，然后会产生一个网页列表，列表中包含有与查询相关的内容。

9.5.2　爬网程序

爬网程序（Web crawler）有时也叫蜘蛛程序（Web spider），它是指一种能自动而有条不紊地访问网站的计算机程序。爬网程序可以在它们访问网站时进行各种活动，不过对搜索引擎来说，爬网程序只会下载网页，并将其提交给索引程序处理。

爬网程序会从一个可访问 URL 的列表开始，在复制完指定 URL 的材料后，继续查找超文本链接并将其添加到这个可访问 URL 的列表。为了尽可能高效地覆盖 Web，爬网程序可以并行地进行多个处理。尖端的算法可以保证处理不重叠、不陷入死循环，并且不会试图抓取由服务器端脚本动态生成的网页。

高性能的爬网程序一天能访问数以亿计的网页，但那些页面也只是整个 Web 的冰山一角。研究人员估计即使是覆盖面最广的搜索引擎也只覆盖了 Web 不到 20% 的部分。每一种搜索引擎似乎所关注的网站集都有细微差别。在不同搜索引擎中输入相同的搜索会产生不同的结果，所以有时可以尝试多种搜索引擎。

爬网程序通常不会从不可见的网站上收集材料。所谓不可见是指受到密码保护的页面，或是由服务器端脚本动态生成的页面。动态生成网页潜在的数量（如亚马逊网站根据它的仓储数据库能生成的所有可能的页面）十分巨大，要编索引根本不可行。如果要访问与电子商务商品或图书目录相关的信息，也许需要直接访问商家或图书馆的网站，并使用它们所提供的搜索工具。搜索引擎会使用多种算法来刷新它们的索引。搜索引擎的爬网程序访问网页的次数各有不同，这取决于多种因素，如页面的更新频度和网站的受欢迎程度等。

9.5.3　电子邮件

人们对因特网的真正应用始于电子邮件（E-mail）。如今，任何人只要有电子邮件账号即可发送和接收电子邮件。电子邮件账号为用户提供了存储空间或"邮箱"的使用权利，它一般由电子邮件提供商（如 ISP）提供。每个邮箱都有唯一的地址，一般由用户 ID、@符号以及维护邮箱的计算机名称组成。例如，zhousu@qq.com。

电子邮件是指在计算机上撰写、以数字或"电子"形式保存并能够传送到另一台计算机上的文档。消息头包括收件人的电子邮件地址和消息主题，以及文件附件的名称。电子邮件的基本功能包括撰写、阅读、回复、保存、打印、删除以及转发。

任何随电子邮件一同发送的文件都叫电子邮件附件。一种称为 MIME（multi-purpose Internet mail extensions，多用途因特网邮件扩展）的转换过程可巧妙地将数码相片、声音和其他媒体文件伪装成普通的 ASCII 码格式的文本，然后将其作为电子邮件附件在因特网上传输。电子邮件头中合成有电子消息，可向电子邮件客户端软件提供相关信息，用于把附件还原成其原有形式。

除了附件和 HTML 格式外，电子邮件系统一般还具有维护地址簿等多种功能。

现在广泛使用的电子邮件系统有三种：POP、IMAP 和 Web 电子邮件。POP（post office protocol，邮局协议）可将邮箱的新邮件暂时存储在电子邮件服务器上，当用户连接 ISP 或是查看电子邮箱时，新邮件就会被下载并存储到自己的计算机上。IMAP（Internet messaging access protocol，因特网消息存取协议）是类似于 POP 的协议，POP 可选择把邮件下载到用户的计算机或者留在服务器上，而 IMAP 却不能。Web 电子邮件则会将邮件保留在网站上，用户可以使用标准 Web 浏览器访问。

9.6　习　　题

1. 因特网_____是指为因特网上的数据传输提供主路由所需的高性能通信链路的网络。

2. _____是指向个人、企业和小型 ISP 提供因特网接入的公司。

3. 在因特网上，_____可以将消息分成包，_____负责为每个包添加地址使它们能被路由到其目的地。

4. 因特网上作为服务器的计算机使用_____ IP 地址，而多数其他计算机使用_____ IP 地址。

5. 若上行速度和下行速度不同，那么用户使用的是非对称因特网连接。对或错？_____

6. 持续在线连接包括拨号、DSL、有线电视因特网服务和专线。对或错？_____

7. 卫星因特网服务通常有很长的_____率，这使卫星因特网服务不适合用来进行在线游戏和使用 IP 电话。

8. _____支持 IEEE 802.16 标准，是最有前途的固定无线因特网技术之一。

9. _____因特网接入可以定义为能在不同地点间很容易地移动因特网服务的能力。

10. Wi-Fi_____是指公众可以接入提供因特网服务的 Wi-Fi 网络的区域。

11. 用来提供给 ISP 和移动电话运营商使用的移动_____是一种前途光明的标准，因为它能在不同发射塔的覆盖范围间提供无缝的因特网接入。

12. _____是指为带有有限尺寸的屏幕和蜂窝电话式键盘的手待设备提供因特网接入的协议。

13. EV-DO、_____和 HSUPA 都是移动宽带因特网服务的例子。

14. 一对一发送消息称为即时消息（IM），而群组通信称为_____。

15. 可以使用 VoIP 呼叫其他计算机，因为它是一种因特网服务，但不能使用 VoIP 呼叫固定电话。对或错？_____

16. _____能够在不直接接触远程计算机的操作系统或文件管理系统的前提下，使上传或下载远程计算机上的文件变得容易。

17. 在输入 URL 时一定要记得：URL 绝对不能包含_____，即使是在标点符号的后面。

18. _____程序是指一种可以扩展浏览器处理多种格式文件功能的程序。

19. _____是指一种用来有条不紊地访问网站、抓取网页并将其提交到索引程序进行处理的计算机程序。

20. 标示引用语、相片、视频、音乐或作品摘录来源的信息叫做_____。

21. 在电子邮件地址中，_____符号可以把用户 ID 与电子邮件服务器的名称分隔开来。

22. 电子邮件附件通常使用_____进行转换，它可将媒体文件和其他文件伪装成普通ASCII 码格式的文本。

23. 如果希望电子邮件中包含各种字体、字体颜色和图片，可以使用_____格式的电子邮件。

24．存储_____电子邮件技术在邮件被传送到用户的计算机上之前，可先将邮件存储在电子邮件服务器上。

25．在许多基于客户端的电子邮件系统中，_____服务器可处理发送出去的邮件，而或 IMAP 服务器可处理新收到的邮件。

9.7　实验与思考：网络通信管理

一、实验目的

1）学习和熟悉因特网与 Web 技术的相关概念和知识。

2）了解网络通信管理的基本概念与方法。

3）通过因特网搜索与浏览，了解网络环境中主流的网络通信测试技术网站，尝试通过专业网站的辅助与支持来学习和开展网络通信管理应用实践。

二、工具/准备工作

在开始本实验之前，请回顾本章的相关内容。

需要准备一台带有浏览器并能够访问因特网的计算机。

三、实验内容与步骤

1．因特网技术的基本概念

请参考书籍或者网络搜索，熟悉并解释下列因特网技术名词：

1）Wi-Fi 热点：_____

_____

2）移动 IP：_____

_____

3）移动因特网接入：_____

_____

4）蜂窝技术：_____

_____

5）WAP 技术：_____

_____

6）3G 技术：_____

_____

7）搜索引擎：_____

_____

8）实时消息：_____

_____

9）VoIP：_____

_____

10）FTP：_____

2．上网搜索和浏览

看看哪些网站在做着网络测试的技术支持工作。在本次搜索中，建议使用的关键词是：网络测试、网络测试技术、网络测试软件。请在表 9-2 中记录搜索结果。

> **提示：**
> 一些网络测试技术专业网站的例子包括：
> http://www.anheng.com.cn/ （安恒公司——网络健康专家）
> http://www.enet.com.cn/ （硅谷动力——中国 IT 信息与商务门户）
> http://www.fluke.com.cn/ （美国福禄克（中国）公司）

表 9-2　网络测试技术专业网站实验记录

网 站 名 称	网 址	主要内容描述

请记录：

在本实验中你感觉比较重要的两个网络测试技术专业网站是：

1）网站名称：_____

2）网站名称：_____

3．关于 Ping 命令

Ping 命令是 Windows 操作系统中集成的一个专门用于 TCP/IP 的探测工具。只要是应用 TCP/IP 的局域或广域网络，当客户端与客户端之间无法正常进行访问或者网络工作出现各种不稳定的情况时，都可以先试试用 Ping 命令来确认并排除问题。Ping 命令从测试端向接收端发送一个或几个数据包，接收端收到该数据包后，及时将包传回来，以此来确认网络延迟。

利用 Ping 命令对网络的连通性进行测试，一般有五个步骤：

1）使用 ipconfig /all 观察本地网络设置是否正确。

2）Ping 127.0.0.1，127.0.0.1 回送地址 Ping 回送地址是为了检查本地的 TCP/IP 有没有设置好。

3）Ping 本机 IP 地址，这样是为了检查本机的 IP 地址是否设置有误、网卡是否正常工作。

4）Ping 本网网关或本网 IP 地址，这样的是为了检查硬件设备是否有问题，也可以检查本机与本地网络连接是否正常。（在非局域网中这一步骤可以忽略）

5）Ping 远程 IP 地址，这主要是检查本网或本机与外部的连接是否正常。

4．用 Ping 命令进行网络延迟测试

网络延迟是指信息从网络的发送端到接收端所耗费的时间。常用的网络延迟测试技术中，最简单的就是用 Ping 命令对网络延迟进行动态测试，其他技术还有利用 FLUKE 设备对网络连接线缆进行静态测试等。

请按以下步骤执行操作：

步骤 1：了解 Ping 命令的语法格式。

Ping 命令的语法格式是：

ping 目的地址[参数 1][参数 2]…

其中，目的地址是指被测试计算机的 IP 地址或域名。主要参数有：

a：解析主机地址。

n：数据，发出的测试包的个数，默认值为 4。

l：数值，所发送缓冲区的大小。

t：继续执行 Ping 命令，直到用户按<Ctrl+C>组合键终止。

有关 Ping 的其他参数，可通过在 Windows 命令提示符窗口中运行 ping 或 ping-?命令查看。Ping 命令虽然简单，但实际运用起来却是作用非凡。

用 Ping 命令检查网络服务器和任意一台客户端上 TCP/IP 的工作情况时，只要在网络中其他任何一台计算机上 Ping 该计算机的 IP 地址即可。

步骤 2：

方法一：在"开始"菜单中单击"运行"命令，接着在对话框中输入

ping 211.90.238.141 –t

(与浙江大学城市学院网站 www.zucc.edu.cn 的 IP 地址进行检查和延迟测试)

也可以是：

ping www.zucc.edu.cn -t

如果该网站的 TCP/IP 工作正常，就会以 DOS 屏幕方式显示相关信息。

请分析：这里，Ping 命令为什么要加上"–t"参数？

方法二：依次选择"开始"→"所有程序"→"附件"→"命令提示符"命令，打开"命令提示符"窗口。

在"命令提示符"窗口中输入命令：

C\> ping 211.90.238.141

按<Enter>键，屏幕显示 TCP/IP 工作情况和延迟测试结果如图 9-8 所示。图中，times＝××ms 就是网络延迟时间。

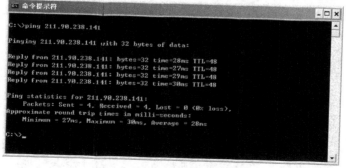

图 9-8　Ping 命令测试结果

以上返回了四个测试数据包，其中，bytes=32 表示测试中发送的数据包大小是 32 B，

time=28ms 表示与对方主机往返一次所用的时间为 28 ms，TTL=48 表示当前测试使用的 TTL（Time to Live）值为 48（系统默认值）。

步骤 3：在实验终端上执行 Ping 命令，并记录你的实验操作结果。

1）尝试进行 Ping 命令进行延迟测试的网站是：＿＿＿＿＿＿＿＿＿＿＿＿＿＿＿＿＿＿

该网站的 IP 地址是：＿＿＿＿＿＿＿＿＿＿＿＿＿＿＿

2）Ping 命令操作是否成功？　　□ 成功　　　□ 不成功

如果没有成功，你分析认为其原因是什么？＿＿＿＿＿＿＿＿＿＿＿＿＿＿＿＿＿＿＿＿＿

＿＿＿＿＿＿＿＿＿＿＿＿＿＿＿＿＿＿＿＿＿

如果成功，延迟测试的结果是：

数据包：发送（Packets）：＿＿＿＿＿＿＿＿；接收（Received）：＿＿＿＿＿＿＿＿；

　　　　丢失（Lost）：＿＿＿＿＿＿＿＿（丢失率：＿＿＿＿＿＿＿＿％）。

延　迟：最小（Minimum）：＿＿＿＿＿＿＿＿ms；最大（Maximum）：＿＿＿＿＿＿＿＿ms；

　　　　平均（Average）：＿＿＿＿＿＿＿＿ms。

5. 用 Ipconfig/Winipcfg 命令检查 TCP/IP 配置

与 Ping 命令有所区别，利用 Ipconfig 和 Winipcfg 命令可以查看和修改网络中 TCP/IP 的有关配置，如 IP 地址、网关、子网掩码等。这两个命令功能基本相同，只是 Ipconfig 以 DOS 字符形式显示，而 Winipcfg 则用图形界面显示。但是，在 Windows XP 下只有运行于 DOS 方式的 Ipconfig 工具。

步骤 1：Ipconfig 命令的语法格式。

Ipconfig 可运行在 Windows 的 DOS 提示符下，其命令格式为：

`Ipconfig[/参数 1][/参数 2]…`

其中，all 参数显示了与 TCP/IP 相关的所有细节，包括主机名、结点类型、是否启用 IP 路由、网卡的物理地址、默认网关等。其他参数可在"命令提示符"窗口中输入 Ipconfig /?命令来查看。

步骤 2：Ipconfig 是一款网络侦察的利器，尤其当用户网络中设置的是 DHCP（动态 IP 地址配置协议）时，利用 Ipconfig 可以很方便地了解 IP 地址的实际配置情况。例如，在某客户端上运行 Ipconfig /all 命令，屏幕显示该机器 TCP/IP 配置情况如图 9-9 所示。

图 9-9　Ipconfig 命令检查结果

步骤 3：在实验终端上执行 ipconfig /all 命令，并记录实验操作结果。

Windows IP Configuration（Windows IP 配置）

 Host Name（主机名）................................:

 Primary Dns Suffix（主 DNS 后缀）...............: （略）

 Node Type（结点类型）..........................:

 IP Routing Enabled（IP 路由激活）..............:

 WINS Proxy Enabled（WINS 域名解析代理激活）...:

Ethernet adapter（以太网适配器）<网络名称>：

 Connection-specific DNS Suffix（连接特性 DNS 后缀）：（略）

 Description（说明）.............................:

 Physical Address（物理地址）....................:

 Dhcp Enabled（DHCP 激活）.......................:

 IP Address（IP 地址）...........................:

 Subnet Mask（子网掩码）.........................:

 Default Gateway（缺省网关）.....................:

 DNS Servers（DNS 服务器）.......................:

6. 用 Netstat 显示 TCP/IP 统计信息

Netstat 命令也是运行于 Windows "命令提示符" 窗口的工具，利用该工具可以显示较为详尽的统计信息和当前 TCP/IP 网络连接的情况。当网络中没有安装其他特殊的网管软件，但要详细了解网络的整个使用状况时，就可以使用 Netstat 命令。

步骤 1：Netstat 命令的语法格式

Netstat [-参数 1][-参数 2]…

其中，主要参数有：

a：显示所有与该主机建立连接的端口信息。

e：显示以太网的统计信息。该参数一般与 s 参数共同使用。

n：以数字格式显示地址和端口信息。

s：显示每个协议的统计情况。这些协议主要有 TCP（transfer control protocol，传输控制协议）、UDP（user datagram protocol，用户数据报协议）、ICMP（Internet control messages protocol，因特网控制报文协议）和 IP（Internet protocol，因特网协议），其中前三种协议平时很少用到，但在进行网络性能评析时却非常有用。其他参数可在 "命令提示符" 窗口中输入 netstat -?命令来查看。

另外，在 Windows 环境下还集成了一个名为 Nbtstat 的工具，此工具的功能与 Netstat 基本相同，如需要，用户可通过输入 nbtstat -?来查看其主要参数和使用方法。

步骤 2：如果用户想要统计当前局域网中的详细信息，可通过输入 netstat -e -s 来查看。为此，在某客户端的 "命令提示符" 窗口中运行 netstat -es 命令，屏幕显示该机器的 TCP/IP 统计信息如图 9-10 所示。

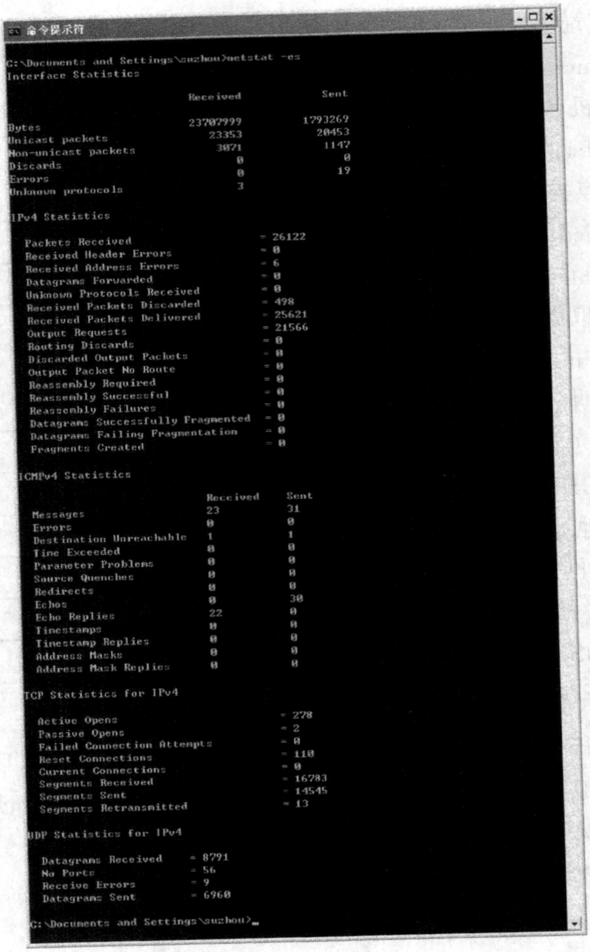

图 9-10　netstat 命令检查结果

步骤 3：请在你的实验机器上执行 netstat –es 命令，并将你的实验操作结果与图 9-10 进行对照，基本一致吗？如果有不同，你理解其中的具体意义吗？

_____

_____

四、实验总结

_____

_____

_____

五、实验评价（教师）

_____

_____

9.8 阅读与思考：数字地球——21 世纪认识地球的方式

数字地球——21 世纪认识地球的方式是美国前副总统戈尔（Al GORE）于 1998 年 1 月 31 日在美国加利福尼亚科学中心发表的 The Digital Earth: Understanding our planet in the 21st Century 的中文译文。

一场新的技术革新浪潮正允许我们能够获取、存储、处理并显示有关地球的空前浩瀚的数据以及广泛而又多样的环境和文化数据信息。大部分的这类数据是"参照于地理坐标的"，即数据的地理位置是参照于地球表面的特定位置。

充分利用这些浩瀚的数据的困难之处在于把这些数据变得有意义——即把原始数据变成可理解的信息。今天，我们经常发现拥有很多数据，却不知如何处置。有一个很好的例子可以说明这一点。陆地卫星（LANDSAT）是设计来帮助我们了解全球环境的，它在两星期内将全球拍摄一遍，并已经这样持续收集图像数据 20 多年了。尽管存在着对这些数据的大量需求，但是这些图像的绝大部分并未使任何一个人的任何一个神经细胞兴奋起来——它们仍静静地躺在电子数据仓库里。现在，我们贪婪地渴求知识，而大量的资料却闲置一边，无人问津。

把信息显示出来能部分地解决这个问题。有人曾经指出，如果用计算机术语来描述人脑，人脑似乎有较低的比特率和很高的分辨率。比如，研究人员很早就知道，在短时记忆中，人们很难记住七个以上的事项，这就是比特率低下。另一方面，如果把大量的数据相互关联地排列成可辨认的图案——如人脸或是星系，我们却能在瞬间理解数十亿比特的信息。

目前人们通用的数据操作的工具——如在 Macintosh 和 Microsoft 操作系统上所用的被称为"台式隐喻（desktop metaphor）"的图形工具等——都不能真正适应这一新的挑战。我相信我们需要一个"数字地球"，一种关于地球的可以嵌入海量地理数据的、多分辨率和三维的表示。

比如，可以设想一个小孩来到地方博物馆的一个数字地球陈列室，当她戴上头盔显示器，她将看到出现在空中的地球。使用"数据手套"，她开始放大景物，伴随越来越高的分辨率，她会看到大洲，随之是区域、国家或地区、城市、房屋、树木以及其他各种自然和人造物体。在发现自己特别感兴趣的某地块时，她可乘上"魔毯"，即通过地面三维图像显示去深入查看。当然，地块信息只是她可以了解的多种信息中的一种。使用数字地球系统的声音识别装置，她还可以询问有关土地覆盖、植物和动物种类的分布、实时的气候、道路、行政区线，以及人口等方面的文本信息。在这里，她还可以看到自己以及世界各地的学生们为"全球项目"收集的环境信息。这些信息可以无缝地融入数字地图或地面数据。用数据手套继续向超链接部分敲击，她还可以获得更多的有关所见物体的信息。比如，为了准备全家去国家黄石公园度假，她策划一个完美的步行旅游，去观看刚从书中读到的喷泉、北美野牛和巨角岩羊。甚至在离开她家乡的地方博物馆之前，她就可以把要去步行旅游的地方从头到尾浏览一遍。

她不仅可以跨越不同的空间，也可以在时间线上奔驰。为了去参观卢浮宫，她先在巴黎作了一番虚拟旅游之后，又通过细读重叠在数字地球表面上的数字化地图、时事摘要、传说、报纸以及其他第一手材料，她便可以回到过去了解法国历史。她会把其中一些信息转送到自己的 E-mail 库里，等着以后研读。这条时间线可伸回很远，从数日、数年、数世纪甚至到地质纪元，去了解恐龙的情况。

显然，这不是一个政府机构，一个产业或一个研究单位能担负起的事业。就像万维网（WWW）

一样，它需要有成千上万的个人、公司、大学研究人员以及政府机构参加的群众性努力。虽然数字地球的部分数据将是公益性的，但是也有可能成为数字化市场，一些公司可将大批的商业图像从中出售，并开展附加值信息服务。它也可能形成一个"合作实验室"——一个没有墙的实验室，让科学家们去弄清人与环境间的错综复杂的奥妙。

1. 数字地球所需要的技术

虽然这一方案听起来就像科幻小说一样，然而建设数字地球的大部分技术和能力或是已经具备或是正在研制。当然，数字地球本身的能力也将随着时间的推进而不断增强，2005 年的数字地球与 2020 年的相比较，前者就会显得初级多了。下面是几项所需要的技术：

计算科学：在发明计算机之前，以实验和理论研究的方法来创新知识都很受局限。许多实验科学家想研究的现象却很难观察到——它们不是太小就是太大，不是太快就是太慢，有的一秒钟之内就发生了十亿次，而有的十亿多年才发生一次。另一方面，纯理论又不能预报复杂的自然现象所产生的结果，如雷雨或是飞机上空的气流。有了高速的计算机这个新的工具，我们就可以模拟从前不可能观察到的现象，同时能更准确地理解观察到的数据。这样，计算科学使我们能超越实验与理论科学各自的局限。建模与模拟给了我们一个深入理解正在收集的有关地球的各种数据的新天地。

海量存储：数字地球要求存储海量的数据。所幸的是，在这方面我们正进行着奇迹般的改进。

卫星图像：美国政府部门已经批准从 1998 年年初开始提供分辨率为 1 m 的卫星图像的商业卫星系统。这达到了制作精确详图的水准，而在过去这只能由飞机摄影才能办到。这种首先在美国情报界研制出来的卫星图像技术非常精确。正像一家公司所比喻的，"它像一台能从伦敦拍巴黎的照相机，照片中像汽车前灯间距离大小的每种物体"都能看清。

宽带网络：整个数字化地球所需的数据将被保存在千万个不同的机构里，而不是放在一个单独的数据库里。这就意味着参与数字地球的各种服务器需由高速的种种计算机网络连接起来。在因特网通信量爆炸性增加的驱使下，电信营运部门已经试用了每秒可以传送一万兆比特的数据的网络。下一代因特网的技术目标之一就是每秒传送一百万兆比特的数据。要使具有如此能力的宽带网络把大多数家庭都接通，这还需要时间，这就是为什么有必要把连通数字地球的站点放在儿童博物馆和科学博物馆这样的公共场所。

互操作：因特网和万维网能有今天的成功，离不开当时出现的几项简明并受到广泛赞同的协议，如因特网协议（Internet protocol）。数字地球同样需要某种水准的互操作，以至由一种应用软件制作出的地理信息能够被其他软件通用，地理信息系统产业界正在通过"开放地理信息系统集团（open GIS consortium）"来寻求解决这方面问题的答案。

元数据：元数据是指"有关数据的数据"。为了便于卫星图像或是地理信息发挥作用，有必要知道有关的名称、位置、作者或来源、时间、数据格式、分辨率等。联邦地理数据委员会（FGDC）正同工业界、以及地方政府合作，为元数据制定自发的标准。

当然，要充分实现数字地球的潜在力还有待技术的进一步改进，特别是这些领域：卫星图像的自动解译，多源数据的融合和智能代理，这种智能代理能在网上找出地球上的特定点并能将有关它的信息联接起来。所幸的是，现在已有的条件足够保证我们去实施这一令人激动的创想。

2．潜在的应用

广泛而又方便地获得全球地理信息使得数字地球可能的应用广阔无比，并远远超出我们的想象。如果我们看看现今主要是由工业界和其他一些公共领导机构驱动的地理信息系统和传感器数据的应用，就可以从中对数字地球应用的种种可能性有一个概览。

指导仿真外交：为了支持波斯尼亚地区的和平谈判，美国国防部开发出了一个对于有争议边界地区的仿真景观，它能让谈判双方对此地区上空作模拟飞行。

打击犯罪：加利福尼亚州的萨里拉斯城市，运用地理信息系统来监视犯罪方式和集团犯罪活动情况，从而减少了青年手枪暴行。根据收集到的犯罪活动的分布和频率，该城还可以迅速对警察进行重新部署。

保护生态多样性：加利福尼亚地区的庞得隆野营地计划局预计，该地区的人口将从 1990 年的 110 万增到 2010 年的 160 万。该区有 200 多种动植物被联邦或州署列为受到危险、威胁或是濒于灭绝的动植物。科学家们依据收集到的有关土地、土壤类型、年降雨量、植被、土地利用以及物主等方面的信息，模拟出不同的地区发展计划对生态多样性的影响。

预报气候变化：在模拟气候变化上的一个重要未知量是全球的森林退化率。美国新罕布什尔州大学的研究人员与巴西的同事们合作，通过对卫星图像的分析，监测亚马逊地区土地覆盖的变化，从而得出该地区的森林退化率以及相应位置。这一技术现在正向世界上其他森林地区推广。

提高农业生产率：农民们已经开始采用卫星图像和全球定位系统对病虫害进行较早的监测，以便确定出田地里那些更需要农药、肥料和水的部分。这被人们称为准确耕种或"精细农业"。

3．今后的路

我们有一个空前的机遇，来把有关我们社会和地球的大量原始数据转变为可理解的信息。这些数据除了高分辨率的卫星图像、数字化地图，也包括经济、社会和人口方面的信息。如果我们做得成功，将带来广阔的社会和商业效益，特别是在教育、可持续发展的决策支持、土地利用规划、农业以及危机管理等方面。数字地球计划将给予我们机会去对付人为的或是自然界的种种灾害，或者说能帮助我们在人类面临的长期的环境挑战面前通力合作。

数字地球提供一种机制，引导用户寻找地理信息，也可供生产者出版它。它的整个结构包括以下几个方面：一个供浏览的用户界面，一个不同分辨率的三维地球；一个可以迅速充实的联网的地理数据库以及多种可以融合并显示多源数据的机制。

把数字地球同万维网作一下比较是有建设性意义的（事实上它可能依据万维网和因特网的几个关键标准来建立）。数字地球也会像万维网一样，随着技术的进步以及可提供的信息的增加而不断改进。它不是由一个单独的机构来掌握，而是由公共信息查询、商业产品和成千上万不同机构提供的服务组成。就像万维网的关键是互操作一样，对于数字地球，至关重要的能力是找出并显示不同格式下的各种数据。

我相信，要使数字地球轰轰烈烈地发展起来的最初方式在于建立一个由政府、工业界和研究单位都参与的实验站。该站的目标应集中在以下较少的若干方面的应用上：教育、环境、互操作以及私有化等方面的有关政策问题。当相应的原型完成后，这就可能通过高速网络在全国多个地方试用，并在因特网上以有限程度方式对公众开放。

十分清楚的是，数字地球不会在一夜之间发生。

第一阶段，我们应集中精力把我们已有的不同渠道的数据融合起来，也应该把儿童博物馆和科学博物馆接上如同前面说的"下一代因特网"一样的高速网络，让孩子们能在这里探索我们的星球。应该鼓励大学同地方学校及博物馆合作来加强数字地球项目的研究——目前可能应集中在当地的地理信息上。

下一步，我们应该致力于研制 1 m 分辨率的数字化世界地图。

从长远看，我们应当努力寻求使有关我们星球和我们历史的各个领域的数据唾手可得。

在以后的数月里，我将提议政府机构、工业界、研究单位以及非营利机构里的专家们行动起来，为实现这一美好前景制订战略方案，大家一起努力，我们就能解决大部分社会面临的最紧要的问题，激励我们的孩子更多地了解他们周围的世界，并且加速数十亿美元的工业的增长。

资料来源：翻译：刘戈平，校对：杨崇俊，转自：http://www.digitalearth.net.cn/readingroom/c_gore.htm

第❿章

云计算与物联网

很少有一种技术能够像"云计算"这样，在短短几年间就产生了巨大的影响力。Google（谷歌）、Amazon（亚马逊）、IBM 和微软等 IT 巨头们以前所未有的速度和规模推动云计算技术和产品的普及，业界已对云计算有高度认同。

10.1 云计算及其发展

云计算（cloud computing）是指基于因特网的超级计算模式，即把存储于个人计算机、移动电话和其他设备上的大量信息和处理器资源集中在一起，协同工作。它是一种新兴的共享基础架构的方法，可以将巨大的系统池连接在一起以提供各种 IT 服务。很多因素推动了对这类环境的需求，包括连接设备、实时数据流、SOA（service oriented architecture，面向服务的体系结构）的采用以及搜索、开放协作、社会网络和移动商务等应用的急剧增长。此外，数字元器件性能的提升也使 IT 环境的规模大幅提高，从而进一步加强了对一个由统一的云进行管理的需求。

云计算是在 2007 年第 3 季度才正式诞生的新名词，但很快，其受到关注的程度甚至超过了网格计算（grid computing）。

10.1.1 云计算的定义

云计算（见图 10-1）是并行计算（parallel computing）、分布式计算（distributed computing）和网格计算（grid computing）的发展，或者说是这些计算科学概念的商业化实现。云计算是虚拟化（virtualization）、效用计算（utility computing）、基础设施即服务（infrastructure as a service，IaaS）、平台即服务（platform as a service，PaaS）和软件即服务（software as a service，SaaS）等概念混合演进并提升的结果。

刘鹏在其主编的《云计算》（电子工业出版社，2011）一书中，对云计算给出如下定义：云计算是一种商业计算模型，它将计算任务分布在大量计算机构成的资源池上，使用户能够按需获取计算力、存储空间和信息服务。

这种资源池称为"云"。"云"是一些可以自我维护和管理的虚拟化了的计算资源，通常是一些大型服务器集群，包括计算服务器、存储服务器和宽带资源等。云计算将计算资源集中起来，并通过专门软件实现自动管理。

用户可以动态申请部分资源，以支持各种应用程序的运转，而不必为烦琐的细节烦恼，因而能更专注于自己的业务，有利于提高效率、降低成本和实现技术创新。云计算的核心理念是资源池，这与早在 2002 年就提出的网格计算池（computing pool）的概念非常相似。网格计算池将计算和存储资源虚拟成为一个可以任意组合分配的集合，池的规模可以动态扩展，分配给用户的处理能力可以动态回收重用。这种模式能大大提高资源利用率，提升平台的服务质量。

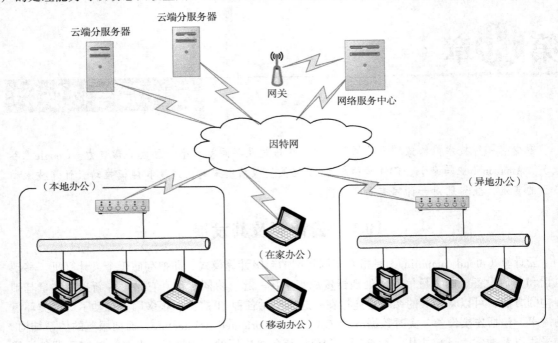

图 10-1　云计算

之所以称为"云"，是因为它在某些方面具有现实中云的特征：云一般都比较大；云的规模可以动态伸缩，其边界是模糊的；云在空中飘忽不定，无法也无须确定它的具体位置，但它确实存在于某处。另外还有一个原因，云计算的鼻祖之一 Amazon 公司将大家曾经称为"网格计算"的东西，取了一个新名称叫"弹性计算云"（elastic computing cloud），并取得了商业上的成功。

有人将这种模式比喻为从单台发电机供电模式转向了电厂集中供电的模式。它意味着计算能力也可以作为一种商品进行流通，就像煤气、水和电一样，取用方便，费用低廉。只不过它是通过因特网进行传输的。

从研究现状看，云计算具有以下特点：

1）超大规模。"云"具有相当的规模。Google 云计算已经拥有 100 多万台服务器，Amazon、IBM、微软和 Yahoo 等公司的"云"均拥有几十万台服务器。"云"能赋予用户前所未有的计算能力。

2）虚拟化。云计算支持用户在任意位置、使用各种终端获取服务。所请求的资源来自"云"，而不是固定的有形实体。应用在"云"中某处运行，但实际上用户无须了解运行的具体位置，只需要一台笔记本式计算机，就可以通过网络服务来获取各种能力超强的服务。

3）高可靠性。"云"使用了数据多副本容错、计算结点同构可互换等措施来保障服务的高可靠性，因此，可以认为使用云计算比使用本地计算机更加可靠。

4）通用性。云计算不局限于特定的应用，同一片"云"可以同时支撑不同应用的运行，在"云"的支撑下可以构造出千变万化的应用。

5）高可伸缩性。"云"的规模可以动态伸缩，满足应用和用户规模增长的需要。

6）按需服务。"云"是庞大的资源池，用户按需购买服务，像水、电和煤气那样计费。

7）极其廉价。"云"的特殊容错措施使得可以采用极其廉价的结点来构成云；"云"的自动化管理使数据中心管理成本大幅降低；"云"的公用性和通用性使资源的利用率大幅提升；"云"设施可以建在电力资源丰富的地区，从而大幅降低能源成本。因此，"云"具有前所未有的性能价格比。

10.1.2　云计算实现机制

按照服务类型，云计算大致可以分为三类：基础设施即服务（IaaS）、平台即服务（PaaS）和软件即服务（SaaS），如图 10-2 所示。

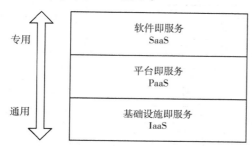

图 10-2　云计算的服务类型

IaaS 将硬件设备等基础资源封装成服务供用户使用，如 Amazon 云计算 AWS（Amazon Web services）的弹性计算云 EC2 和简单存储服务 S3。在 IaaS 环境中，用户相当于在使用裸机和磁盘，既可以让它运行 Windows，也可以让它运行 Linux，因而几乎可以完成任何任务，但用户必须考虑如何才能让多台机器协同工作。AWS 为此提供了在结点之间互通消息的接口简单队列服务 SQS（simple queue service）。IaaS 最大的优势在于它允许用户动态申请或释放结点，按使用量计费。运行 IaaS 的服务器规模达到几十万台之多，因而可以认为能够申请的资源几乎是无限的。同时，IaaS 是由公众共享的，因而具有更高的资源使用率。

PaaS 对资源的抽象层次更进一步，它提供用户应用程序的运行环境，例如 Google App Engine 和微软的云计算操作系统 Windows Azure。PaaS 负责自身资源的动态扩展和容错管理，用户应用程序不必过多考虑结点间的配合问题。但与此同时，用户的自主权降低，必须使用特定的编程环境并遵照特定的编程模型。例如，Google App Engine 只允许使用 Python 和 Java 语言，基于称为 Django 的 Web 应用框架，调用 Google App Engine SDK 来开发在线应用服务。

SaaS 的针对性更强，它将某些特定的应用软件功能封装成服务，例如 Salesforce 公司提供的在线 CRM（客户关系管理）服务。SaaS 只提供某些专门用途的应用服务供调用。

随着云计算的深化发展，不同云计算解决方案之间相互渗透融合，同一种产品往往横跨两种以上类型。例如，Amazon Web services 是以 IaaS 发展起来的，但新提供的弹性 MapReduce 服务模仿了 Google 的 MapReduce，简单数据库服务 Simple 模仿了 Google 的 Bigtable，这两者属于 PaaS 的范畴，它新提供的电子商务服务 FPS 和 DevPay 以及网站访问统计 Alexa Web 服务，则属于 SaaS 的范畴。

不同的厂家提供了不同的云计算解决方案，并没有一个统一的技术体系结构。综合不同方案，构造一个供参考的云计算体系结构如图 10-3 所示，它概括了不同解决方案的主要特征。

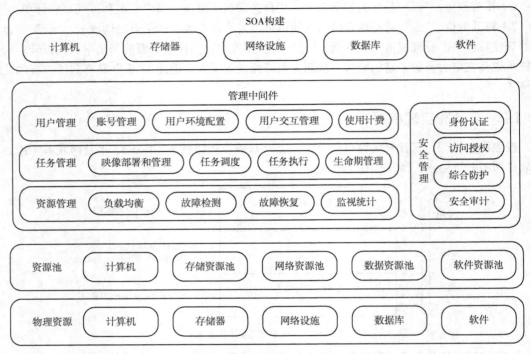

图 10-3　云计算技术体系结构

云计算技术体系结构分为四层：物理资源层、资源池层、管理中间件层和 SOA 构建层。物理资源层包括计算机、存储器、网络设施、数据库和软件等。资源池层是将大量相同类型的资源构成同构或接近同构的资源池，如计算资源池、数据资源池等。构建资源池更多的是物理资源的集成和管理工作，例如研究在一个标准集装箱的空间如何装下 2 000 个服务器、解决散热和故障结点替换的问题并降低能耗。管理中间件层负责对云计算的资源进行管理，并对众多应用任务进行调度，使资源能够高效、安全地为应用提供服务。SOA 构建层将云计算能力封装成标准的 Web services 服务，并纳入到 SOA 体系进行管理和使用，包括服务接口、服务注册、服务查找、服务访问和服务工作流等。管理中间件层和资源池层是云计算技术的最关键部分，SOA 构建层的功能更多依靠外部设施提供。

10.1.3　网格计算与云计算

网格（grid）是 20 世纪 90 年代中期发展起来的下一代因特网核心技术。网格技术的开创者 Ian Foster 将之定义为"在动态、多机构参与的虚拟组织中协同共享资源和求解问题"。网格是在网络基础之上，基于 SOA，使用互操作、按需集成等技术手段，将分散在不同地理位置的资源虚拟成为一个有机整体，实现计算、存储、数据、软件和设备等资源的共享，从而大幅提高资源的利用率，使用户获得前所未有的计算和信息能力。

国际网格界致力于网格中间件、网格平台和网格应用建设。著名的网格中间件有 Globus Toolkit、UNICORE、Condor、gLite 等，其中 Globus Toolkit 得到了广泛采纳。知名的网格平台有 TeraGrid、EGEE、CoreGRID、D-Grid、ApGrid、Grid3、GIG 等。美国 TeraGrid 是由美国国家科学基金会计划资助构建的超大规模开放的科学研究环境，其中集成了高性能计算机、数据资源、工具和高端实验设施。目前 TeraGrid 已经集成了超过每秒 750 万亿次计算能力、30 PB 数据，拥有超过 100 个面向多种领域的网格应用环境。欧盟 e-Science 促成网格 EGEE（Enabling Grids for e-Science）是另一个超大型、面向多种领域的网格计算基础设施。目前已有 120 多个机构参与，包括分布在 48 个国家和地区的 250 个网格站点、68 000 个 CPU、20 PB 数据资源，拥有 8 000 个用户，每天平均处理 30 000 个作业，峰值超过 150 000 个作业。就网格应用而言，知名的网格应用系统数以百计，应用领域包括大气科学、林学、海洋科学、环境科学、生物信息学、医学、物理学、天体物理、地球科学、天文学、工程学、社会行为学等。我国也有类似研究，例如中国国家网格（CNGrid）、空间信息网格（SIG）和教育部支持的教育科研网格（ChinaGrid）等。

网格计算也可以分为三种类型：计算网格、信息网格和知识网格网。计算网格的目标是提供集成各种计算资源的、虚拟化的计算基础设施。信息网格的目标是提供一体化的智能信息处理平台，集成各种信息系统和信息资源，消除信息孤岛，使用户能按需获取集成后的精确信息。知识网格研究一体化的智能知识处理和理解平台，使得用户能方便地发布、处理和获取知识。

网格计算与云计算的关系，就像是 OSI 与 TCP/IP 之间的关系。国际标准化组织（ISO）制定的 OSI（开放系统互连）网络标准，考虑得非常周到，也异常复杂，虽然很有远见，但过于理想，实现的难度和代价非常大。OSI 的一个简化版——TCP/IP 将七层协议简化为四层，内容大大精简，却迅速取得了成功。在 TCP/IP 一统天下之后多年，语义网等问题才被提上议事日程，开始为 TCP/IP 补课，增加其会话和表示的能力。因此，可以说 OSI 是 TCP/IP 的基础，TCP/IP 又推动了 OSI，两者共同发展。

没有网格计算打下的基础，云计算不会这么快到来。网格计算以科学研究为主，非常重视标准规范，也非常复杂，实现起来要难度大，缺乏成功的商业模式。云计算是网格计算的一种简化形态，可以说云计算的成功也体现了网格计算的成功。但对于许多高端科学或军事应用而言，云计算是无法满足需求的，必须依靠网格计算来解决。

10.1.4 云计算的发展环境

云计算技术的发展，与 3G、因特网和移动因特网、三网融合等有着密切的关系。

1. 云计算与 3G

3G 技术与云计算互相依存、互相促进。一方面，3G 为云计算带来数以亿计的宽带移动用户。一方面，移动用户的终端是智能手机、笔记本式计算机等，计算能力和存储空间有限，却有很强的联网能力，对云计算有着天然的需求，支持着云计算取得商业成功；另一方面，云计算有强大的计算能力、接近无限的存储空间，并支撑各种各样的软件和信息服务，能够为 3G 用户提供更好的服务体验。

2. 云计算与移动因特网

因特网和移动通信网是当今最具影响力的两个全球性网络，移动因特网融合了两者的发展优势，掌握云计算核心技术的企业无疑在移动因特网时代可以获得更强的主动性。

移动因特网和云计算是相辅相成的。通过云计算技术，软硬件获得空前的集约化应用，人们通过手持终端就能实现传统 PC 的功能。二者在软硬件设施成本上的极大节约为中小企业带来了福音，为人们带来了便捷。

虽然手机智能化正在逐渐演进，但受限于体积和便携性的要求，短时间内手机的处理能力难以和计算机相比。从这点出发，云计算的特点更能在移动因特网上充分体现，将应用的"计算"与存储从终端转移到服务器的云端，从而弱化了对移动终端设备的处理需求。例如，在后台，云计算的存储量和计算能力解决了手机存储有限和丢失信息的问题。同时，实现了手机移动与固定计算、笔记本式计算机计算的协同。

云计算正从因特网逐渐过渡到移动因特网。随着一些典型的因特网云计算应用的出现，因特网的"云"与"端"之间已经形成了平滑对接，而在移动因特网上，"云"与"端"之间还需要"管道"来沟通它们之间的鸿沟，浏览器或许将成为重要的"管道"角色。对用户来讲，最好的体验是淡化有线和无线的概念。在这样的理念下，云计算有望突破各种终端，包括手机、计算机、电视和视听设备等在存储及运算能力上的限制，显示的内容、应用都能保持一致性和同步性。各大 IT 厂商都在利用云计算制定如 IaaS、PaaS 和 SaaS 策略，希望通过利用因特网的力量，以软件为基准，将无缝的服务提供给移动终端用户。

云计算对于云和端两侧都具有传统模式所不可比拟的优势。在云这一侧，为内部开发者和业务使用者提供更多的服务，提升基础设施的使用效率和资源部署的灵活性；在端这一侧，能够迅速部署应用和服务，按需调整业务使用量。云计算极大地提高了因特网信息技术的性能，具有巨大的计算和成本优势。

10.2 主流的云计算技术

由于云计算是多种技术混合演进的结果，其成熟度较高，又有业内大公司推动，发展极为迅速。Google、Amazon、IBM、微软和 Yahoo 等大公司都是云计算的先行者。

例如，IBM 在 2007 年 11 月推出了"改变游戏规则"的"蓝云"计算平台，为客户带来即买即用的云计算平台。它包括一系列自我管理和自我修复的虚拟化云计算软件，使来自全球的应用可以访问分布式的大型服务器池，使得数据中心在类似于因特网的环境下运行计算。IBM 与 17 个欧洲组织合作开展名为 RESERVOIR 的云计算项目，以"无障碍的资源和服务虚拟化"为口号，欧盟提供了 17 亿欧元作为部分资金。IBM 已在全球范围内建立了 13 个云计算中心，并且帮助数个客户成功部署了云计算中心。

1. Google 云计算

Google 是最大的云计算技术的使用者。Google 搜索引擎建立在分布的 200 多个站点、超过 100 万台服务器的支撑之上，而且这些设施的数量还在迅猛增长。Google 的一系列成功应用平台，包括 Google Maps、Google Earth、Gmail、Docs（谷歌文档，包括在线文档、电子表格和演示文稿）等也同样使用了这些基础设施。采用 Google Docs 之类的应用，用户数据会保存在因特网上的某个位置，可以通过任何一个与因特网相连的终端十分便利地访问和共享这些数据。Google 也允许第三方在 Google 的云计算中通过 Google App Engine 运行大型并行应用程序。

Google 拥有目前全球最强大的搜索引擎。除了搜索业务，Google 还有 Google Maps、Google Earth、Gmail、YouTube 等其他业务。这些应用的共性在于数据量巨大，且要面向全球用户提供实时服务，因此，Google 必须解决海量数据存储和快速处理的问题。Google 研发出了简单而又高效的技术，让多达百万台的廉价计算机协同工作，共同完成这些任务。这些技术在诞生几年之后才被命名为 Google 云计算技术。

Google 云计算技术包括 Google 文件系统 GFS、分布式计算编程模型 MapReduce、分布式锁服务

Chubby、分布式结构化数据表 Bigtable、分布式存储系统 Megastore 以及分布式监控系统 Dapper 等。

2. Amazon 云计算

Amazon（亚马逊）是依靠电子商务逐步发展起来的，凭借其在电子商务领域积累的大量基础性设施、先进的分布式计算技术和巨大的用户群体，Amazon 很早就进入了云计算领域，并在云计算、云存储等方面一直处于领先地位。

在传统的云计算服务基础上，Amazon 不断进行技术创新，开发出了一系列新颖、实用的云计算服务。Amazon 研发了弹性计算云 EC2（elastic computing cloud）和为企业提供计算和存储服务的简单存储服务 S3（simple storage service）。收费的服务项目包括存储空间、带宽、CPU 资源以及月租费。月租费与电话月租费类似，存储空间、带宽按容量收费，CPU 根据运算量时长收费。在诞生不到两年的时间内，Amazon 的注册用户就达 44 万人，其中包括为数众多的企业级用户。

Amazon 的云计算服务还包括简单数据库服务 Simple DB、简单队列服务 SQS、弹性 MapReduce 服务、内容推送服务 CloudFront、电子商务服务 DevPay 和 FPS 等。这些服务涉及云计算的方方面面，用户完全可以根据自己的需要选取一个或多个 Amazon 云计算服务。所有的这些服务都是按需获取资源，具有极强的可扩展性和灵活性。

3. 微软云计算

微软的商业模式建立在个人计算机时代，在网络时代软件免费的商业模式推动下，微软也推出了自己的云计算平台。2008 年 10 月，微软推出 Windows Azure（"蓝天"）操作系统，这是继 Windows 取代 DOS 之后，微软的又一次颠覆性转型——通过在因特网架构上打造新的云计算平台，让 Windows 真正由 PC 延伸到"蓝天"上。

Azure 的底层是微软全球基础服务系统，由遍布全球的第四代数据中心构成。微软已经配置了 220 个集装箱式数据中心，包括 44 万台服务器。在 2010 年 10 月的 PDC 大会上，微软公布了 Windows Azure 云计算平台的未来蓝图，跳出单纯的基础架构作服务的框架，将 Windows Azure 定位为平台服务：一套全面的开发工具、服务和管理系统。它可以让开发者们致力于开发可用和可扩展的应用程序。微软将为 Windows Azure 用户推出许多新的功能，不但能更简单地将现有的应用程序转移到云中，而且可以加强云托管应用程序的可用服务，充分体现出微软的"云"+"端"战略。

微软云计算服务平台允许用户使用非微软编程语言和框架开发自己的应用程序，不但支持传统的微软编程语言和开发平台如 C#和.NET 平台，还支持 PHP、Python、Java 等多种非微软编程语言和架构。

微软的云计算服务平台 Windows Azure 属于 PaaS 模式，一般面向软件开发商。Windows Azure 平台包括一个云计算操作系统和一系列为开发者提供的服务，如图 10-4 所示。

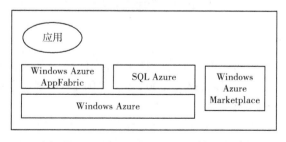

图 10-4　Windows Azure 平台体系架构

1）Windows Azure。位于云计算平台底层，是微软云计算技术的核心。它作为微软云计算操作系统，提供了一个在微软数据中心服务器上运行应用程序和存储数据的 Windows 环境。

2）SQL Azure。它是云中的关系数据库，为云中基于 SQL Server 的关系型数据提供服务。

3）Windows Azure AppFabric。为在云中或本地系统中的应用提供基于云的基础架构服务。部署和管理云基础架构的工作均由 AppFabric 完成，开发者只需要关心应用逻辑。

4）Windows Azure Marketplace。为购买云计算环境下的数据和应用提供在线服务。

上述四个部分均运行在微软位于全球的六个数据中心，分别部署在北美（两个）、欧洲（两个）和亚洲（两个）。开发者能够通过云平台指定某个数据中心来运行应用程序和存储数据，以确保这些应用程序和数据与用户在地理位置上更靠近。

利用 Azure 平台，用户可以通过因特网访问微软数据中心，运行 Windows 应用程序和存储应用程序数据，这些应用程序可以向用户提供服务。Windows Azure 提供了托管的、可扩展的、按需应用的计算和存储资源，同时还提供了云平台管理和动态分配资源的控制手段。Windows Azure 包含五个部分，即计算服务、存储服务、Fabric 控制器（整合的资源池）、内容分发网络和 Windows Azure Connect（使本地应用和 Azure 平台相连）。

10.3　物联网及其应用

物联网（Internet of things，见图 10-5）的概念是在 1999 年提出的。所谓"物联网"，就是"物物相连的因特网"，这里有两层意思：第一，物联网的核心和基础仍然是因特网，是在因特网基础上的延伸和扩展的网络；第二，其用户端延伸和扩展到了任何物品与物品之间，进行信息交换和通信。

图 10-5　物联网示意图

10.3.1　物联网的发展

物联网过去称为传感网。1999 年，在美国召开的移动计算和网络国际会议提出了"传感网是下一个世纪人类面临的又一个发展机遇"。2003 年，美国《技术评论》提出传感网络技术将是未来改变人们生活的十大技术之首。

2005 年 11 月 17 日，在突尼斯举行的信息社会世界峰会（WSIS）上，国际电信联盟（ITU）发布了《ITU 互联网报告 2005：物联网》，正式提出了"物联网"的概念。报告指出，无所不在的"物联网"通信时代即将来临，世界上所有的物体从轮胎到牙刷、从房屋到纸巾都可以通过因特网主动进行交换。射频识别技术（RFID）、传感器技术、纳米技术、智能嵌入技术将到更加广泛的应用。

根据 ITU 的描述，在物联网时代，通过在各种各样的日常用品上嵌入一种短距离的移动收发器，人类在信息与通信世界里将获得一个新的沟通维度，从任何时间、任何地点的人与人之间的沟通连接扩展到人与物和物与物之间的沟通连接。

2009 年 1 月 28 日，奥巴马就任美国总统后，与美国工商业领袖举行了一次"圆桌会议"，作为仅有的两名代表之一的 IBM 首席执行官彭明盛首次提出"智慧地球"这一概念，建议新政府投资新一代的智慧型基础设施。

2009 年 2 月 24 日，IBM 的钱大群在 2009 IBM 论坛上公布了名为"智慧的地球"的最新策略。此概念一经提出，即得到美国各界的高度关注，甚至有分析认为 IBM 公司的这一构想极有可能上升至美国的国家战略，并在世界范围内引起轰动。IBM 认为，IT 产业下一阶段的任务是把新一代 IT 技术充分运用在各行各业之中。

如今，"智慧的地球"战略被不少美国人认为与当年的"信息高速公路"有许多相似之处，同样被他们认为可以振兴经济、确立竞争优势的。竞争优势是一个企业或国家和地区在某些方面比其他的企业或国家和地区更能带来利润或效益的优势，源于技术、管理、品牌、劳动力成本等。

物联网产业链可以细分为标识、感知、处理和信息传送四个环节，每个环节的关键技术分别为 RFID、传感器、智能芯片和电信运营商的无线传输网络。EPOSS 在 *Internet of Things in 2020* 报告中分析预测，未来物联网的发展将经历四个阶段，2010 年之前 RFID 被广泛应用于物流、零售和制药领域，2010—2015 年物体互联，2015—2020 年物体进入半智能化，2020 年之后物体进入全智能化。作为物联网发展的排头兵，RFID 成为了市场最为关注的技术。

10.3.2　物联网的定义

物联网代表了下一代的信息发展技术，但它的某些应用领域和应用方式对公众来说并不陌生。如一些重要商品上的条形码、电子标签和因特网连接后，就可以使人们能够控制这些商品的流向。比如查询邮递快件转到了何地，就不是像过去一样要根据人工搜索跟踪，而是通过射频技术，以及在传递物体上植入芯片等技术手段，取得物品的相关具体信息。

物联网至今还没有约定俗成的公认的概念，其基本定义是：把所有物品通过射频识别等信息传感设备与因特网连接起来，实现智能化识别和管理。总体上说，它是指各类传感器和现有的因特网相互衔接的一项新技术。可以把物联网定义为：通过射频识别（RFID）、红外感应器、全球定位系统、激光扫描器等信息传感设备，按约定的协议，把任何物品与因特网连接起来，进行信息交换和通信，以实现智能化识别、定位、跟踪、监控和管理的一种网络。

或者说，物联网将无处不在的末端设备（devices）和设施（facilities），包括具备"内在智能"的传感器、移动终端、工业系统、楼控系统、家庭智能设施、视频监控系统等，以及"外在使能"（Enabled）的贴上 RFID 的各种资产（Assets）、携带无线终端的个人与车辆等"智能化物件或动物"或"智能尘埃"（Mote），通过各种无线和/或有线的长距离和/或短距离通信网络实现互联互通（M2M）、应用大集成（grand integration)以及基于云计算的 SaaS 营运等模式，在内网（Intranet）、专网（Extranet）和/或因特网环境下，采用适当的信息安全保障机制，提供安全可控乃至个性化的实时在线监测、定位追溯、报警联动、调度指挥、预案管理、远程控制、安全防范、远程维保、在线升级、统计报表、决策支持、领导桌面等管理和服务功能，实现对"万物"的"高效、节能、安全、环保"的"管、控、营"一体化。

在这里，"物"要满足以下条件才能够被纳入"物联网"的范围：

1）要有相应信息的接收器。

2）要有数据传输通路。

3）要有一定的存储功能。

4）要有 CPU。

5）要有操作系统。

6）要有专门的应用程序。

7）要有数据发送器。

8）遵循物联网的通信协议。

9）在世界网络中有可被识别的唯一编号。

"物联网"的概念打破了之前的传统思维。过去的思路一直是将物理基础设施和 IT 基础设施分开：一方面是机场、公路、建筑物，而另一方面是数据中心、个人计算机、宽带等。而在"物联网"时代，钢筋混凝土、电缆将与芯片、宽带整合为统一的基础设施，在此意义上，基础设施更像是一块新的地球工地，世界就在它上面运转，其中包括经济管理、生产运行、社会管理乃至个人生活。

10.3.3 物联网的技术架构

从技术架构上来看，物联网可分为三层：感知层、网络层和应用层，如图 10-6 所示。

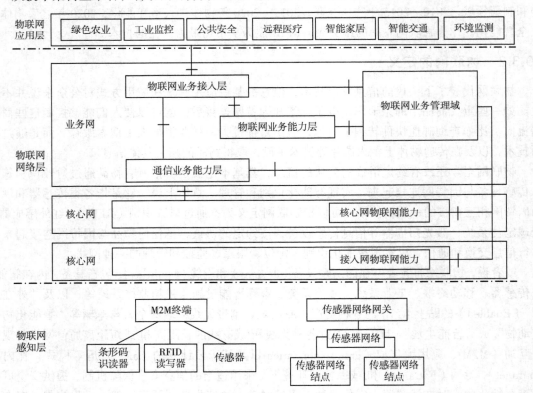

图 10-6 物联网参考业务体系结构

感知层由各种传感器以及传感器网关构成，包括二氧化碳浓度传感器、温度传感器、湿度传感器、二维码标签、RFID 标签和读写器、摄像头、GPS 等感知终端。感知层的作用相当于人的眼耳鼻喉和皮肤等神经末梢，它是物联网识别物体、采集信息的来源，其主要功能是识别物体，采集信息。

网络层由各种私有网络、因特网、有线和无线通信网、网络管理系统和云计算平台等组成，相当于人的神经中枢和大脑，负责传递和处理感知层获取的信息。

应用层是物联网和用户（包括人、组织和其他系统）的接口，它与行业需求结合，实现物联网的智能应用。

物联网的行业特性主要体现在其应用领域内，目前绿色农业、工业监控、公共安全、城市管理、远程医疗、智能家居、智能交通和环境监测等各个行业均有物联网应用的尝试，某些行业已经积累一些成功的案例。

10.3.4　物联网的应用

物联网的用途已经遍及智能交通、环境保护、政府工作、公共安全、平安家居、智能消防、工业监测、老人护理、个人健康、花卉栽培、水系监测、食品溯源、敌情侦查和情报搜集等众多领域。

物联网把新一代 IT 技术充分运用在各行各业之中，具体地说，就是把感应器嵌入和装备到电网、铁路、桥梁、隧道、公路、建筑、供水系统、大坝、油气管道等各种物体中，然后将"物联网"与现有的因特网整合起来，实现人类社会与物理系统的整合。

在这个整合的网络当中，存在能力超级强大的中心计算机群，能够对整合网络内的人员、机器、设备和基础设施实施实时的管理和控制，在此基础上，人类可以以更加精细和动态的方式管理生产和生活，达到"智慧"状态，提高资源利用率和生产力水平，改善人与自然间的关系。人们正走向"物联网"时代，但这个过程可能需要很长的时间。

要真正建立一个有效的物联网，有两个重要因素：一是规模性，只有具备了规模，才能使物品的智能发挥作用；例如，一个城市有 100 万辆汽车，如果只在 1 万辆汽车上装上智能系统，就不可能形成一个智能交通系统。二是流动性，物品通常都不是静止的，而是处于运动的状态，必须保持物品在运动状态，甚至高速运动状态下都能随时实现对话。

10.4　云计算与物联网

物联网通过大量分散的射频识别（RFID）、传感器、GPS、激光扫描器等小型设备，将感知的信息通过因特网传输到指定的处理设施上进行智能化处理，完成识别、定位、跟踪、监控和管理等工作。笼统地看，物联网属于传感网的范畴。传感器的应用历史悠久而且相当普及，物联网是传感网的一个高级阶段，它通过大量信息感知结点采集信息，通过因特网传输和交换信息，通过强大的计算设施处理信息，然后再对实体世界发出反馈或控制信息。

物联网根据其实质用途可以归结为三种基本应用模式：对象的智能标签、环境监控和对象跟踪、对象的智能控制。物联网基于云计算平台和智能网络，可以依据传感器网络用获取的数据进行决策，改变对象的行为进行控制和反馈。

云计算服务物联网的驱动力有以下几个方面：

1）需求驱动：海量信息的处理，在目前技术下存在高成本压力。云计算充分利用并合理使用资源，降低运营成本。

2）技术驱动；IT 与 CT（computed tomography，电子计算机 X 射线断层扫描）技术融合，推动 IT 架构的升级和云计算标准的逐渐快速发展。

3）政策驱动：政府的低碳经济与节能减排的政策要求；政府高度关注物联网、云计算等基础设施自助发展战略。

物联网具有全面感知、可靠传递和智能处理三个特征，其中智能处理需要对海量的信息进行分析和处理，对物体实施智能化的控制，这就需要信息技术的支持。云计算的超大规模、虚拟化、多用户、高可靠性、高扩展性等特点正是物联网规模化、智能化发展所需的技术。

云计算架构在因特网之上，而物联网将主要依赖因特网来实现有效延伸，云计算模式可以支撑具有业务一致性的物联网集约运营。因此，很多研究提出了构建基于云计算的物联网运营平台，该平台主要包括云基础设施、云平台、云应用和云管理。依托公众通信网络，以数据中心为核心，通过多接入终端实现泛在接入、面向服务的端到端体系架构。基于云计算模式，实现资源共享与产业协作，提高效率，降低成本，提升服务。

物联网与云计算交互辉映。一方面，物联网的发展离不开云计算的支撑。从量上看，物联网将使用数量惊人的传感器（如数以亿万计的 RFID、智能尘埃和视频监控等），采集到的数据量惊人。这些数据需要通过无线传感网、宽带因特网向某些存储和处理设施汇聚，而使用云计算来承载这些任务具有非常显著的性价比优势；从质上看，使用云计算设施对这些数据进行处理、分析、挖掘，可以更加迅速、准确、智能地对物理世界进行管理和控制，使人类可以更加及时、精细地管理物质世界，从而达到"智慧"的状态，大幅提高资源利用率和社会生产力水平。可以看出，云计算凭借其强大的处理能力、存储能力和极高的性能价格比，很自然就会成为物联网的后台支撑平台；另一方面，物联网将成为云计算最大的用户，将为云计算取得更大商业成功奠定基石。

10.5 习 题

1．云计算有哪些特点？
2．云计算按照服务类型可以分为哪几类？
3．云计算技术体系结构可以分为哪几层？
4．请简述云计算与网格计算的异同。
5．Google 云计算技术包括哪些内容？
6．微软云计算平台包含几个部分？每部分的作用是什么？
7．云计算与物联网有什么关系？

10.6 实验与思考：云计算应用实例

一、实验目的

1）了解云计算的基本概念，熟悉云计算的发展环境。
2）了解主流的云计算技术。
3）透过对云计算 AWS 应用实例的了解，体验云计算技术的实际运用，体验云计算技术的应用场景和实际发展前景。

二、工具/准备工作

在开始本实验之前，请回顾本章的相关内容。

需要准备一台带有浏览器并能够访问因特网的计算机。

三、实验内容与步骤

1. AWS 应用实例：在线照片存储共享网站 SmugMug

数亿张照片，几十万付费用户，维持这样规模的公司需要多少人呢？不同的读者可能会有不同的答案，但你绝对想不到 SmugMug 给出的答案是 50 人。

在公司发展初期，SmugMug（http://www.smugmug.com）和传统其他公司一样建立起自己的数据中心，并通过不断添置新的 IT 设备以适应业务量的增长，但是很快就发现业务量的增长速度大大超过设备添置速度。作为一家未完全盈利的新公司，SmugMug 显然难以长期承受巨额的基础设施开销。最后，该公司选择使用 Amazon 的 S3 服务。结合公司的实际情况，SmugMug 将网站上最热门的部分照片仍旧存储在公司自己的服务器中，剩下的绝大部分照片则转移到 S3 服务器中，由 Amazon 来提供照片的安全存储。这样既能保证基础设施不会成为公司发展的瓶颈，又能节省大量成本。照片转移的过程仅仅花费一周的时间。

完成数据迁移后，由于不需再考虑基础设施问题，SmugMug 将公司的主要精力集中在提高服务质量上。目前 SmugMug 向用户提供了以下三种照片访问方式：

1）SmugMug 以代理的身份处理用户访问请求。

2）SmugMug 对用户访问请求进行重定向。

3）利用有关 API 直接对存储在 S3 中的数据进行访问。

在这几种访问方式中，以第一种方式访问的用户超过 99%，也就是说几乎所有的用户都选择这种访问方式，这也正是 SmugMug 所期待的结果，因为它希望 S3 对于普通用户来说是透明的。SmugMug 公司还引入了 EC2 服务，使客户可以利用 EC2 来完成图片的在线编辑和处理。

将基础设施部分外包给 Amazon 后，SmugMug 的业务基本架构如图 10-7 所示。

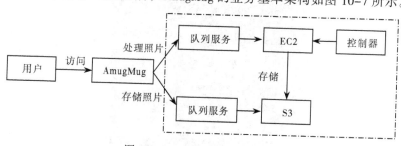

图 10-7　SmugMug 基本架构

几乎所有的用户都是采用直接访问 SmugMug 的方式处理照片，实际的照片处理过程对于用户是透明的。SmugMug 的系统后台主要包括三个部分：队列服务、Amazon AWS 和控制器。目前使用的 AWS 包括 EC2 和 S3，而队列服务和控制器则由 SmugMug 提供。SmugMug 并没有采用 SQS，而是建立了自己的队列服务，控制器每隔固定的时间就会自动决定增加还是减少 EC2 实例。整个 SmugMug 的系统具有高度的智能型，绝大部分操作都会自动完成，这也是为什么 SmugMug 仅用几十人就可以完成如此巨大的工作量的原因。

总之，Amazon 通过提供云计算服务实现了冗余基础设备的高利用率，SmugMug 则以合理的投入解决了公司急速发展和基础设施之间的矛盾，双方达到了一个双赢的局面。

请搜索并分析：

1）SmugMug 公司的主要业务是什么？其主要业务特点是什么？

_____

_____

2）这样类型的新公司，其发展的主要瓶颈是什么？SmugMug 公司是如何解决的？

_____

_____

3）请登录 SmugMug 公司网站（http://www.smugmug.com，见图 10-8），尝试了解该网站的基本操作和主要业务内容。

请记录：操作能够顺利完成吗？如果不能，请分析原因。

_____

图 10-8　SmugMug 网站首页

2．AWS 应用实例：在线视频制作网站 Animoto

云计算的新颖之处在于它几乎可以提供无限的廉价存储和计算能力。纽约一家名为 Animoto 的创业企业已证明云计算的强大能力。Animoto 允许用户上传图片和音乐，自动生成基于网络的视频演讲稿，并且能够与好友分享，该网站目前向注册用户提供免费服务。

Brad Jefferson 最初创办 Animoto 公司时选择了一家 Web 托管服务提供商来完成公司所需的数据处理和存储信息。2008 年初，网站每天用户数约为 5 000，这种情况下通过 Web 托管服务完全可以满足要求。但在当年的 4 月中旬，由于 Facebook 用户开始使用 Animoto 服务，该网站在三天内的用户数大幅上升至 75 万人。

Animoto 联合创始人 Stevie Clifton 表示，为了满足用户需求的上升，该公司需要将服务器能力提高 100 倍，但是该网站既没有资金，也没有能力建立规模如此巨大的计算能力。因此，该网站与云计算服务公司 RightScale 合作，设计能够在 Amazon 的网云中使用的应用程序。通过这一举措，该网站大提高了计算能力，而费用只有每服务器每小时 10 美分。

图 10-9 是 Animoto 的基本架构。和 SmugMug 类似的是，用户不能直接访问 Animoto 使用的包括 S3 在内的一系列 Amazon 服务。用户的访问方式跟未使用 AWS 之前完全一致，所有操作通过 Animoto 转到 AWS 中。这样的方式也增加了创业企业的灵活性。当需求下降时，Animoto 只需减少所使用的服务器数量就可以降低服务器支出。

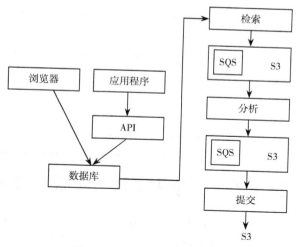

图 10-9　Animoto 基本架构

请搜索并分析：

1）Animoto 公司的主要业务是什么？其主要业务特点是什么？

_____

_____

2）这样类型的新公司，其发展的主要瓶颈是什么？Animoto 公司是如何解决的？

_____

_____

_____

_____

Amazon 既不是操作系统开发商，也不是软件开发商，更不是 IT 设备制造商。那么 Amazon 要保持其云计算领域的优势，只能通过两个途径：一是采用开放式的架构；二是提供更为丰富的云服务，满足用户的需求。只有这样，Amazon 才可以持续保持先发优势，因此我们可以看到 Amazon 是推出云服务速度最快，也是最全的公司。

3．上网搜索和浏览：了解 Amazon 云计算服务之一的"土耳其机器人"

简述土耳其机器人的服务内容。请列举一二例适合土耳其机器人处理的业务。

_____

_____

_____

_____

请记录：操作能够顺利完成吗？如果不能，请分析原因。

_____

_____

四、实验总结

_____

_____

_____

_____

五、实验评价（教师）

_____

_____

10.7　阅读与思考：华为全球首发云平台和云手机

全球领先的网络终端提供商——华为终端，2011 年 8 月 4 日在北京举行了以"自在分享@云端"为主题的新闻发布会。会上，华为终端面向全球，发布了全新品牌理念"自在分享"，并推出了"云服务"平台和首款"云手机"Vision（远见）。同时，也首次在中国亮相了全球首款 7 英寸 Android 3.2 平板电脑 MediaPad。

1．挑战全球前三华为终端全面创变

2011 上半年，华为终端全球销售额达到 42 亿美元，同比增长 64%；全球出货 7 200 万台，同比增长近 40%；在全球市场，华为 Android 智能手机的出货量，已稳居全球前五；在国内市场，华为手机产品的市场份额也已跻身三甲。

"今天，我们将再次启程，前往一个充满挑战却有着更多精彩的未来。"在发布会上，华为终端公司 CEO 万飚表示，"我们将不断应势而变，成为一个最终以消费者为中心，与运营商紧密合作的全球主流终端品牌，并于 2015 年跻身全球三大手机品牌之列。"

基于这一目标，华为终端将从产品、品牌和渠道三方面全面转型和突破。首先是产品结构转型。华为终端将覆盖较宽的产品线基础，以旗舰机型提升品牌形象，以中高端机型扩大市场份额，以精品机型支撑规模市场，形成高、中、低全系列布局，为不同需求的用户提供具备优秀体验的智能产品。其次，是品牌形象转型。华为终端致力于打造全球消费者钟爱并信赖的品牌形象，推出全新品牌理念"自在分享 Let's simply share"，通过一系列的举措和营销活动，拉近与消费者的距离。第三，是渠道模式转型。华为终端将积极尝试一切有利于业务发展的渠道模式，包括社会化渠道、电子商务等，让消费者可以更方便地购买华为的产品。

2．发布全新品牌理念"自在分享"

通过对全球消费者研究，华为终端发现：移动互联的新一代消费者是活力社群一代（young social networkers），他们拥有乐观、好奇、关怀、进取的特质，并乐于与他人分享。通过"分享"，在移动互联的世界里，人们的情感得到更大的抒发空间，视野变得更宽广，生活变得更丰富。

基于此发现，华为终端推出全新品牌理念——"自在分享 Let's simply share"，致力于通过提供最尖端的科技和易用的产品，让消费者能够轻松、便捷、无障碍地体验、分享移动互联生活的精彩。

"在网络信息时代，我们的使命是不断推倒重重隔阂，让每个人都能成为信息的中心，自在分享沟通乐趣。"华为终端 CMO 徐昕泉先生表示："我们的品牌理想就是自在分享的大同世界。"

3．首推云服务平台领军未来产业链

云计算在未来相当长时间内，都将是驱动全球 IT 及通信产业跨越的根本力量。华为因"管"而生，以"管"为核心向上下游拓展，诞生了"云"和"端"，将云管端的优势聚合起来，通过云管端的协同与配合，为消费者提供完美移动互联体验，正是华为的优势所在。

在席卷全球的"云"浪潮中，华为率先推出了业界领先的"云服务"平台，占据了移动因特网产业的技术制高点，成为产业领军者。

华为终端的"云服务"平台以用户为中心构建而成，印证了马斯洛的人类需求层次模型。其服务能力可以满足消费者对通信服务，从"备份、存储、同步"等基础需求，到"娱乐、游戏、导航"等中级需求，再到"社交"等高级需求的全阶层服务诉求。

华为终端的"云服务"平台拥有三大独特优势的领先自管理业务："手机不怕丢"——可实现短信转移、信息擦除的远程管理；"应用随意甩"——最快响应速度、最高成功率的无线推送；"内容随身带"——160 GB 超大存储空间和安全备份。

与此同时，华为终端的"云服务"平台开放、可信、成熟，开发了百万音乐、书籍、游戏应用，满足消费者"生活在云端"、"工作在云端"的精彩移动因特网新体验。

4．华为首款云手机 Vision（远见）

"远见"是华为终端首款完美承接"云服务"的旗舰之作（见图 10-10）。它不仅可以让用户尽享百万量级的音乐、视频、游戏等移动因特网资源，还提供"云服务"所特有的"手机不怕丢"、"精彩随心甩"、"内容随身带"三大业务，完全颠覆传统智能手机的使用体验。

"远见"的设计同样让人过目不忘。采用水晶切割工艺打造美学弧度屏幕，其机身极致纤薄，仅 9.9 mm，一体化的弧形机身设计，为用户提供完美握持感。

"远见"的另一大特色是在物理、视觉、应用三个层面，为用户提供了"深度一体 3D 体验"。摸 3D：水晶切割弧形触摸屏，提供 3D 触摸体验；看 3D：炫酷 3D UI，提供梦幻 3D 视觉体验；玩 3D：预装 RPG 游戏《混沌与秩序》等精彩 3D 游戏，让用户尽享 3D 娱乐体验。

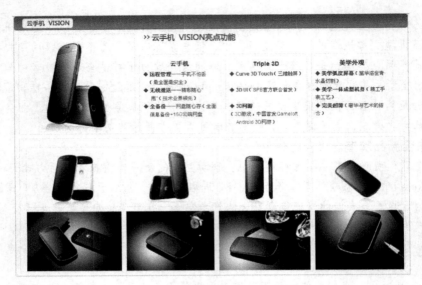

图 10-10 云手机 Vision（远见）

5. 全球首款 7 英寸 Android 3.2 平板电脑 MediaPad 中国首秀

发布会上，华为终端首次在华展示了新加坡亚洲通信展首发的 7 英寸（1 英寸=2.54 cm）平板电脑 MediaPad（见图 10-11）。华为 MediaPad 设计时尚轻巧，机身仅厚 10.5 mm，重量约 390 g。同时还拥有三大之"最"。最新操作系统：全球首款搭载最新 Android 3.2 蜂巢系统，并对其实现了深度优化的 7 英寸屏平板。最高清：7 英寸 IPS 屏幕分辨率为 1 280×800 像素，像素密度高达 217 ppi，完美支持 1 080P 全高清视频播放。最极速：搭载目前业界最快的 1.2 GHz 双核处理器。

在"自在分享"的全新品牌理念之下，华为终端通过两款旗舰产品：云手机"远见"和平板电脑 MediaPad，让消费者零距离体验华为强大的"云服务"，享受前所未有的移动因特网精彩！展望未来，华为终端将在紧密贴合运营商需求的基础上，充分聆听消费者心声，注重消费者体验，成为兼具 B2B 技术优势和 B2C 商业洞察的前瞻性企业。

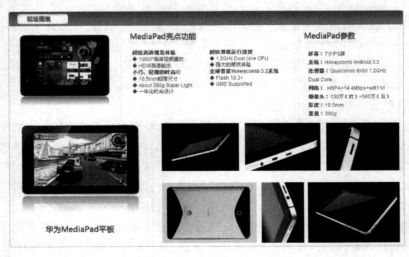

图 10-11 平板电脑 MediaPad

资料来源：腾讯数码，2011 年 08 月 04 日 09:30

第**11**章

算法与程序设计

即使对于一个并不打算成为程序员的人来说，学习计算机程序设计和软件开发的一般知识也是很有意义的。首先，你在工作中可能会使用许多程序。你会发现，一个文字处理软件就可能包含了几十万条程序指令，因此，其中存在一些错误是在所难免的。同样，还会发现，一个人很难编写一个文字处理软件，这通常是由专业的编程小组共同完成的。虽然现在一般用户已经不需要去专门编写自己想用的程序了，但仍然有可能会通过修改一些程序（例如宏和二次开发）来满足某个特殊的要求，这时，你对计算机编程的了解将有助于拟订建设性的计划。

计算机程序就是告诉计算机如何解决问题的一系列指令的有序集合。计算机编程非常强调结构性和严谨性，丝毫不能马虎。计算机程序设计首先从问题的描述开始，它是算法的基础，而算法则是程序的基础。计算机编程的基本概念包括问题描述、算法设计、编码、控制结构、测试和建立文档等。

11.1　算　　法

算法，也就是分步解决问题的过程，其非正式的定义是：算法是一种逐步解决问题或完成任务的方法。按照这种定义，算法完全独立于计算机系统，它接收一组输入数据，产生一组输出数据。

11.1.1　问题描述

提出问题才能解决问题，问题描述就是要说明一些能用来解决问题的要素。一个表达清晰的问题描述应该具备以下三个特征：

1）能说明描述问题范畴的任何假设。

2）罗列出已知的所有条件。

3）具体说明需要解决什么问题。

在一个问题描述中，"假设"就是为了方便设计而假定为正确的陈述。问题描述中的已知信息就是要计算机帮助解决问题时提供给它的信息。已知信息在问题描述中经常用"已知"来给出。在说明已知条件后，应该说明问题解决后该如何做决定，也就是想让程序输出什么信息。

11.1.2　算法的概念

我们先来分析一个算法的简单例子。假设要开发一个从一组正整数中找到其中最大值的算法。这个算法应该能从一组任意的整数中找出其中的最大值，并且，这个算法必须具有通用性并独立于整数的个数。

要完成从许多整数中找到最大值的任务不可能（由一个人或一台计算机）只用一步完成，算法必须一个个地去测试每一个数。为此，可以用一种直接的方法，例如先对一组少量的数（如五个）进行分析，然后把解决方法扩大到任意多的整数。假设即使是五个数的例子，算法也必须一个个地处理这些数。看到第一个整数时，它并不知道剩下的其他整数的值。等处理完第一个数，算法才开始处理第二个数，依此类推。图 11-1 表示了解决这个问题的一种方法。

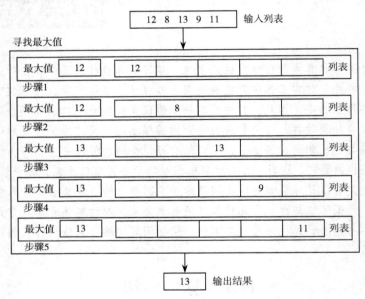

图 11-1 在五个整数中找出最大值

每个算法都有自己的名字，我们称这个算法为取最大值。这个算法接收一组五个数（作为输入），然后输出其中的最大值。

这个算法中，为找到最大值采取了下面五个步骤：

第一步：算法检查第一个整数（12）。因为还没有检查其他整数，所以当前的最大值就是第一个数。算法中定义了一个称为 Largest 的变量，并把第一个数的值（12）赋给它。

第二步：算法把上一步得到的最大值 Largest（即 12）和第二个数（8）进行比较，发现目前的最大值大于第二个数，Largest 中的数还是最大值，不需要改变。

第三步：新的数（13）大于 Largest，最大值应该由第三个数（13）代替，算法把 13 赋给 Largest。

第四步：当前 Largest 比第四个数（9）大，该步中最大值未改变。

第五步：当前 Largest 比第五个数（11）大，该步中最大值未改变。

最后，因为已经没有其他数需要处理，所以算法输出 Largest 的值（13）。

现在有两个问题：首先，第一步中的动作与其他步骤中的不一样；其次，第二步到第五步的程序功能一样，但程序描述语言不一样。

第一步不同于其他步是因为那时最大值 Largest 还没有初始化。如果一开始就把最大值 Largest 赋成 0（没有正整数比 0 小），那么第一步就可写成和其他步一样了。于是，增加一个新的步骤（称为第零步，表明它要在处理任何其他数之前完成）。再把其余程序段都写成"如果当前的数大于最大值 Largest，那么它就成为最大值"。

这个算法可以泛化吗？假使要从 N 个正整数中找到最大值，N 的值可能是 1 000 或 1 000 000，或者更大。当然，可以重复每一步。但是如果为程序改变算法，就必须编写 N 步动作。有一种更好的方法可以改进它。只要让计算机重复这个步骤 N 次。现在，在算法图形表示中就包括了这个特性，如图 11-2 所示。

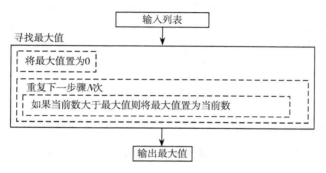

图 11-2　最大值算法的泛化

11.1.3　三种结构

20 世纪 70 年代，E. Dijkstra 首先提出了结构化程序设计（structured programming，SP）方法，主张只用顺序、选择和循环三种基本控制结构来嵌套连接成具有复杂层次的"结构化程序"，每种基本控制结构只有一个入口和一个出口，并完成单一的操作。

在顺序结构中，算法（最终是程序）都是指令的序列，指令可以是简单指令或是其他两种结构之一。

有些问题只用顺序结构是不能够解决的，需要检测条件是否满足。假如测试的结果为真，即条件满足，则可以继续顺序执行指令；假如结果为假，即条件不满足，程序将执行另外一个指令序列。这就是所谓的选择（判断）结构。

在有些问题中，相同的一系列顺序指令需要重复，那么就可以用循环结构来解决这个问题。从指定的数据集中找出最大数的算法就是这种结构的例子。

已经证实其他结构都是不必要的，仅仅使用这三种结构就可以使程序或算法容易理解、调试或修改，如图 11-3 所示。

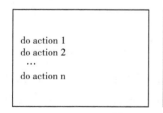
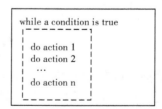

图 11-3　顺序、判断、循环结构

11.1.4　算法的框图表示

框图（又称"流程图"）是算法的图形表示方法之一，它使用图的形式掩盖了算法的细节，只显示算法从开始到结束的整个流程。三种结构的框图表示如图 11-4 所示。

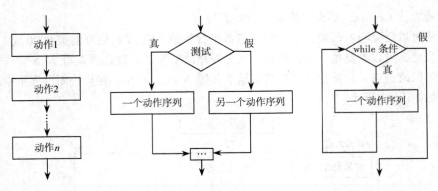

图 11-4　三种结构的框图表示

11.1.5　算法的定义

下面，我们给出算法的正式定义：算法是一组明确步骤的有序集合，它产生结果并在有限的时间内终止。

解释如下：

1）有序集合。算法必须是一组定义完好且排列有序的指令集合。

2）明确步骤。算法的每一步都必须有清晰明白的定义。如某一步是将两数相加，那么必须定义相加的两个数和加法运算，同一符号不能在某处用做加法符号，而在其他地方用做乘法符号。

3）产生结果。算法必须产生结果，否则该算法就没有意义。结果集可以是被调用的算法返回的数据或其他效果（如打印等）。

4）在有限的时间内终止。算法必须能够终止。如果不能（如无限循环），说明不是算法。可解问题的解决方法为可终止的算法。

采用三种基本结构可以为任何可解的问题创建算法。结构化编程的原则要求把算法分成几个单元，称为子算法（又称子程序、子例程、过程、函数、方法和模块等）。每个子算法又分为更小的子算法。这个过程持续到子算法变为最本质的（可被立即理解）。

有一些算法在计算机科学中的应用非常普遍，称为基本算法。一些最常用的算法，包括求和、乘积、求最大值和最小值、排序（如选择排序、冒泡排序、插入排序等）和查找（如顺序查找和折半查找等）。

11.2　编写计算机程序

问题描述和算法通常写在程序说明书（如"详细设计说明书"）中，它们是程序设计必不可少的蓝图。完成程序说明书后，即可编写程序。编写程序就是用某种程序设计语言把算法程序化，编写程序的人称为程序员。对于大部分程序设计语言来说，编程就是输入命令；有些程序设计语言只需要选择对象和属性或编写对象的脚本。

所谓顺序执行，就是计算机按照程序员指定的顺序执行每一条指令。第一条语句先执行，接下来执行第二条，……，一直到程序末尾。图 11-5 所示的流程图表述了一段小的顺序指令：开始→打印→打印→结束。

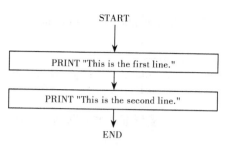

图 11-5　顺序程序执行

　　一些算法给出的执行顺序和程序中写的不同，例如在某些情况下跳过一些指令或重复执行某些指令等。这里，控制结构控制着程序执行的顺序。一般有三种控制结构，即顺序结构、选择结构和循环结构。

1. 顺序结构

　　顺序结构能改变计算机执行的顺序，使得在执行一条指令之后转而执行其他指令。

　　下面这段 QBASIC 程序中，使用 GOTO 语句告诉计算机直接跳往标号为 Widget 的语句执行。这样，语句 PRINT　"This is the second line."将永远不会被执行。

```
PRINT "This is the first line."
GOTO Widget
PRINT "This is the second line."
Widget: PRINT "All Done!"
END
```

　　图 11-6 所示的流程图说明了计算机先按标号顺序执行，然后在 GOTO 语句的作用下跳往其他语句。虽然 GOTO 结构很简单，但过多使用会使程序的可读性和可维护性很差，所以不建议使用。有经验的程序员喜欢用除 GOTO 语句以外的顺序控制结构，把程序改写成一个个子程序、过程、模块或函数，这些都是程序的一段代码，但不包含在主程序的顺序路径内。

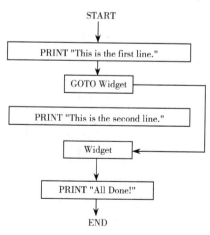

图 11-6　执行 GOTO 语句

2. 选择结构

　　选择结构又称分支结构，用来告诉计算机根据所列条件的正确与否选择执行路径。比较简单的选择结构是 IF...THEN...ELSE 语句。下面这段程序使用 IF... THEN... ELSE 结构来判断输入的数字是否大于 10。若大于 10,打印"That number is greater than 10.";否则,打印信息"That number
is 10 or less."。

```
INPUT "Enter a number:", Number
IF Number>10 THEN PRINT "That number is greater than 10!"
ELSE PRINT "That number is 10 or less."
END
```

图 11-7 用流程图描述了计算机根据菱形框中的判断结果来选择执行路径。

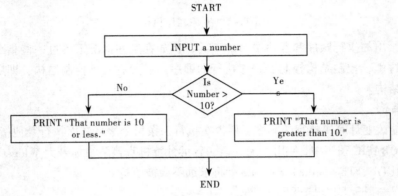

图 11-7　选择结构示例

3. 循环结构

循环控制结构又称重复结构,可以重复执行一条或多条指令直到满足退出条件为止。

在许多程序设计语言中,最常用的循环结构是 FOR…NEXT 和 WHILE…WEND 结构。下面的
例子用 FOR…NEXT 结构打印一条信息三次。图 11-8 用流程图描述了计算机如何执行循环结构。

```
FOR N=1 TO 3
PRINT "There's no place like home."
NEXT N
END
```

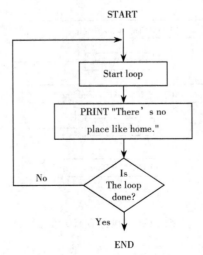

图 11-8　循环结构示例

11.3　测试和文档

在编制程序的同时应当编写文档，以记录和解释程序的工作过程。编程完成后，必须测试代码的每一段来确定其可以正确地工作。

1. 测试程序

必须对计算机程序进行测试以保证其能正确工作。测试通常是输入测试数据来查看程序是否能够产生正确结果。如果没有产生正确结果，必须查找程序中的错误，修改错误，再测试程序。这个过程可能需要相当长的时间。测试是程序设计中的关键步骤。

在程序中发现的错误可能是语法错误，也可能是运行时错误。语法错误是由于指令没有按照程序设计语言的语法规则编写所致。运行时错误是指程序运行时产生的错误，这类错误可以是由类型错误造成，语法正确但不能产生所需的结果。其他运行时错误归类为逻辑错误。逻辑错误是一种程序设计或逻辑中的错误。逻辑错误可能是由于流程图或伪代码中问题说明不足或解法不完整或不正确造成。逻辑错误比起语法错误来通常更难检测，也更费时间。

2. 程序文档

一个计算机程序不可避免地要修改。如果程序文档编制得好，修改程序就比较容易。

程序文档解释了程序的工作过程及使用方法。创建的文档应当能为其他程序员用来修改程序或为其他人使用程序提供帮助。程序文档一般有两种形式：插入到程序代码中的注释和专门制作的文档。

注释是插入到程序代码行中的解释性注解。改写一个程序时，程序员需要阅读原来的程序以理解程序如何工作，然后修改适当的代码段。如果一个程序员在原先的程序中加了注释，那么程序就比较容易理解及修改。计算机执行程序时会略过这些注释。

专门制作的文档不属于程序，它包含的是一些对程序员和用户都有用的关于程序的信息。文档既可以是文字的也可以是电子格式的。文档包含两类，即程序手册和用户参考手册。程序手册中包含所有对程序员有用的信息，包括问题描述和算法。用户参考手册中的信息可以帮助用户学会使用该软件，用户参考手册的电子版本通常能给用户提供在线式帮助。

11.4　编程语言的特点

在过去几十年间出现了上百种编程语言。一些程序设计语言的开发是为了提高编程效率，降低出错率。而另一些则是为专门的编程目的提供高效的指令集。这些语言在描述如何工作和如何给合适任务类型提供信息时各具特色。例如，Pascal 语言就是一种可编译的过程性高级语言。需要选择程序设计语言时，了解这些语言的特色和它们的优缺点将很有帮助。

1. 过程性语言

用过程性语言编写的程序包含一系列语句，告诉计算机如何执行这些过程来完成特定的工作。带有过程性特征的语言称为过程性语言。

过程性的编程语言适合于顺序执行算法。用过程性语言编写的程序有一个起点和一个终点。程序从起点到终点执行的流程是线性的，即计算机从起点开始执行写好的指令序列，直到终点，如图 11-9 所示。

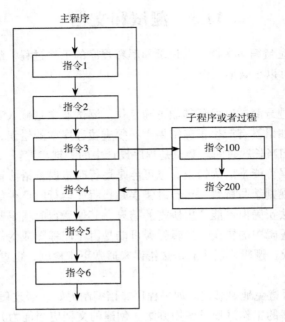

图 11-9　顺序执行过程性语言

2. 说明性语言

说明性语言只需程序员具体说明问题的规则并定义一些条件即可。语言本身内置了方法，把这些规则解释为一些解决问题的步骤，这样就把编程的重心转移到描述问题及其规则上，而不再是数学公式。因此，说明性的语言更适合于思想概念清晰但数学概念复杂的编程工作。

不同于过程性的程序，用说明性语言编写程序只需告诉计算机要做什么，而不需告诉它如何去做。图 11-10 所示是一段 Prolog 程序，问题是在所列的几个人中找出谁有姐妹。

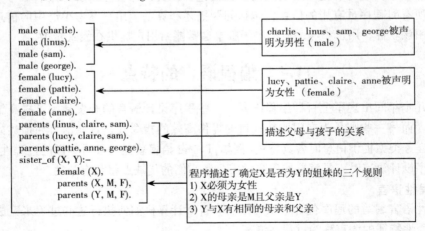

图 11-10　说明性语言示例

3. 脚本语言

HTML 一般归为脚本语言。脚本语言以脚本的形式定义一项任务。脚本不能单独运行，其运行需要依附一个主机应用系统。例如，用 HTML 标签为显示网页编写一个脚本，这个脚本由浏览器软件解释。

诸如 Visual Basic for Applications（VBA）之类的脚本语言包含在许多应用程序中，像文字处理软件和电子表格软件等。可以用脚本使应用程序中的任务自动化，这些自动化例程即通常所说的宏指令。脚本语言使用起来比其他编程语言要简单，但它提供的控制选项很少。HTML 对不擅长编程的人是一个很好的选择。

4．低级语言

程序员需要使用低级编程语言为处于计算机系统低层的硬件（像处理器、寄存器和内存地址等）编写指令。低级语言使程序员可以直接在硬件级水平上操作机器。程序员通常使用低级语言编写编译器、操作系统和设备驱动程序之类的系统软件。低级语言中的指令一般和处理器的指令相对应。

使用低级语言编程，即使是两数相加这样简单的操作也要数条指令才能实现。表 11-1 就是使用低级语言编写的一段程序，其目的是累加两个数。

表 11-1　低级汇编语言指令示例

汇编语言指令	指 令 含 义
LDA 5	将 5 放入累加器中
STA Num1	将 5 放在地址 Num1 的内存位置
LDA 4	将 4 放入累加器中
ADD Num1	把内存 Num1 中的数据与累加器中的数据相加
STA Total	将累加和存入地址为 Total 的内存位置
END	程序结束

机器语言是二进制形式的计算机能直接执行的低级语言。机器语言对人来说既难理解又难掌握，只在早期高级语言还没出现时使用过。

5．高级语言

高级语言提供给程序员的指令更像是人类的自然语言。20 世纪 50 年代，科学家刚开始构思高级语言时，曾经以为使用高级语言可以减少编程中的错误，但事实则相反，使用高级语言更易出现语法错误和逻辑错误。不过，高级语言的确大大缩短了写程序的时间。

高级语言程序必须翻译成计算机能够执行的指令，因此需要编译或者解释。

6．编译程序和解释程序

多数高级语言程序在执行之前需要使用编译器软件把它翻译为低级指令。这时，用高级语言编写的程序称为源代码，编译后的程序称为目标代码。

编译程序最终把程序编译成可执行的代码。因此，调试源程序需要三步：写程序、编译程序和运行程序。一旦发现程序有错，必须修改源程序并重新编译，然后才能再测试。对于编译完成后没有错误的程序，运行时不用再进行编译。

解释程序是用解释器软件而不是用编译器来生成可执行代码。运行一个解释性程序设计语言编写的程序时，语言解释器读取一条指令，然后把它转化成可执行的机器语言指令，执行完这条指令后解释器再读入下一条指令并解释成机器语言，如此继续。解释语言编写的程序执行速度慢，尤其是循环语句多的程序效率更低，因为计算机必须解释每一条语句，循环语句就要重复解释多次。但调试解释性语言程序时不用编译，因此调试所花费的时间要少一些。

7．面向对象语言

面向对象程序设计语言是建立在用对象编程的方法基础之上的。对象就是程序中使用的实体或"事物"，例如屏幕上的按钮图标就是一个对象。程序员可以使用面向对象的语言来定义按钮对象，在程序运行时把它显示出来。

对象属于一个具有一定特性的类或组。"窗口"类是比较常见的类，所有的窗口对象，包括应用程序窗口，都属于"窗口"类，它们具有相同的属性，如都有一个标题栏和一个"关闭"按钮等。程序员创建一个窗口对象时，他就获得或者说继承了窗口类的面向对象的属性和操作，但一个特定的窗口实例可以具有自己特定的属性，如标题、大小、屏幕程序设计上的位置等均可不同。

同一对象可用在不同的程序中，这就扩大了程序员的生产率。例如，许多应用软件都给用户文件提供了"打开"、"保存"、"另存为"、"打印"等操作，如果编写这样的应用程序，定义一个对象来完成这些操作会很方便，只要程序中用到这些操作，随时都可调用这些对象。

8．事件驱动语言

程序事件是指程序必须做出响应的动作或表现，比如按键和单击鼠标。程序员用事件驱动语言编程可以使程序随时检测并响应事件。使用图形界面的程序大部分都是事件驱动的，它们在屏幕上显示诸如菜单这样的控件，并在用户作用于控件时采取某一动作。事件驱动的程序中，代码段要和图形化的对象相关联，比如命令按钮和图标。用户操作某一对象时产生一个事件，比如单击"继续"按钮，该事件就触发与此对象关联的指令执行。

9．构件

实际中，面向对象程序中的对象是由程序设计者生成的。但程序员可以购买一些称为"构件"（又称"组件"）或"库"的对象。构件是事先写好的对象，程序员可以应用到自己的程序中。对于目前流行的编程语言，构件可以买到。使用构件编程称为构件程序设计。

程序员可以选择各种各样的构件来增强功能，比如电子表格、数据库管理、专家系统、报表生成、在线帮助、数据查询、文字编辑和3D图形等。

11.5　选择编程语言

跟人类的自然语言一样，程序设计语言也在不断的改变和进化中。在新的语法和表达式不断充实已有语言的同时，那些旧的和过时的东西也因为不适用而逐渐消退。计算机语言的变化是逐步的和有结构的，它往往是随着该语言的发行厂商的修改或标准化组织对其进行标准化而发生变化。

通常情况下，一项任务可以用不同的编程语言来实现。在一项工程选择编程语言时，应该考虑以下问题：

1）这种编程语言是否适合于手中的任务？

2）这种语言在其他的应用程序中是否也经常使用？

3）项目小组中的人是否都精通这门语言？

如果这些问题的回答都是肯定的，那么这门语言对这项工程是一个很好的选择。了解一些流行语言的特性对回答第一个问题会有帮助。

BASIC是为初级编程者设计的，自从1964年问世以来，已经出现了几种流行的版本。BASIC容易使用且适合于各种计算机系统，因而成为最流行和最广泛使用的语言之一。BASIC是一种过程性的高级语言，它的大多数版本都是解释执行的。BASIC的新版本，像微软的 Visual Basic（VB）

就是功能强大的综合性编程语言，尤其适合于带有图形界面的事件驱动程序设计。

FORTRAN 出现于 1954 年，虽经几次更新，但却是目前仍在使用的最早的高级语言。FORTRAN 一般被科学家用来编写大型计算机和小型计算机上的科学计算程序和工程程序。FORTRAN 语言在 1966 年进行标准化以后，分别于 1977 年和 1990 年两次重新发行。

Pascal 开发于 1971 年，是编译执行的过程性高级语言，它开了结构化程序设计的先河。但 Pascal 很少用于专业编程和商用软件的开发，主要用于帮助学生学习计算机编程。

C 是编译执行的过程性高级语言并带有低级语言的接口，这种特性给程序员带来很大的灵活性，利用这种灵活性，有经验的程序员可以使他们的程序速度快、效率高，但也使 C 程序难于理解、调试和维护。

C++是支持面向对象的 C 语言。许多人认为 C++的面向对象特性可以提高程序员的效率，但面向对象的程序设计的思维方式与过程性设计迥然不同，因此，刚刚使用 C++编程的程序员往往困难重重。

SQL 是为数据库的定义和操作而开发的一种标准语言。SQL 是说明性的高级语言，只需程序员和用户对数据库中数据元素之间的关系和欲读取信息的类型予以描述。虽然数据库也可用 COBOL 等过程性的语言操作，但 SQL 语句由于更适应数据库操作而效率更高。

Java 和 J++是以 C++为基础的，但更适于网络应用的面向对象的高级语言。Java 和 J++尤其适合于生成网页上栩栩如生的图画和称为 Applet 的 Java 应用程序，其中包含用户定制的按钮、复选框和文字输入框之类的网页控件。当浏览器和附有 Java 和 J++程序的网页连接时，计算机就会下载这段程序并执行。由于程序是在用户计算机上而非网络服务器上运行，在输入和接收响应时就避免了传输时间。Java 和 J++有一个很大的不同之处：Java 是一种独立于平台的语言，这意味着 Java 程序不但能在 Windows 上运行，而且可运行在 Macintosh 和 UNIX 上。J++提供给程序员的工具要求 Windows 的支持。使用这些工具可以编出更快、更高效的应用程序，但它只能运行在 Windows 操作系统的机器上。

8086 汇编语言是一种低级语言，由一些容易记忆的短语组成，计算机易于将它们转化成其他语言。8086 汇编语言指令集只适用于 Intel 8086 微处理器，用它编写的程序只能运行在装有 x86 系列微处理器的计算机上，现在 8086 汇编语言主要用在那些程序尽可能短的或速度要求很高的场合。专业的程序员把 8086 汇编语言嵌入应用程序以加快其执行速度。

因为计算机语言多年才修订一次，所以，程序员们完全可以通过熟练掌握一门计算机语言，并逐步积累丰富的经验，为以后的工作提供便利。

11.6 习 题

1. 写一个计算机程序之前，必须写_____来定义一些运行中要用到的元素。
2. _____是完成任务或解决问题的步骤的有机集合。
3. _____是描述计算机一步一步解决问题的图形表示方法。
4. _____是用计算机语言描述一个算法的过程。
5. _____控制能把执行顺序从一条语句转到另一条语句。
6. _____结构使计算机按照所给条件的正确与否选择执行路径。
7. _____结构能重复执行一段程序直到某一条件为真。

8. 输入已知数据来验证程序是否输出正确结果是_____过程的一部分。

9. 忽略了编程语言的规则和语法，就可能会犯_____错误。

10. _____错误识别起来最困难而且费时。

11. _____解释程序如何工作和及如何使用它。

12. 为了解释程序如何工作，而且使其他修改程序的程序员容易读懂，程序员往往在程序中插入_____。

13. _____是为程序员编写的文档，而_____是为用户使用软件设计的文档。

14. 用_____语言写的程序由一系列语句组成，它告诉计算机完成特殊任务所执行的步骤。

15. _____语言由定义解决问题的条件的一系列规则组成。

16. _____语言需要程序员在最低水平上写指令，这里特指硬件元素，如处理器、内存、寄存器等。

17. 在编译语言中，_____代码被编译、翻译成可执行的目标代码。

18. 一些编程语言用_____在程序执行时一次将每一条语句转换为可执行的机器指令。

19. 在_____编程中，代码和对象相联系，对象有动作时程序才被执行。

20. _____是事先写好的对象被设计为专用并可添加到程序中。

21. _____是程序必须响应的动作，如按键和点击鼠标。

22. 顺序控制结构通常把程序执行权交付给_____、过程、模块或者函数。

23. 重复控制结构通常又称_____。

24. 如果程序中某命令字拼写错误，则出现_____错误。

25. 在程序执行之前，_____把整个程序翻译成对象代码。

26. 在编程环境下，鼠标单击被视作一个程序_____。

27. _____是预先写好的对象，可以被集成到计算机程序中。

11.7 实验与思考：理解算法与程序设计

一、实验目的

1）了解程序设计中算法的概念和表达算法的主要方法。

2）熟悉计算机程序设计的基本概念，熟悉程序设计中的三种基本控制结构。

3）能理解和描述程序中语法错误和逻辑错误的区别。

4）能解释程序正文、注释和用户参考手册的用途。

5）了解目前最流行的计算机编程语言，列出并区分各种编程语言的主要特征。

二、工具/准备工作

在开始本实验之前，请回顾本章的相关内容。

需要准备一台带有浏览器并能够访问因特网的计算机。

三、实验内容与步骤

1. 概念分析

请利用所学概念回答下列问题，必要时请借助于教科书、网络等寻求资料。

1）算法和计算机程序之间有区别吗？为什么？

_____

_____

2）请解释语法错误和逻辑错误的区别。

_____

_____

3）请解释程序注释和文档的区别。

_____

_____

4）请填充表 11-2（打"✓"），总结一下流行的程序设计语言的特点（注意：很多种语言都有不止一个特点）。

表 11-2　程序设计语言的特点

语　　言	过程性	说明性	低级	高级	编译	解释	面向对象	组件（构件）	事件驱动	脚本
BASIC										
Visual Basic										
FORTRAN										
Pascal										
C										
C++										
C#										
SQL										
Java										
J++										
HTML										

2．算法练习

为了理解一个问题，必须理解建立一个问题所必需的那些假设和所有能用来解决问题的信息，并验证这些假设和已知信息。算法对于编写高效的计算机程序是非常关键的。理解了算法和解决问题或完成任务的步骤以后，就可以把这个算法翻译成可以工作的计算机程序了。

问题：两个旅行者计划到一个城市去旅行。从他们的旅馆开始，他们想去参观如下地方：书店、科技馆、一个泰国风味的餐馆和一个超级市场。通过一个城市的地图可以查到这些地点的位置。根据地图的比例尺，我们知道地图上的半英寸代表实际上的一英里的路程。这两个旅行者想知道他们的旅行总路程是多长。（提示：可以利用一张地图、一个计算器和一把尺子。）

请思考：采取什么步骤来解决这个问题？练习以自然语言（伪代码）表达该算法并粘贴如下：

_____

3．思考：程序设计在计算学科中的地位

《计算作为一门学科》报告对程序设计的作用进行了以下深入的分析：计算学科所包括的范

围要远比程序设计大得多。例如：硬件设计、系统结构、操作系统结构、应用系统的数据库结构设计以及模型的验证等内容覆盖了计算学科的整个范围，但是这些内容并不是程序设计。

计算机界长期以来一直认为程序设计语言是进入计算学科其他领域的优秀工具，甚至还有人认为计算科学的导论课程就是程序设计。显然，某些认识过分强调了程序设计的重要性。

同时，《计算作为一门学科》报告也肯定了程序设计在计算学科的正确地位：程序设计是计算学科课程中固定练习的一部分，是每一个计算学科专业的学生应具备的能力，是计算学科核心科目的一部分。并且，程序设计语言还是获得计算机重要特性的有力工具。

你是否同意上述观点？请谈谈你对程序设计的认识。

_____
_____
_____

四、实验总结

_____
_____
_____
_____

五、实验评价（教师）

_____
_____

11.8 阅读与思考：19 世纪的传奇合作——巴贝奇与阿达

查尔斯·巴贝奇（Charles Babbage）是世界公认的"计算机之父"。他是一位富有的银行家的儿子，1792 年出生在英格兰西南部的托格茅斯，后来继承了相当丰厚的遗产，但他把金钱都用于科学研究。童年时代的巴贝奇显示出极高的数学天赋，考入剑桥大学后，他发现自己掌握的代数知识甚至超过了教师。1817 年获硕士学位，1828 年受聘担任剑桥大学"卢卡辛讲座"的数学教授。

1820 年巴贝奇创建剑桥大学分析学会；1827 年出版了从 1 到 108 000 的对数表；1831 年，他领导建立英国科学进步协会；1832 年出版《机械制造经济学》；1834 年创立伦敦统计学会；1864 年出版《一个哲学家的生命历程》。巴贝奇发明了差分机和分析机。巴贝奇一生还有许多发明，如铁路排障器、功率计、统一邮资规范、格林威治时间信号、日光摄影光学望远镜等。

在靠近月球的北极，有一个陨石坑被命名为"巴贝奇坑"，科学界将永远缅怀他的功绩。1977 年，为了研究信息革命的历史，美国建立了巴贝奇研究所（CBI）。

1842 年，英国政府宣布断绝对巴贝奇的一切资助，科学界的同行则讥笑他是"愚笨的巴贝奇"，公然称差分机"毫无任何价值"。然而，巴贝奇没有灰心丧气，他为自己确定了一项更大胆的计划——研制一台通用计算机。这种新机器被命名为"分析机"，巴贝奇希望它能自动解算有 100 个变量的复杂算题，每个数达 25 位，速度达到每秒钟运算一次。

巴贝奇设计的分析机不仅包括齿轮式"存储仓库"（Store）和"运算室"即"作坊"（Mill），而且还有他未给出名称的"控制器"装置，以及在"存储仓库"和"作坊"之间运输数据的输入/输出部件。巴贝奇以他天才的思想，划时代地提出了类似于现代计算机五大部件的逻辑结构。

阿达·奥古斯塔（Ada Augusta），1815 年生于伦敦，她是 19 世纪英国著名诗人拜伦（L.Byron）的女儿，数学家，穿孔机程序创始人。因父母婚姻破裂，出生 5 星期后就一直跟随母亲生活。母亲安娜·密尔班克（A. Millbanke）是位业余数学爱好者，阿达没有继承父亲诗一般的浪漫热情，却继承了母亲的数学才能。

阿达 19 岁嫁给了威廉·洛甫雷斯伯爵，因此，史书也称她为洛甫雷斯伯爵夫人（Lady Lovelace）。由于巴贝奇晚年因喉疾几乎不能说话，介绍分析机的文字主要由阿达替他完成。阿达的生命是短暂的，她对计算机的预见超前了整整一个世纪。阿达早逝，年仅 36 岁，与她父亲拜伦相似。根据她的遗愿，她被葬于诺丁汉郡其父亲身边。

顶着艰难的条件和舆论压力，只有 27 岁的阿达·奥古斯塔勇敢地支持了巴贝奇的计划。阿达甚至不顾自己已是三个孩子的母亲，坚定地投身于分析机研究，成为巴贝奇的合作伙伴。在 1843 年发表的一篇论文里，阿达认为机器今后有可能被用来创作复杂的音乐、制图和在科学研究中运用，这在当时确是十分大胆的预见。

在笔记里，阿达还为分析机设计提出了大量有用的建议。她准确地评价说："分析机'编织'的代数模式同杰卡德织布机编织的花叶完全一样。"于是，为分析机编制程序的重担，落到了这位数学才女的肩头。她写信告诉巴贝奇，她已经为如何计算"伯努利数"写了一份规划。以现在的观点看，阿达首先为计算拟定了"算法"，然后写了一份"程序设计流程图"。这份珍贵的规划，被人们视为"第一个计算机程序"。

阿达设计了巴贝奇分析机上解伯努利方程的一个程序，并证明当时的 19 世纪计算机狂人巴贝奇的分析器可以用于许多问题的求解，她甚至还建立了循环和子程序的概念。由于她在程序设计上的开创性工作，Ada Lovelace 被称为世界上第一位程序员。

由于得不到任何资助，巴贝奇和阿达耗尽了自己全部财产，一贫如洗。1852 年，因疾病缠身，阿达英年早逝，巴贝奇又独自坚持了近 20 年。晚年的他甚至不能有条理地表达自己的意思，但是仍然百折不挠地坚持工作。1871 年，为计算机事业贡献毕生精力的这位先驱者孤独地离开了人世。分析机终于没能制造出来，未完成的一部分被保留在英国皇家博物馆里。

巴贝奇逝世后，他的儿子亨利·巴贝奇（Henry Babbage）制造了若干个"运算室"部件的复制品，送往世界各地保存。亨利坚定地相信，总有一天，他父亲的这种机器一定会被后人制造出来。

美国国防部据说花了 10 年的时间，把所需软件的全部功能混合在一种计算机语言中，希望它能成为军方数千种计算机的标准。1981 年，这种语言被正式命名为 ADA（阿达）语言。

资料来源：软件研发名人堂（http://www.sawin.cn/）

第 ⑫ 章

数据库、数据仓库与数据挖掘

根据工作环境的不同，"数据文件"可能有不同的含义。例如，可以把数据文件当做是包含任何类型数据的文件，例如文本、数字、图形、声音，甚至是软件模块等；同样，也可以把数据文件当做任何不可执行或者不是程序的文件。当然，数据文件也可能指的是某个结构化文件或者数据库，比如电子邮件地址簿，其中包含了按照固定格式组织的信息。

由于数据文件有多种定义，因此，当阅读计算机专业杂志或者文档时，也应该根据文本的上下文来决定该术语的具体含义是什么。例如，在这一章中，"数据文件"指的是以统一格式组织信息的文件，这种数据文件可以保存简单地址簿、库存列表、学生花名册、航班时刻表等信息。与维护和访问数据文件中数据相关的任务称为数据管理。

12.1　数据库基础

数据库（database，DB）是依照某种数据模型组织并存储的数据集合。这种数据集合具有如下特点：尽可能不重复，以最优方式为某个特定组织的多种应用服务，其数据结构独立于使用它的应用程序，对数据的增、删、改和检索由统一的软件进行管理和控制等。

从发展历史看，数据管理技术大致经历了三个阶段：

1）自由管理阶段：用户以文件形式将数据组织起来，并附属在各自的应用程序下。

2）文件管理阶段：操作系统中的文件系统给出了统一的文件结构和共同存取的方法，用户可以把数据和信息作为文件长期地保存在计算机系统中，并可以方便地进行查询和处理。

3）数据库管理阶段：为了适应大量数据的集中存储，并提供给多个用户共享的要求，使数据与程序完全独立，最大限度地减少数据的冗余度，出现了数据库管理系统（database management system，DBMS）。

12.1.1　数据库的基本结构

在数据文件中，字段是有意义数据的最小单元（例如二维表格的列），称为数据文件的基本组成模块。字段有字段名，用来描述字段中的内容。例如，字段 Name 可能描述了一组职工姓名数据。字段可以设置为可变长度或者固定长度。

输入在字段中的数据依赖于字段的数据类型。从技术上讲，数据类型定义了数据在磁盘和内存中表示的方式；从用户的角度来说，数据类型决定了操作数据的方式。文件中的每个字段都分配有数据类型，最常用的数据类型是字符和数值。数值类型的字段可以进行数值运算；字符类型的字段包含了那些不需要进行数学操作的数据，如名字、描述、城市、缩写、电话号码和学号等。还有一些其他数据类型，如日期、逻辑和备注类型等。

　　实体是人、地方、物品或事件等用来存储数据的对象，而记录（例如二维表格的行）包括了描述实体的字段。记录长度表示记录可以存储的最大字节数，计算文件的记录长度有助于确定存储需求。一般情况下，创建数据文件中文件结构的人定义了它所应该包含的字段，记录中字段的个数和字段名依赖于记录所包含的数据。

　　数据库的基本结构分三个层次，反映了观察数据库的三种不同角度（视图）：

　　1）物理数据层。它是数据库的最内层，是物理存储设备上实际存储的数据的集合。这些数据是原始数据，是用户加工的对象，由内部模式描述的指令操作处理的位串、字符和字组成。

　　2）概念数据层。它是数据库的中间层，是数据库的整体逻辑表示。它指出了每个数据的逻辑定义及数据间的逻辑联系，是存储记录的集合。它所涉及的是数据库所有对象的逻辑关系，而非物理情况，是数据库管理员（DBA）概念下的数据库。

　　3）逻辑数据层。它是用户所看到和使用的数据库，表示了一个或一些特定用户使用的数据集合，即逻辑记录的集合。

12.1.2　数据库的特点

　　数据库不同层次之间的联系是通过映射进行转换的。数据库具有以下主要特点：

　　1）实现数据共享。数据共享包含所有用户可同时存取数据库中的数据，也包括用户可以用各种方式通过接口使用数据库，并提供数据共享。

　　2）减少数据的冗余度。由于数据库实现了数据共享，从而避免了用户各自建立应用文件，减少了大量重复数据，减少了数据冗余，维护了数据的一致性。

　　3）数据的独立性。包括数据库中数据的逻辑结构和应用程序相互独立，也包括数据物理结构的变化不影响数据的逻辑结构。

　　4）数据实现集中控制。利用数据库可以对数据进行集中控制和管理，并通过数据模型表示各种数据的组织以及数据间的联系。

　　5）数据一致性和可维护性，以确保数据的安全性和可靠性，主要包括如下几点：

　　① 安全性控制：以防止数据丢失、错误更新和越权使用。

　　② 完整性控制：保证数据的正确性、有效性和相容性。

　　③ 并发控制：使在同一时间周期内，允许对数据实现多路存取，又能防止用户之间的不正常交互作用。

　　④ 故障的发现和恢复：由 DBMS 提供一套方法，可及时发现和修复故障，从而防止数据被破坏。

12.1.3　数据模型

　　数据模型用来描述数据库中数据存储的方式。当使用有效的数据模型创建数据库时，就可以按照能够为公司或者组织机构提供有用信息的方式来输入、定位和操作数据。设计数据库结构时，数据模型可以帮助理解实体之间的关系，创建最有效的结构来存储数据。

1. 实体关系

为了把现实世界中的具体事物进行抽象，人们常常首先把现实世界抽象成为信息世界（形成概念模型），然后再把信息世界转化为机器世界（形成数据模型）。

目前描述概念模型的最常用的方法是实体–联系（entiny-relationship，E-R）方法。这种方法简单、实用，它所使用的工具称为E-R图。

例如，图12-1中的E-R图表示了职工和考勤卡之间的联系。

数据图表可用来显示基数，即两个记录类型之间存在的联应联系。有三种可能的基数：一对一、一对多和多对多，如图12-2所示。

Employee		Employee		Department
Social Security Card		Timecard		Job
一对一联系用单线连接表示记录类型的方框		一对多联系用一端加"凤爪"的单线连接表示具有多个出现的记录类型		多对多联系用两端加"凤爪"的线连接两个表示具有多个出现的记录类型

Employee — has a — Timecard

图 12-1　E-R图表示　　　　　　　　　　　图 12-2　表示基数

一对多联系意味着一个特定记录类型中的一个记录可以和另外一个记录类型中的多个记录相关联。例如，一个职工可以有多个考勤卡，一个工作需要多个员工等。多对多联系意味着一个特定记录类型中的多个记录可以和另外一个记录类型中的多个记录相关联，反之亦然。例如，一个部门可以提供许多不同的工作，如护士、技术人员等，但同时某个特定的工作也可能出现在多个部门中，例如，急救中心和门诊都需要护士。

数据模型可以帮助数据库设计者为数据库创建最高效的结构，并且可以决定哪一种数据模型能提供最高效的数据库环境。有四种主要的数据库模型，即层次、网状、关系和面向对象数据库模型，它们采用不同的方式来表示实体之间的联系。对于理解所有的模型来说，记录类型、字段和联系等概念都是很重要的。

2．关系数据库模型

过去，大型计算机数据库通常使用层次或网状数据库。20世纪80年代，关系数据库逐渐流行，在微机上使用的数据库大多是关系模型，并且，面向对象模型也越来越流行。

对于关系数据库的用户来说，关系数据库就像一个表的集合，它大致上等价于记录类型集合。表的一行称为一个元组（记录），表的列称为属性（字段）。

在关系模型中，记录是通过字段之间的关系而关联的。关系数据库模型的价值在于表实际上看起来是独立的，但是却可以多种灵活的方式相关联。而且，表只是一个概念性的东西，用户不需要处理数据的物理存储方案。

3．面向对象数据库模型

面向对象数据库（OODB）模型可以替代层次、网状和关系模型。面向对象数据库模型把实体看做根据属性定义的对象，其中属性等价于数据字段。对象可以用方法进行操作，具有类似属性的对象可以分组为类。可以使用类比来解释类、对象、属性和方法的含义。

假设有一个类称为"固定某物的装置"（或称为扣件、紧固件）的东西，包括螺钉和钉子等对象。每个对象都有属性，钉子有一个尖尖的点，并且有一个平平的头；螺钉也有一个尖尖的点，还有一个有凹槽的头，并且有螺纹。有什么方法可以应用到钉子上呢？可以用锤子敲打。

又有什么方法可以应用到螺钉上呢？可以用螺丝刀拧。

面向对象数据库提供了定义复杂数据关系的结构和功能，同时也提供了灵活创建单个数据类型的变种功能。

12.1.4　数据库的发展

数据库技术是计算机科学中发展最快的领域之一。

1．分布式数据库系统

随着 20 世纪 70 年代后期分布计算机系统的发展，相应地研究成功了分布式数据库系统。分布式数据库系统结构复杂，是一个在逻辑上完整，物理上分散在若干台互相连接的结点机上的数据库系统，它既具有分布性又具有数据库的综合性，是数据库系统发展的一个重要方向。

2．数据库机器

所谓"数据库机器"是一种新的计算机系统的体系结构，它把由中央处理器包办的数据库操作分散给一些局部的部件来执行，或转移到一个与主计算机相连的专用计算机去执行，以提高并行性。数据库机器的发展包括了智能控制器和存储器，专用处理机和数据库计算机。

3．数据库语义模型

一般数据库的数据模型基本上属于语法模型，语义体现很不完备，不能明显地含有现实世界的意义。因此，用户只能按照 DBMS 所提供的数据操纵语言访问数据库。而语义数据模型能准确描述现实世界中某个部门的信息集合及其意义，使用户能基于对现实世界的认识或用类似于自然语言的形式来访问数据库。这方面的研究已发展为数据语义学。

4．数据库智能检索

数据库技术和人工智能相结合，根据数据库中的事实和知识进行推理，演绎出正确答案，这就是数据库智能检索。这涉及自然语言用户接口、逻辑演绎功能和数据库语义模型等问题，例如 20 世纪 70 年代末开始的知识库管理系统和演绎数据库的研究等。

5．办公室自动化系统中的数据库

研究在办公室自动化系统中数据库技术的应用，其中主要是研究对各种非格式化数据如图像、声音、正文的处理，以及面向端点用户的高级语言接口等。

12.2　数据库管理系统

数据库管理系统（DBMS）是一种操纵和管理数据库的大型软件，用于建立、使用和维护数据库，以适应信息化社会对数据管理技术的需求，是十多年来迅速发展起来的一门学科。DBMS 对数据库进行统一的管理和控制，以保证数据库的安全性和完整性。用户通过 DBMS 访问数据库中的数据，数据库管理员通过 DBMS 进行数据库的维护工作。DBMS 提供了多种功能，可使多个应用程序和用户用不同的方法在相同或不同时刻去建立、修改和查询数据库。

12.2.1　数据库管理系统功能

数据库管理系统是从图书馆的管理方法改进而来的。人们将越来越多的资料存入计算机中，并通过一些编制好的计算机程序对这些资料进行管理，这些程序后来称为"数据库管理系统"，它可以帮助管理输入到计算机中的大量数据，就像图书馆的管理员。

按功能划分，DBMS 大致分为六个部分：

1）模式翻译。提供数据定义语言（DDL）。用它书写的数据库模式被翻译为内部表示。数据库的逻辑结构、完整性约束和物理存储结构保存在内部的数据字典中。数据库的各种数据操作（如查找、修改、插入和删除等）和数据库的维护管理都是以数据库模式为依据的。

2）应用程序的编译。把包含着访问数据库语句的应用程序，编译成在 DBMS 支持下可运行的目标程序。

3）交互式查询。提供易使用的交互式查询语言，例如 SQL。DBMS 负责执行查询命令，并将查询结果显示在屏幕上。

4）数据的组织与存取。提供数据在外围存储设备上的物理组织与存取方法。

5）事务运行管理。提供事务运行管理及运行日志、事务运行的安全性监控和数据完整性检查、事务的并发控制及系统恢复等功能。

6）数据库的维护。为 DBA 提供软件支持，包括数据安全控制、完整性保障、数据库备份、数据库重组以及性能监控等维护工具。

基于关系模型的数据库管理系统已日臻完善，并已作为商品化软件广泛应用于各行各业。它在客户机/服务器结构的分布式多用户环境中的应用，使数据库系统的应用进一步扩展。随着新型数据模型及数据管理实现技术的推进，可以预期 DBMS 软件的性能还将更新和完善，应用领域也将进一步拓宽。

12.2.2　面向对象数据库

文件管理系统和数据库管理系统是对被动数据集进行操作的，在这个集合中，数据只是简单地等待程序来处理。然而，面向对象数据库通常包含在数据上执行动作的方法。要创建一个面向对象数据库，需要使用面向对象数据库管理系统（OODBMS），或者可以用定义操作对象和定义方法的编程语言，如 Small-talk 等。

在面向对象数据库的情况下，从外部操作数据库的程序只有那些用于定义数据库对象、方法和类的程序。尽管这些程序并不是数据库的一部分，但是它们通常包含在面向对象数据库软件中。图 12-3 所示为面向对象的方法。

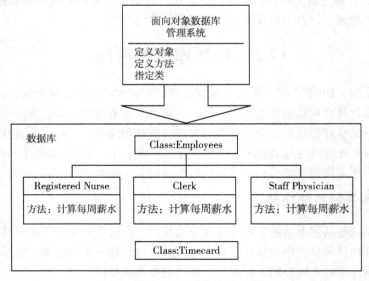

图 12-3　面向对象方法示例

12.2.3　基于 Web 的数据库工具

基于 Web 的数据库允许通过因特网用标准的 Web 浏览器来访问数据库。要和基于 Web 的数据库交互，必须将请求从浏览器送到数据库，然后将结果送回浏览器。CGI（网关接口）程序能满足这个要求。这些程序可以用编程语言如 Perl、C、Visual Basic 等来编写，和 CGI 功能相似且性能较高的有专用接口 ISAPI（Internet server application programming interface，因特网服务器应用编程接口）和 NSAPI（netscape server application programming interface，网景服务器应用编程接口）等。高速但非专用的工具是活动服务器页面（active server page，ASP），该页面包含与数据库进行交互的编程代码。Web 数据库开发工具都包括在许多流行的数据库包中，例如 Microsoft Access。

12.2.4　主流的数据库管理系统

目前有许多数据库产品，如 IBM DB2、Oracle、Sybase、Microsoft SQL Server、Microsoft Access 和 MySQL 等，各以自己特有的功能在数据库市场上占有一席之地。

1）Oracle。Oracle 是一个最早商品化的关系型 DBMS，应用广泛、功能强大。作为一个通用的数据库管理系统，Oracle 不仅具有完整的数据管理功能，还是一个分布式数据库系统，支持各种分布式功能，支持因特网应用。作为一个应用开发环境，Oracle 提供了一套界面友好、功能齐全的数据库开发工具。Oracle 使用 PL/SQL 执行各种操作，具有可开放性、可移植性、可伸缩性等功能。特别是在 Oracle 8i 中，支持面向对象的功能，如支持类、方法、属性等，使得 Oracle 产品成为一种对象/关系型数据库管理系统。

2）Microsoft SQL Server。Microsoft SQL Server 是一种典型的关系型 DBMS，它使用 Transact-SQL 完成数据操作。由于 Microsoft SQL Server 是开放式的系统，其他系统可以与其进行完好的交互操作，具有可靠性、可伸缩性、可用性、可管理性等特点，为用户提供完整的数据库解决方案。

3）Microsoft Office Access。作为 Microsoft Office 组件之一的 Microsoft Dffice Access 是在 Windows 环境下非常流行的桌面型数据库管理系统。使用 Access 无须编写任何代码，只要通过直观的可视化操作就可以完成大部分数据管理任务。在 Access 数据库中包括许多组成数据库的基本要素，如存储信息的表、显示人机交互界面的窗体、有效检索数据的查询、信息输出载体的报表、提高应用效率的宏、功能强大的模块工具等。它不仅可以通过 ODBC 与其他数据库相连，实现数据交换和共享，还可以与 Word、Excel 等办公软件进行数据交换和共享，并且通过对象链接与嵌入技术（OLE）在数据库中链接和嵌入声音、图像等多媒体数据。

12.3　数据库检索

从广义上讲，数据库就是存储在一台或多台计算机上的信息的集合。在实际应用中，使用数据库 95% 都是为了查找信息，而不是创建和增加信息。

1. 结构化和非结构化数据库

有许多数据库技术应用的例子，例如图书卡分类、包含账号信息的银行账户、光盘百科全书、公司计算机的文件系统，以及电子邮件地址簿等。在通过因特网访问股市、人才市场或旅游网站时，本质上也是在访问一个巨大的数据库。

数据库可以分成两种：结构化数据库和非结构化数据库。结构化数据库（又称结构化数据文件）是使用统一格式的记录和域来组织信息的文件，如图 12-4 所示，其存储的数据通常描述的是相似实体的集合。比如，医疗数据库存储的数据一般是病人的信息，库存数据库的数据则是存储在仓库的货物和货架信息。

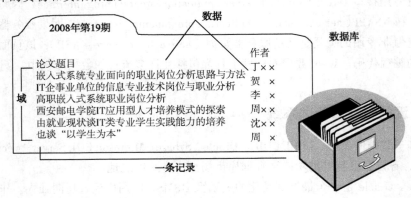

图 12-4　结构化数据库示意

非结构化数据库是信息的松散结构化组合，一般是按照文档而不是记录来存储的。比如，可以把使用文字处理软件生成的文档看成一个个人作品的非结构化数据库。万维网在世界范围中存储了数以百万计的各式各样的文档，它也是一种非结构化数据库。无论存储在硬盘、光盘，还是因特网上，非结构化数据库都能够为人们存储各种各样的信息。

2. 信息检索

当在数据库中检索信息（而不是创建和维护数据库）的时候，通常不需要知道目前访问的数据库是结构化的，还是非结构化的，相关的数据访问软件会隐含这些信息。数据访问软件提供了在数据库中检索信息的界面，只要告诉它所需的信息，它就去进行检索。数据访问软件了解数据库的结构，因此用户不需要考虑技术细节。

不同的数据库通常使用不同的访问软件。因此，要在信息时代有效地获取信息，就必须掌握不同数据访问软件的检索过程。根据所使用的访问软件，可使用菜单、超文本索引、关键字搜索引擎、实例查询、查询语言或自然语言进行检索。

3. 菜单和超文本索引

在银行自动账户信息系统中，系统会有"查询信息请按 1，获得帮助请按 2"等提示。这个系统就是银行数据库的用户界面（UI）。由于许多人要使用这个系统，因此访问过程必须简单。银行客户系统的大多数数据访问软件都是基于菜单的。

数据库菜单类似于大多数其他软件中的菜单。访问数据库信息的菜单可以是基于屏幕的，也可以是基于语音提示的。菜单通常是层次化排列的，选择了第一级菜单，第二级菜单才会出来。

使用语音菜单时，要时刻准备着按下自己希望的选项，当听到所需要的选项就立刻按下按钮。当语音完成菜单选项的解释后，无须回忆这个希望按下的号码。

相比之下，基于屏幕的菜单更容易使用，因为所有的选项都一目了然。因此，它们可能更加复杂，使用多级菜单显示更多选项。如果经常使用同一个基于菜单的数据访问软件，就会非常熟练地从菜单中找到需要的选项。

基于屏幕的菜单在因特网上成为访问信息的流行格式。许多流行的提供因特网信息检索的网点使用的是称为超文本索引的方法，如图 12-5 所示。将信息按照教育、娱乐和商业等分类，方便信息检索。使用这样的超文本索引，首先要选择所需信息所在的分类，系统会给出关于这部分的主题列表，从列表中选择后将会显示另外一个选择列表。这样，当浏览完这个列表后，就会找到包含所需信息的文档。

图 12-5　Yahoo 的超文本索引

4. 关键字搜索

传统上，由于习惯，我们会觉得分类存放信息易于查找，但有些事物不好分类，再加上计算机功能和处理速度的提高，现在，还可以按照关键字而不是分类主题进行搜索。

关键字搜索引擎使人们避免了检索数据时在主题分类菜单中浪费时间。关键字搜索引擎在类似于万维网这样的非结构化数据库中得到了广泛应用。使用关键字搜索引擎检索数据，只需要输入像"数据挖掘"这样的关键字，搜索引擎就会定位相关信息。通常，它会显示出包含该关键字的文档摘要，可以从中选择认为最有用的文档。关键字搜索引擎的用户界面通常非常简单，如图 12-6 所示。搜索引擎还允许使用更加详细的搜索条件来生成"高级"搜索。

5. 实例查询

如果要迅速访问数据库中的信息，最好是把信息存储在结构化数据库中。由于结构规整，计算机的定位速度要比在非结构化数据库中定位的速度快许多。但是，结构会引起一些问题，例如用户可能不知道数据库的记录格式。因此，为了帮助用户搜索结构化数据库，有一种称为实例查询（缩写为 QBE）的方法，如图 12-7 所示。

图 12-6 Google（谷歌）搜索引擎

图 12-7 互动出版网的实例查询

12.4 数 据 仓 库

数据仓库（data warehouse，DW）是一个环境，而不是一件单一产品，它提供了用户用于决策支持的当前和历史数据，这些数据在传统的操作型数据库中很难或不能得到。

数据仓库技术是为了把操作型数据有效地集成到统一环境中，以提供决策型数据访问的各种技术和模块的总称，其目的就是为了让用户更快、更方便地查询所需要的信息，提供决策支持。

12.4.1 数据仓库的特点

数据仓库有如下一些特点：

1）面向主题。操作型数据库的数据组织面向事务处理任务，各个业务系统之间各自分离，而数据仓库中的数据是按照一定的主题域进行组织的。主题是一个抽象的概念，是指用户使用数据仓库进行决策时所关心的重点方面，一个主题通常与多个操作型信息系统相关。

2）集成。面向事务处理的操作型数据库通常与某些特定的应用相关，数据库之间相互独立，并且往往是异构的。而数据仓库中的数据是在对原有分散的数据库数据抽取、清理的基础上，经过系统加工、汇总和整理得到的。必须消除源数据中的不一致性，以保证数据仓库内的信息是关于整个企业的一致的全局信息。

3）相对稳定。操作型数据库中的数据通常实时更新，数据根据需要及时发生变化。数据仓库的数据主要供企业决策分析用，所涉及的数据操作主要是数据查询。某个数据一旦进入数据仓库，一般情况下将被长期保留。亦即，数据仓库中一般有大量的查询操作，但修改和删除操作很少，通常只需要定期加载、刷新。

4）反映历史变化。操作型数据库主要关心当前某一个时间段内的数据，而数据仓库中的数据通常包含历史信息，系统记录了企业从过去某一时点（如开始应用数据仓库的时点）到目前的各个阶段的信息，通过这些信息，可以对企业的发展历程和未来趋势做出定量分析和预测。

12.4.2　数据仓库的组成

数据仓库由数据仓库数据库、数据抽取工具、元数据等内容组成。

1）数据仓库数据库。这是整个数据仓库环境的核心，是数据存放的地方，提供对数据检索的支持。相对于操纵型数据库来说，其突出特点是对海量数据的支持和快速的检索技术。

2）数据抽取工具。数据抽取工具是把数据从各种各样的存储方式中拿出来，进行必要的转化、整理，再存放到数据仓库内的一种工具。对各种不同数据存储方式的访问能力是数据抽取工具的关键。数据转换包括删除对决策应用没有意义的数据段，转换到统一的数据名称和定义，计算统计和衍生数据，给缺值数据赋以默认值，统一不同的数据定义方式等。

3）元数据。元数据是指描述数据仓库内数据的结构和建立方法的数据。可将其按用途不同分为两类，即技术元数据和商业元数据。

① 技术元数据是数据仓库的设计和管理人员用于开发和日常管理数据仓库时用的数据，包括数据源信息、数据转换的描述、数据仓库内对象和数据结构的定义、数据清理和数据更新的规则、源数据到目的数据的映射、用户访问权限、数据备份历史记录、数据导入历史记录、信息发布历史记录等。

② 商业元数据从商业业务的角度描述了数据仓库中的数据，包括业务主题的描述、包含的数据、查询、报表等。

元数据为访问数据仓库提供了一个信息目录，这个目录全面描述了数据仓库中有什么数据、这些数据是怎么得到的和怎么访问这些数据，它是数据仓库运行和维护的中心，数据仓库服务器利用它来存储和更新数据，用户通过它来了解和访问数据。

4）访问工具。访问工具为用户访问数据仓库提供手段。其包括数据查询和报表工具、应用开发工具、管理信息系统（EIS）工具、在线分析（OLAP）工具、数据挖掘工具等。

5）数据集市（data marts）。数据集市是指为了特定的应用目的或应用范围，而从数据仓库中独立出来的一部分数据，也可称为部门数据或主题数据。在数据仓库的实施过程中，往往可以从一个部门的数据集市着手，以后再用几个数据集市组成一个完整的数据仓库。需要注意的是，在实施不同的数据集市时，同一含义的字段定义一定要相容，这样以后实施数据仓库时才不会造成大麻烦。

6）数据仓库管理。数据仓库管理包括安全和特权管理、跟踪数据的更新、数据质量检查、管理和更新元数据、审计和报告数据仓库的使用和状态、删除数据、复制/分割和分发数据、备份和恢复、存储管理等。

7）信息发布系统。把数据仓库中的数据或其他相关的数据发送给不同的地点或用户。基于Web的信息发布系统是对付多用户访问的最有效方法。

12.4.3　数据仓库与数据库

作为数据管理手段，传统的数据库技术是单一的数据资源，主要用于事务处理，又称操作型处理。它以数据库为中心，进行从事务处理、批处理到决策分析的各种类型的数据处理工作。用户关心的是响应时间、数据的安全性和完整性。

数据仓库用于决策支持，又称分析型处理，它是建立决策支持系统（DSS）的基础。数据仓库对关系数据库的联机分析能力提出了更高的要求，采用普通关系型数据库作为数据仓库在功能和性能上都是不够的，它们必须有专门的改进。因此，数据仓库与数据库的区别不仅仅表现在应用的方法和目的方面，同时也涉及产品和配置的不同。因此，数据仓库是一种新的数据处理体系结构和信息管理技术，它是企业内部各部门业务数据进行统一和综合的中央数据仓库。它为企业决策支持系统和行政信息系统提供所需的信息，为预测利润、风险分析、市场分析以及加强客户服务与营销活动等管理决策提供支持。

要提高分析与决策的效率和有效性，分析型处理及其数据必须与操作型处理及其数据相分离，必须把分析型数据从事务处理环境中提取出来，按照 DSS 处理的需要进行重新组织，建立单独的分析处理环境。数据仓库正是为了构建这种新的分析处理环境而出现的一种数据存储和组织技术。

12.5　数　据　挖　掘

作为决策支持新技术，数据挖掘也和数据仓库一样，近年来得到了迅速发展。

数据挖掘（data mining，DM，又称数据开采）是从大型数据库或数据仓库中发现并提取隐藏在其中的有用信息或知识信息的一种技术，它主要是利用某些特定的知识发现（knowledge discovery in database，KDD）算法，在一定的运算效率的限制内，从数据对象（例如数据库或数据仓库，也可以是文件系统或其他任何组织在一起的数据集合）中发现有关的知识。它帮助决策者寻找数据间潜在的关联，发现被忽略的因素。而这些信息和因素对预测趋势和决策行为是至关重要的。数据挖掘方法的提出，让人们有能力最终认识数据的真正价值，即蕴藏在数据中的信息和知识。知识即意味着数据元素之间的关系和模式。

因此，数据挖掘可以定义为：应用一系列技术从大型数据库或数据仓库的数据中提取人们感兴趣的信息和知识，这些知识或信息是隐含的、事先未知而潜在有用的，提取的知识表示为概念、规则、规律、模式等形式。

作为知识发现过程的一个特定步骤，数据挖掘是一系列技术及应用，或者说是对大容量数据及数据间关系进行考察和建模的方法集。它的目标是将大容量数据转化为有用的知识和信息。

知识发现是一个多步骤的对大量数据进行分析的过程，包括数据预处理、模式提取、知识评估及过程优化。知识获取往往需要经过多次的反复，通过对相关数据的再处理及知识发现算法的优化，不断提高学习效率。如在分析影响信用风险的因素时，可能先假设几种可能的因素，然后通过不断反复的实验，不断增加或删除因素，最终得到对信用风险最具影响的因素。

数据仓库是一种存储技术，它的数据存储量是一般数据库的 100 倍。它包含大量的历史数据、当前的详细数据以及综合数据，能为不同用户的不同决策需要提供所需的数据和信息。而数据挖掘是从人工智能机器学习中发展起来的，它研究各种方法和技术，从大量的数据中挖掘出有用的信息和知识。

数据仓库完成数据的收集、集成、存储、管理等工作，数据挖掘面对的是经初步加工的数据，使得数据挖掘能更专注于知识的发现。又由于数据仓库所具有的新特点，对数据挖掘技术提出了更高的要求。另一方面，数据挖掘为数据仓库提供了更好的决策支持，同时促进了数据仓库技术的发展。可以说，数据挖掘和数据仓库技术要充分发挥潜力，就必须结合起来。

数据挖掘和数据仓库的联系可以概括为如下几点：

1）数据仓库为数据挖掘提供了更好的、更广泛的数据源。数据仓库中集成和存储着来自异构信息源的数据，而这些信息源本身就可能是一个规模庞大的数据库。同时，数据仓库存储了大量长时间的历史数据，可以进行数据长期趋势的分析，为决策者的长期决策行为提供支持。

2）数据仓库为数据挖掘提供了新的支持平台。数据仓库的发展不仅仅是为数据挖掘开辟了新的空间，更对数据挖掘技术提出了更高的要求。数据仓库的体系结构努力保证查询和分析的实时性。数据仓库一般设计成只读方式，数据仓库的更新由专门的一套机制保证。数据仓库对查询的强大支持使数据挖掘效率更高，开采过程可以做到实时交互，使决策者的思维保持连续，有可能开采出更深入、更有价值的知识。

3）数据仓库为更好地使用数据挖掘工具提供了方便。数据仓库的建立充分考虑数据挖掘的要求。用户可以通过数据仓库服务器得到所需的数据，形成开采中间数据库，利用数据挖掘方法进行开采，获得知识。数据仓库为数据挖掘集成了企业内各部门的全面的、综合的数据，数据挖掘要面对的是关系更复杂的企业全局模式的知识发现。而且，数据仓库机制大大降低了数据挖掘的障碍，一般进行数据挖掘要花大量的精力在数据准备阶段。数据仓库中的数据已经被充分收集起来，进行了整理、合并，并且有些还进行了初步的分析处理。这样，数据挖掘的注意力能够更集中于核心处理阶段。另外，数据仓库中对数据不同粒度的集成和综合，更有效地支持了多层次、多种知识的开采。

4）数据挖掘为数据仓库提供了更好的决策支持。企业领导的决策要求系统能够提供更高层次的决策辅助信息，从这一点上讲，基于数据仓库的数据挖掘能更好地满足高层战略决策的要求。数据挖掘对数据仓库中的数据进行模式抽取和发现知识，这些正是数据仓库所不能提供的。

5）数据挖掘对数据仓库的数据组织提出了更高的要求。数据仓库作为数据挖掘的对象，要为数据挖掘提供更多、更好的数据。其数据的设计、组织都要考虑数据挖掘的一些要求。

6）数据挖掘还为数据仓库提供了广泛的技术支持。数据挖掘的可视化技术、统计分析技术等都为数据挖掘提供了强有力的技术支持。

12.6　习　　题

1. 应该使用_____数据类型来作为包含身份证号或学号字段的数据类型。

2. 实数和整数可以输入到定义为_____数据类型的字段中。

3．在_____文件中，所有的记录都具有同样的记录类型。

4．_____数据库是使用统一的记录和域格式组织信息的文件，而_____数据库是各种信息的松散结构的集合。

5．当使用_____用户界面搜索数据库时，要使用空白记录来输入想要计算机查找的数据实例。

6．像 SQL 这样的_____由指令字集组成，可以使用这些指令指导计算机在结构化数据库中检索信息。

7．数据_____描述数据库中存储数据的方式。

8．最简单的数据库模型是_____模型。

9．_____数据库模型是表的集合。

10．文件管理任务通常由_____软件来完成，它们用来保持和操作数据。

11．文件管理软件能适应不同的文件，这称为_____。

12．文件管理软件和数据文件是独立的，但是操作这些数据的方法存在于_____数据库的内部。

13．文件管理软件每次只能打开一个文件，如果想定义两个或多个文件的数据之间的关系，必须使用_____软件。

14．_____DBMS 将数据处理任务分布在工作站和网络服务器之间。

15．SQL 是流行的_____语言。

16．为了使用关键字搜索引擎，你只要输入像 music 这样的词就可以了，搜索引擎会找到数据库中所有有关信息。对不对？_____

17．一旦在数据库中找到了信息，就可以将它打印出来、导出到其他软件包中、复制和粘贴到其他软件中、存储以供以后引用，或发送它。对不对？_____

18．如果想将方法分配到数据，最好使用面向对象数据库。对或错？_____

19．使用标准的 HTML 标记可以创建基于 Web 的数据库据库。对或错？_____

12.7　实验与思考：Access 初步

一、实验目的

1）熟悉数据库的基本概念，理解"数据独立性"的含义及其在数据库管理系统中的应用。

2）区分记录类型，了解关系型数据库的基本组成，描述用于在数据库中查找数据的技术。

3）描述四种主要数据库模型的不同特性。

4）区分结构化数据库和非结构化数据库，熟悉数据库检索技术及其应用。

5）熟悉数据库的基本应用领域，了解数据仓库和数据挖掘技术的基本概念及其应用领域。

6）了解桌面数据库软件 Access 的基本操作及其应用领域。

二、工具/准备工作

在开始本实验之前，请回顾本章的相关内容。

需要准备一台安装有 Microsoft Office Access 2003 软件的计算机。

三、实验内容与步骤

在某大学针对教师、研究生和高年级学生进行的计算机教育需求调查[①]表明，71%的人使用数据库软件，其中 57%的人使用 Microsoft Office Access，25%的人使用 SQL Server。

被称为桌面数据库管理系统软件的 Access 是微软公司 Office 办公套件中的一个极为重要的组成部分，如图 12-8 所示。最初，Access 是作为一个独立产品销售的，自从 Access 捆绑到 Office 97 以后，已经成为各个版本 Office 套件中的一个重要成员。

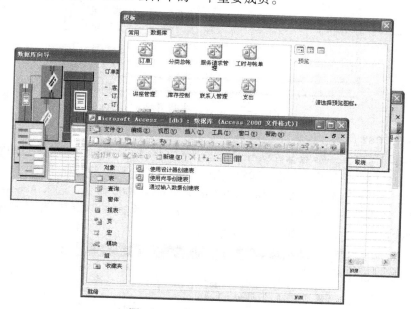

图 12-8　桌面 DBMS Access

随着不断的发展和改进，Access 的新版本功能变得更加强大。不管是处理公司的客户订单数据，管理自己的个人通讯录，还是大量科研数据的记录和处理，人们都可以利用它来解决大量数据的管理工作。并且，Access 的使用也变得越来越容易。

1. 熟悉 Access 操作界面

Access 的窗口界面可以分成五个部分：标题栏、菜单栏、工具栏、状态栏和数据库窗口，如图 12-9 所示。其中，工具栏的按钮所实现的功能都可以通过执行菜单中的相应命令来实现。

数据库窗口中也有一些功能按钮。窗口左侧包含两个方面的内容，上面是"对象"，下面是"组"。对象分类列出了 Access 数据库中的所有对象，例如单击"表"对象，窗口右边就会列出本数据库中已经创建的所有表。而"组"则提供了另一种管理对象的方法：可以把那些关系比较紧密，即使不同类别的对象归到同一组中，比如通讯簿数据库，其中的通讯簿表和通讯簿窗体就可以归为一组。当数据库中的对象很多时，用分组的方法可以更方便地管理各种对象。

例如，要建立一个新表，可单击"对象"下面的"表"选项，再单击"新建"按钮。

另一方面，组内的对象只是真实对象的快捷方式。将组中对象删除，只是将对象在组中建立的这个快捷方式删除，并不影响这个对象及其内容的完整，它仍然存在于数据库中。

---

① 张铭，等. 从调查入手，了解对计算机教育的新需求[J].计算机教育，2005（11）:13.

标题栏

工具栏

菜单栏

数据库窗口

状态栏

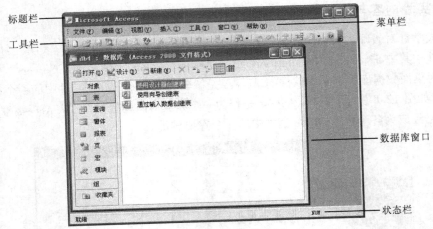

图 12-9 Access 操作界面

2. 使用 Access 向导

下面来学习如何在 Access 数据库向导的帮助下建立自己的数据库——客户订单管理数据库。"数据库向导"是 Access 为了方便用户建立数据库而设计的向导类型的程序。

步骤 1：在"开始"菜单中选择 Microsoft Office Access 2003 命令，进入 Access 操作界面。在"新建文件"栏中单击"本机上的模板"，在"模板"对话框的"常用"和"数据库"两个选项卡中选择"数据库"选项卡，如图 12-10 所示。

图 12-10 "模板"对话框

步骤 2：选择所需要的数据库类型。不同类型的数据库有不同的数据库向导，不能选错向导。第一个图标是关于订单的，通过它可以建立一个关于公司客户、订单等情况的数据库。双击这个图标，数据库向导即可开始工作。

步骤 3：定义数据库名称和所在目录。在"文件新建数据库"对话框中输入数据库文件名为"向导型数据库"，在"保存位置"选择这个数据库文件的存放目录，选择保存类型为"Microsoft Access 数据库"，然后单击"创建"按钮。

步骤 4：选择数据库中表和表中的字段。屏幕上显示向导信息，如图 12-11 所示，提示数据库需要存储的客户信息、订单信息等内容。

单击"下一步"按钮，向导对话框提示"请确定是否添加可选字段？"对话框中分类列出了数据库中可能包含的信息，左边框中是信息的类别，右边框中列的是当前选中的类别中的信息项，如图 12-12 所示。

可以通过是否选中信息项前的复选框来决定数据库中是否要包含某些信息项。绝大多数的信息项是不能取消的，这是因为使用数据库向导建立数据库时，向导认为这些信息项是此类数据库必须包含的，它们和数据库中的窗体和报表紧密相关。从外观上很容易区分必选项目和非必选项目，用正常字体书写的项目都是必选项目。选择后，单击"下一步"按钮。

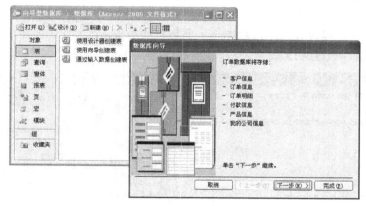

图 12-11　向导提示之一

步骤 5：向导提示设置屏幕显示方式和打印报表的样式，如图 12-13 和图 12-14 所示。单击"下一步"按钮继续。

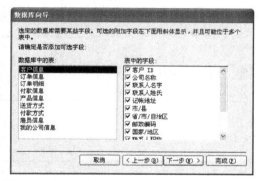

图 12-12　向导提示之二

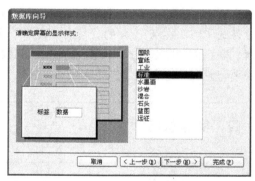

图 12-13　向导提示之三

步骤 6：为数据库指定标题。图 12-15 提示要给新建的数据库指定一个标题。在对话框上部的文本框中输入"客户订单资料库"。

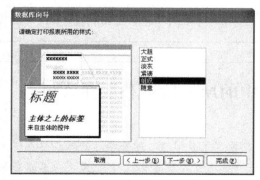

图 12-14　向导提示之四

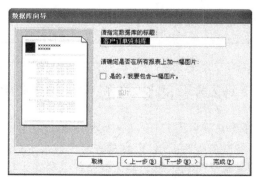

图 12-15　向导提示之五

文本框中起的名字是新建的数据库入口窗体上的标题，这和前面给数据库文件起的名是不一样的。"是的，我要包含一幅图片"复选框用于在这个数据库打印出来的所有文件报表上都加上某幅图片，选择该复选框，并选择一幅图片。接着单击"下一步"按钮。

步骤 7：启动数据库。如图 12-16 所示，单击"完成"按钮，数据库就建好了。选择打开新建的数据库，如图 12-17 所示。

新建的数据库中还没有数据，因为 Access 是数据库管理系统，它的向导只是为数据库管理搭建好数据库框架，而数据则需要自己输入。

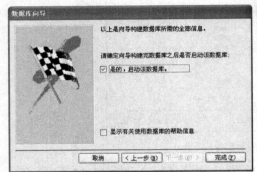

图 12-16　向导提示之六　　　　　　图 12-17　启动数据库

步骤 8：使用 Access 示例数据库。还可以继续阅读一些示例数据库，以增加对 Access 数据库软件的了解。在 Access 的"帮助"菜单中选择"示例数据库"命令，Access 在这里提供了地址簿、联系人、家庭财产和罗斯文商贸示例数据库。

请记录：上述各项操作能够顺利完成吗？如果不能，请说明为什么。

_____

四、实验总结

_____
_____
_____

五、实验评价（教师）

_____
_____

12.8　阅读与思考：9.11 事件中的摩根斯坦利证券公司

2001 年 9 月 11 日，一个晴朗的日子。

和往常一样，当 9 点的钟声响过之后，美国纽约恢复了昼间特有的繁华。姊妹般的世贸大厦迎接着忙碌的人们，熙熙攘攘的人群在大楼中穿梭往来。在大厦的 97 层，是美国一家颇有实力的著名财经咨询公司——摩根斯坦利证券公司。这个公司的 3 500 名员工大都在大厦中办公。

就在人们专心致志地做着他们的工作时，一件惊心动魄的足以让全世界目瞪口呆的事情发生了！这就是著名的 9.11 事件。在一声无与伦比的巨大响声中，世贸大楼像打了一个惊天的寒颤，所有在场的人员都被这撕心裂肺的声音和山摇地动的震撼惊呆了。继而，许多人像无头苍蝇似的乱窜起来。大火、浓烟、鲜血、惊叫，充斥着大楼的上部。

在一片慌乱中，摩根斯坦利公司却表现得格外冷静，该公司虽然距撞机的楼上只有十几米，但他们的人员却在公司总裁的指挥下，有条不紊地按紧急避险方案从各个应急通道迅速向楼下疏散。不到半小时，3 500 人中除六人外都撤到了安全地点。后来知道，摩根斯坦利公司在 9.11 事件中共有六人丧生，其中三人是公司的安全人员，他们一直在楼内协助本公司外的其他人员撤离，同时在寻找公司其他三人。另外三人情况不明。如果没有良好的组织，逃难的人即便是挤、踩，也会造成重大的死伤。据了解，摩根公司是大公司中损失最小的。当然，公司人员没有来得及带走他们的办公资料，在人员离开后不久，世贸大厦全部倒塌，公司所有的文案资料随着双塔的倒塌灰飞烟灭。

然而，仅仅过了两天，又一个奇迹在摩根斯坦利公司出现，他们在新泽西州的新办公地点准确无误地全面恢复了营业！撞机事件仿佛对他们丝毫没有影响。原来，危急时刻公司的远程数据防灾系统忠实地工作到大楼倒塌前的最后一秒钟，他们在新泽西州设有第二套全部股票证券商业文档资料数据和计算机服务器，这使得他们避免了重大的业务损失。是什么原因使摩根斯坦利公司遇险不惊，迅速恢复营业，避免了巨大的经济和人员损失呢？事后人们了解到，摩根斯坦利公司制定了一个科学、细致的风险管理方案，并且，他们还居安思危，一丝不苟地执行着这个方案。

如今，9.11 事件本身已经成为过去，但如何应付此类突发事件，使企业在各种危难面前把损失减小到最低限度，却是一个永久的话题。

据美国的一项研究报告显示，在灾害之后，如果无法在 14 天内恢复业务数据，75% 的公司业务会完全停顿，43% 的公司再也无法重新开业，20% 的企业将在两年之内宣告破产。美国 Minnesota 大学的研究表明，遭遇灾难而又没有恢复计划的企业，60% 以上将在两三年后退出市场。而在所有数据安全战略中，数据备份是其中最基础的工作之一。

资料来源：老兵网，http://www.laobing.com.cn/tyjy/lbjy1003.html，本文有删改

第13章

软件工程与开发方法

软件工程和硬件工程都可以看成是计算机系统工程的一部分。用于计算机硬件的工程技术是由电子设计技术发展起来的，而且在几十年的时间里已经达到了比较成熟的水平。虽然制造方法仍在不断地改进，但硬件的可靠性已经是一种可以期待的现实而不再是一种愿望了。

但是，计算机软件工程还处于某种困境之中。在以计算机为基础的系统中，软件已经取代硬件成为系统中设计起来最困难、最不容易成功（按时完成和不超过预计的成本），而且是最不易管理的部分。另一方面，随着以计算机为基础的系统在数量、复杂程度和应用范围上的不断增长，对软件的需求有增无减。软件工程就建立在这样的基础之上。

13.1　软件生存周期及其模型

软件生存周期是软件工程中的一个基础概念。国家标准《信息技术　软件工程术语》（GB/T 11457—2006）定义了软件生存周期，即从设计软件产品开始到产品不能再使用时为止的时间周期。亦即一个计算机软件，从出现一个构思之日起，经过开发成功投入使用，在使用中不断增补修订，直到最后决定停止使用，并被另一项软件代替之时止，被认为是该软件的一个生存周期（又称生命周期、生存期，life cycle）。

1. 软件生存周期

一个软件产品的生存周期可以划分成若干个互相区别而又有联系的阶段，每个阶段中的工作均以上一阶段工作的结果为依据，并为下一阶段的工作提供前提。经验表明，失误造成的差错越是发生在生存周期的前期，在系统交付使用时造成的影响和损失就越大，要纠正它所花费的代价也越高。因而在前一阶段工作没有做好之前，决不要草率地进入下一阶段。

国家标准《信息技术　软件生存周期过程》（GB/T 8566—2007）将软件生存周期划分为以下八个阶段：可行性研究与计划、需求分析、概要设计（即结构设计）、详细设计、实现（包括单元测试）、组装测试（即集成测试）、确认测试、使用和维护。软件生存周期是对软件的一种长远发展的看法，这种看法把软件开发之前和软件交付使用之后的一些活动都包括在软件生存周期之内。应当注意的是，软件系统的实际开发工作不可能直线地通过分析、设计、编程和测试等阶段，出现各阶段间的回复是不可避免的。

软件生存周期的每个阶段都要产生一定规格的软件文件（文档）移交给下一阶段，使下一阶段在此基础上继续开展工作。

2．软件生存周期过程

《信息技术　软件生存周期过程》（GB/T 8566—2007）根据软件工程的实践和软件工程学科的发展，进一步完善了软件生存周期的定义，即从概念形成直到退役，并且由获取和供应软件产品及服务的各个过程组成。该标准把软件生存周期中开展的活动分为五个基本过程（获取过程、供应过程、开发过程、运作过程、维护过程）、八个支持过程（文档编制过程、配置管理过程、质量保证过程、验证过程、确认过程、联合评审过程、审核过程、问题解决过程）和四个组织过程（管理过程、基础设施过程、改进过程、培训过程）。

软件生存周期过程中阶段的划分，有助于软件研制管理人员借用传统工程的管理方法（重视工程性文件的编制，采用专业化分工方法，在不同阶段使用不同的人员等），从而有利于明显提高软件质量、降低成本、合理使用人才，进而提高软件开发的劳动生产率。

3．软件生存周期模型

软件生存周期模型（又称软件开发模型）是软件工程的一个重要概念，它可以定义为：一个框架，它含有遍历系统从确定需求到终止使用这一生存周期的软件产品的开发、运行和维护中需实施的过程、活动和任务。

软件生存周期模型能清晰、直观地表达软件开发全过程，明确规定了开发工作各阶段所要完成的主要活动和任务，以作为软件项目开发工作的基础。对于不同的软件系统，可以采用不同的开发方法、使用不同的程序设计语言和各种不同技能的人员参与工作、运用不同的管理方法和手段等，以及允许采用不同的软件工具和不同的软件工程环境。软件生存周期模型是稳定有效和普遍适用的。

在软件生存周期过程中，软件生存周期模型仅对软件的开发、运作和维护过程有意义，在 ISO 12207 和 ISO 9000-3 中都提到软件生存周期模型，包括瀑布模型、渐增模型、演化模型、螺旋模型、喷泉模型和智能模型等。

瀑布模型（waterfall model）是 1970 年 W. Royce 提出的最早的软件开发模型，它将软件开发过程中的各项活动规定为依固定顺序连接的若干阶段工作，形如瀑布流水（见图 13-1），最终得到软件系统或软件产品。换句话说，它将软件开发过程划分成若干个互相区别而又彼此联系的阶段，每个阶段中的工作都以上一个阶段工作的结果为依据，同时为下一个阶段的工作提供前提。

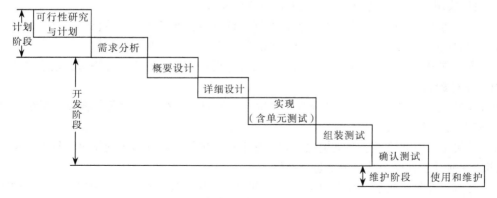

图 13-1　软件生存周期的瀑布模型

13.2　软件工程定义

发展至今，软件工程已经是一门交叉性学科，它是解决软件问题的工程，对它的理解不应是静止的和孤立的。软件工程是应用计算机科学、数学及管理科学等原理，借鉴传统工程的原则、方法来创建软件，从而达到提高质量、降低成本的目的。其中，计算机科学和数学用于构造模型、分析算法，工程科学用于制定规范、明确风格、评估成本、确定权衡，管理科学用于管理进度、资源、质量、成本等。

软件工程的目标是明确的，就是研制开发与生产出具有良好质量和费用合算的软件产品。费用合算是指软件开发运行的整个开销能满足用户的要求，软件质量是指该软件能满足明确的和隐含的需求能力的有关特征和特性的总和。

软件工程的基础是一些指导性的原则，包括以下几点：

1）必须认识软件需求的变动性，并采取适当措施来保证结果产品能忠实地满足用户要求。软件设计中，通常要考虑模块化、抽象与信息隐蔽、局部化、一致性等原则。

2）稳妥的设计方法将大大地方便软件开发，为达到软件工程的目标，软件工具与环境对软件设计的支持来说颇为重要。

3）软件工程项目的质量与经济开销直接取决于对它所提供的支撑的质量与效用。

4）有效的软件工程只有在对软件过程进行有效管理的情况下才能实现。

13.3　软件开发过程

在软件生存周期中，开发阶段可以概括为四个阶段，即分析、设计、实现和测试。

1. 分析阶段

整个开发过程始于分析阶段（包括可行性研究与计划、需求分析）。在这个阶段，系统分析员定义需求，指出系统所要实现的目标。这些需求通常用用户能理解的术语来表述。在分析阶段有四个步骤：

1）定义用户。软件可以为一般用户或特殊用户而设计，必须很清楚地划分软件的使用者。

2）定义要求。确定用户以后，系统分析员开始定义要求。在这个阶段，最好的答案来自于用户。用户或用户代表清楚地定义了他们对软件的期望。

3）定义需求。在用户要求的基础上，系统分析员能够准确地定义系统的需求。例如，假设一个软件在月底给每个雇员打印账单，则需要说明实现的安全和精度等级。

4）定义方法。在清晰定义好需求之后，系统分析员应选择适当的方法来满足这些需求。

2. 设计阶段

设计阶段定义系统怎样完成在分析阶段所定义的需求。在设计阶段，将确定系统，完成文件和（或）数据库的设计。

1）模块化。设计阶段遵循模块化原则。整个程序包划分成许多小的模块。每个模块经过设计、测试并通过主程序与其他模块进行链接。

2）工具。在设计阶段会使用许多工具，其中最常用是模块结构图（SC）。模块结构图显示了如何将软件包分解成逻辑步骤，每个步骤就是一个独立的模块。模块结构图也显示了各部分（模块）之间的相互作用。

3．实现阶段

在实现阶段完成实际程序代码的编写。

1）工具。在这个阶段，在实际代码编写之前会使用许多工具来显示程序的逻辑流程。程序流程图（框图）是流行的主要工具之一。程序流程图使用标准的图形符号来表示贯穿模块的数据逻辑流程。

第二个被程序员使用的工具是伪代码。伪代码部分是英文，部分是用精确的算法细节，来描述程序将完成什么的程序逻辑。而这需要用足够的细节定义步骤，以便能够容易地转换成计算机程序。

2）编码。在完成程序流程图、伪代码，或两者都完成之后，程序员真正开始用指定的程序设计语言编写代码。

4．测试阶段

一旦程序设计完成，必须进行测试。测试阶段是在程序开发中非常单调且很花费时间的部分。程序员负责测试他们编写的程序（单元测试）。在大型开发项目中，通常有专家担任测试工程师，负责测试整个系统（组装测试），这种测试将确保所有的程序都能在一起工作。

测试的主要类型有两种：黑盒测试和白盒测试。

1）黑盒测试。黑盒测试即在不知道程序内部构造也不知道程序是怎样工作的情况下测试程序。换言之，程序就像看不见内部的黑盒。简单地说，黑盒测试计划是从需求说明发展起来的。这就是为什么有一组好的需求如此重要的原因之一。测试工程师通过利用这些需求和其系统开发知识以及用户的工作环境来产生测试计划。这个计划主要用于系统的整体测试。编写程序之前，应当查看和了解这些测试计划。

2）白盒测试。与黑盒测试假设对程序代码的一无所知相反，白盒测试假定知道有关程序的一切。在这种情况下，程序就像玻璃房子，其中的一切都是可见的。白盒测试主要是程序员的责任，他们准确地知道程序内部发生了什么。必须确保每一条指令和每一种可能情况都已经被测试过。这不是一个简单的工作。

经验将帮助程序员设计好的测试数据，但是，程序员从一开始就能做的事是养成撰写测试计划的习惯，还在设计阶段时就应该开始编制测试计划。

13.4　模　块　化

模块化意味着将大项目分解成较小的部分，以便能够容易理解和处理。换言之，模块化意味着将大程序分解成能互相通信的小程序。

有两种工具可以用于在程序设计中实现模块化，即模块结构图和类图。模块结构图用于过程化编程以显示过程或函数之间的关系；类图用于面向对象编程以显示类之间的关系，统一建模语言（UML）作为一个标准，包括了有助于这方面的工具和图。

1．耦合

耦合是对两个模块互相绑定紧密程度的度量。越紧耦合的模块，它们的独立性越差。耦合的类型主要有如下几种：

1）数据耦合。它只从调用函数向被调用函数传递最少的需求数据。所有需求数据作为参数传递，没有额外的数据传递。这是耦合的最佳形式，应该尽可能地使用。

2）控制耦合。它传递的是标记，可用于指示函数的逻辑流程。它与数据耦合极为相似，不同之处仅在于前者传递的是标记，后者传递的是数据。

如果使用得当，控制耦合是两个函数之间通信所必需的和有效的方法，它传递状态，如到达文件尾部、找到查询的值等。糟糕的标记使用通常是糟糕的程序设计的一种标志，比如一个处理过程在两个或更多的独立函数之间分开等。

3）公共耦合。又称全局耦合，是用全局变量来进行两个或更多函数之间的通信，这不是一个好的耦合技术。实际上，应该避免使用它。例如，全局耦合实际上不可能决定哪些模块正在互相通信。当一个程序需要改动时，它无法评估和隔离这种变化造成的影响。这常常导致未改动的函数突然失效。其次，全局耦合紧密地把函数绑定在程序上，这意味着它很难移植到另一个程序中。

4）内容耦合。它是在一个函数直接引用另一个函数的数据或语句时产生的耦合。显然，这种观念打破了结构化编程的宗旨，引用另一个函数的数据要求该数据在函数的外部可见。

2．内聚

模块化的另一个问题是内聚，内聚是程序中处理过程相关紧密程度的度量。内聚的级别有多种：

1）功能内聚。带有功能内聚的模块仅仅包含一个处理过程，这是最高级别的内聚，并且这是应该尽力实现的级别。

只做一件事：每个函数应该只做一件事，而且函数中的所有语句应该仅为这件事服务。

在一个位置：一个函数应该只在一个地方做一件事。如果一个处理过程的代码散落在程序中多个不同的、无关的部分，那么它将很难改动。所以，一个任务的所有处理过程应该放在一个函数中，如果需要也可以放在其子函数中。

2）顺序内聚。带有顺序内聚的模块包含两个或更多紧密联系在一起的相关任务，通常一个流程的输出作为另一个的输入。

3）通信内聚。将使用同一数据的处理过程合并。在程序的较高级别模块中使用通信内聚是很自然的，但是基本的级别中将不会发现通信内聚。例如，考虑一个读入库存文件的函数，它打印当前零部件的状态，接着检查是否有需要订购的零部件。

4）过程内聚。合并由控制流程连接的不相关的处理过程（它不同于顺序内聚，顺序内聚是数据流从一个过程到另一个过程）。

5）时间内聚。它合并了那些总是一起发生但并不相关的处理过程，仅仅在超过处理过程的限定范围时才被接受。两个瞬时内聚的函数是工作的初始化和结尾，因为它们在程序中仅仅使用一次且从来不可移植。但是，无论何时使用，它仍然应该包含对功能内聚的原始函数的调用。

6）逻辑内聚和偶然内聚。这在如今的程序中是少见的。逻辑内聚合并了由控制它们的实体所关联的处理过程。一个函数基于作为参数传递的标记，有条件地打开不同的文件集，这可能就是逻辑内聚。最后，偶然内聚合并了无关的处理过程，一般仅在理论上存在。

前三个级别的内聚被认为是良好的结构化编程原则。一旦逾越这个观点，易于理解和实现、可维修性及准确性就开始急剧滑落。后三个级别的内聚仅被用于结构图中的更高级别。

13.5　软　件　质　量

软件质量是"软件产品具有满足规定或隐含要求的与能力要求有关的特性与特性总和"。软件质量的评估通常从对软件质量框架的分析开始。

软件质量是计算机软件的所有内在属性的组合，它历来是软件开发中的关键问题，也是软件生产中的核心问题。软件质量包括程序、数据和文件等多方面的质量。随着计算机日益广泛地应用于各行各业，软件质量将直接影响计算机应用的深度和广度。因此，如何科学地对软件进行评价、测试和鉴定，对促进软件质量的提高，加速软件产业化、商品化进程具有重要的意义。

在关于软件质量的讨论过程中，应该遵循以下三条原则：

1）应强调软件的总体质量而不应该片面强调软件的正确性，而忽略其可维护性与可靠性，或忽略其易用性与效率等。

2）应在软件生产的整个过程中都注意软件的质量，而不能只注意软件最终成品的质量。

3）应定量地测量软件的质量，而不能仅仅定性地评价软件的质量，软件产品评价应逐步走上评测结合、以测试为主的科学轨道。

软件质量能够划分成三个广义的度量：可操作性、可维护性和可移植性，如图 13-2 所示。

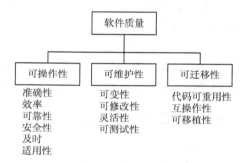

图 13-2　软件质量因素

1）可操作性。可操作性涉及系统的基本操作。用户对系统的第一印象通常是该系统看上去和感觉上怎样。特别是对在线的交互式系统，这意味着使用起来有多容易和多直观，以及它是否很好地适应其运行所依赖的操作系统。例如，如果运行在 Windows 环境中，它的下拉菜单和弹出菜单应该与其操作系统的菜单工作方式一致。组成可操作性的因素主要有准确性、效率、可靠性、安全性、及时和适用性等。

2）可维护性。可维护性以保持系统正常运行并及时更新为参照。很多系统经常需要改变，这不是因为它们实现得不好，而是因为外部因素有所改变。可维护性包括可变性、可修正性、灵活性和可测试性等。

3）可迁移性。可迁移性是指把数据和/或系统从一个平台迁移到另一个平台并重用代码的能力。在很多情况下，这不是一个重要的因素。但如果编写的是具有通用性的软件，那么可迁移性就很关键了。可迁移性包括代码可重用性、互操作性和可移植性等。

13.6　软　件　测　试

作为保证软件质量和可靠性的关键技术手段，软件测试正日益受到广泛的重视。但如何进行测试，如何提高测试的质量和效率，从而确保软件产品的质量和可靠性，仍是令人深感困扰的问题。

13.6.1　测试应用程序

严格的测试过程是保证新系统正常工作的唯一方法。在新系统投入正常运行之前，不同的测试方法可以帮助定位和解决问题。

应用程序测试一般由单元测试、组装测试和确认（验收）测试等环节组成。

当每个应用程序模块完成时，可以进行单元测试，以确保它能可靠正确地工作。当所有模块都完成和测试后，就需要进行组装测试以保证模块之间可以正确操作。单元测试和组装测试通常在测试域中完成。测试域是可以进行软件测试，而不会影响组织正常信息系统的区域。测试域可以是运行组织机构信息系统的计算机系统上某独立的存储空间，也可以位于完全独立的计算机系统上。在进行单元测试或者组装测试出现问题时，项目小组必须跟踪问题源，并解决之（调试和排错）。单元测试和组装测试可以重复进行以确保问题已经正确解决，并且没有引入新的问题。

在单元测试和组装测试完成后，确认测试可以保证所有的硬件和软件组件能一起正常工作。在修改了某个已经存在的信息系统后，就需要进行确认测试。在一个全新的信息系统中，确认测试用来模拟日常的工作负载，以确保系统处理速度和精确性能满足说明文档的需求。在理想情况下，确认测试应该在测试域中进行。如果某组织机构没有足够的硬件资源来为测试目的复制现有信息系统，则确认测试必须"现场"进行，即在工作环境下进行测试，这时有可能会造成组织机构中部分日常功能受到影响。

有时，也组织单独的验收测试阶段作为系统的最后测试。验收测试用来让新系统的购买者或使用者确信，系统能完成预期工作。验收测试过程通常由用户和系统分析员来设计，并且经常包括使用真实数据来确信新系统在数据加载的高峰和平常情况下都能正常工作。

13.6.2　软件测试自动化

软件测试自动化是一种让计算机代替测试人员进行软件测试的技术，它可以让测试人员从烦琐和重复的测试活动中解脱出来，专心从事有意义的测试设计等活动。如果采用自动比较技术，还可以自动完成测试用例执行结果的判断，从而避免人工比对存在的疏漏问题。在大多数情况下，软件测试自动化可以减少开支，增加有限时间内可执行的测试，在执行相同数量测试时节约测试时间。

软件测试自动化通常借助测试工具进行。测试工具可以进行部分测试设计、实现、执行和比较的工作。通过运用测试工具，可以达到提高测试效率的目的。所以，测试工具的选择和推广使用应该给予重视。部分的测试工具可以实现测试用例的自动生成，但通常的工作方式为人工设计测试用例，使用工具进行用例的执行和比较。

软件测试自动化的设计通常必须由测试人员进行手工设计，但是在设计时却必须考虑自动化的特殊要求，否则无法实现利用工具进行用例的自动执行。为此，就必须在测试的设计和内容的组织方面采取一些特殊的方法。

13.7　软　件　文　档

软件的正确使用和有效维护离不开文档。通常软件文档包括用户文档和系统文档。

1. 用户文档

为了正确运行软件，用户手册是必不可少的，它告诉用户如何使用该软件，通常包含一个指导用户熟悉该软件各项特性的教程。好的用户手册能够成为功能强大的营销工具。用户手册应该同时面向新手和专业用户。

2．系统文档

系统文档定义软件本身。撰写系统文档的目的是为了让原始开发人员之外的人能够维护和修改软件。系统开发的各个阶段都应该有文档。

国家标准《计算机软件文档编制规范》（GB/T 8567—2006）建议在软件的开发过程中编制下述 14 种文件：可行性研究报告、项目开发计划、软件需求说明书、数据要求说明书、概要设计说明书、详细设计说明书、数据库设计说明书、用户手册、操作手册、模块开发卷宗、测试计划、测试分析报告、开发进度月报以及项目开发总结报告。而《计算机软件需求规格说明规范》（GB/T 9385—2008）、《计算机软件测试文档编制规范》（GB/T 9386—2008）等有关软件工程的国家标准对软件文件的编制提出了更为详尽的要求，《软件文档管理指南》（GB/T 16680—1996）则明确了对软件文件的管理要求。

13.8　面向对象方法和 UML

20 世纪 80 年代以来，面向对象的方法与技术受到广泛重视，80 年代中期到 90 年代，针对面向对象的分析与设计演化成一种完整的软件开发方法和系统的技术体系，即面向对象软件工程。

面向对象（OO）方法是一种把面向对象的思想应用于软件开发过程中，指导开发活动的系统方法，它是建立在对象概念（对象、类和继承）基础上的方法。面向对象典型的方法有 P. Coad 和 E. Yourdon 的面向对象分析（OOA）和面向对象设计（OOD），G. Booch 的面向对象开发方法，J. Rumbaugh 等人提出的对象建模技术（OMT），Jacobson 的面向对象软件工程（OOSE）等。面向对象方法已经成为主流开发方法之一。

各种面向对象的方法都有自己的表示法、过程和工具，甚至各种方法所使用的术语也不尽相同。而每种方法都各有短长，很难找到一个最佳答案。设计"统一建模语言"（UML）的一个初始目标就是结束面向对象领域中的方法大战。

1994 年，Booch 和 Rumbaugh 在 Rational Software Corporation 开始了 UML 的工作，其目标是创建一个"统一的方法"，并于 1996 年分别推出了 UML 0.9、UML 0.91、UML 1.0、UML 1.1。

自 1996 年起，一些机构把采用 UML 作为其商业策略，宣布支持并采用 UML，并成立了 UML 成员协会，以完善加强和促进 UML 的定义。到 1996 年底，UML 已稳定地占领了面向对象技术市场，成为事实上的工业标准。1997 年 11 月，国际对象管理组织（OMG）批准把 UML 1.1 作为基于面向对象技术的标准建模语言，它由记号（模型中使用的符号）和一组如何使用它的规则（语法、语义和语用）组成。

一个系统往往可以从不同的角度进行观察，从一个角度观察到的系统，构成系统的一个视图（View），每个视图是整个系统描述的一个投影，说明了系统的一个特殊侧面。若干个不同的视图可以完整地描述所建造的系统。视图并不是一种图表（Graph），它是由若干幅图（Diagram）组成的一种抽象。每种视图用若干幅图来描述，一幅图包含了系统某一特殊方面的信息，它阐明了系统的一个特定部分或方面。由于不同视图之间存在一些交叉，因此一幅图可以作为多个视图的一部分。一幅图由若干个模型元素组成，模型元素表示图中的概念，如类、对象、用例、结点（Node）、接口（Interface）、包（Package）、注解（Note）、构件（Component）等都是模型元素。用于表示模型元素之间相互连接的关系也是模型元素，如关联（Association）、泛化（Generalization）、依赖（Dependency）、聚集（Aggregation）等。

UML 中有九种图（Diagram）：用例图（Use-Caseram）、类图（Class）、对象图（Object）、状态图（State）、时序图（Sequence）、协作图（Collaboration）、活动图（Activity）、构件图（Component）和部署图（Deployment）。UML 可以从五种视图来观察系统：用例视图、逻辑视图、构件视图、并发视图和部署视图。

13.9　习　　题

一、填空题

1．字处理软件可能是_____系统的一部分。

2．当顾客购买商品时收集信息的信息系统是 POS 系统，它被划分为_____处理系统。

3．_____系统的特点是管理人员解决结构化和日常任务时产生调度报告。

4．_____报告包括正常情况或可接受范围之外的信息，如重新订购报告显示了需要重新购买的库存物品。

5．_____系统给用户提供直接操作数据、创建数据模型和集成外部数据的能力。

6．_____系统被设计用来以规则的形式捕获专家知识，其中这些规则是计算机解决问题的基础。

7．_____包括推理机和用来分析数据的方法，但是并不包括任何规则。

8．_____使用计算机电路来模拟人脑处理、学习和记忆信息的方式。

9．_____是使用程序设计语言和应用程序开发工具来创建程序的过程。

10．_____测试验证了多个模块是否能够正确协同工作。

11．在专家系统中设计、输入和测试这些规则的过程称为_____。

12．_____是可以进行软件测试，并且不会破坏已经存在的信息系统的地方。

13．_____测试验证了特定软件模块是否正确操作。

14．_____测试确保所有硬件和软件组件能一起正常工作。

二、选择题

1．系统开发中具有的阶段是（　　　　）。

　　A．分析　　　　　　　B．测试　　　　　　　C．设计　　　　　　　D．以上均有

2．定义用户及其需求是（　　　）阶段的一部分。

　　A．分析　　　　　　　B．设计　　　　　　　C．实现　　　　　　　D．测试

3．在系统开发过程中，编写代码是（　　　　）阶段的一部分。

　　A．分析　　　　　　　B．设计　　　　　　　C．实现　　　　　　　D．测试

4．在系统开发过程中，模块结构图是（　　　　）阶段使用的一个工具。

　　A．分析　　　　　　　B．设计　　　　　　　C．实现　　　　　　　D．测试

5．在系统开发过程中，程序流程图是（　　　　）阶段使用的一个工具。

　　A．分析　　　　　　　B．设计　　　　　　　C．维护　　　　　　　D．测试

6．黑盒测试一般由（　　　）完成。

　　A．用户　　　　　　　B．测试工程师　　　　C．程序员　　　　　　D．A 和 B

7．白盒测试一般由（　　　）完成。

　　A．程序员　　　　　　B．用户　　　　　　　C．测试工程师　　　　D．CTO

8. (　　) 将大程序分解成小部分。

　　A．耦合　　　　　　　B．增量　　　　　　　C．废弃　　　　　　　D．模块化

9. (　　) 是对互相绑定的两模块紧密程度的一种度量。

　　A．模块化　　　　　　B．耦合　　　　　　　C．互操作性　　　　　D．内聚

10. (　　) 是对程序中处理过程相关紧密程度的一种度量。

　　A．模块化　　　　　　B．耦合　　　　　　　C．互操作性　　　　　D．内聚

11. (　　) 耦合只从调用函数向被调用函数传送最少的需求数据。

　　A．数据　　　　　　　B．内容　　　　　　　C．控制　　　　　　　D．公共

12. (　　) 耦合发生在一个函数直接引用另一个函数中的数据或语句的时候。

　　A．数据　　　　　　　B．内容　　　　　　　C．控制　　　　　　　D．公共

13. (　　) 耦合是指通过全局变量来进行两个或更多函数之间的通信。

　　A．数据　　　　　　　B．内容　　　　　　　C．控制　　　　　　　D．公共

14. (　　) 耦合传递标记用于指示函数的逻辑流程。

　　A．数据　　　　　　　B．内容　　　　　　　C．控制　　　　　　　D．公共

15. (　　) 内聚是内聚的最高级别。

　　A．功能　　　　　　　B．顺序　　　　　　　C．通信　　　　　　　D．逻辑

16. (　　) 内聚合并了那些总是一起发生但并不相关的处理过程。

　　A．逻辑　　　　　　　B．过程　　　　　　　C．瞬时　　　　　　　D．功能

17. (　　) 内聚合并了那些由控制它们的实体关联的处理过程。

　　A．逻辑　　　　　　　B．过程　　　　　　　C．瞬时　　　　　　　D．功能

18. (　　) 内聚合并了两个或更多个紧密绑定在一起的相关任务。

　　A．功能　　　　　　　B．顺序　　　　　　　C．通信　　　　　　　D．逻辑

19. (　　) 内聚合并了由控制流程连接的不相关的处理过程。

　　A．功能　　　　　　　B．顺序　　　　　　　C．过程　　　　　　　D．逻辑

20. (　　) 内聚合并了工作在同一数据上的处理过程。

　　A．功能　　　　　　　B．顺序　　　　　　　C．通信　　　　　　　D．逻辑

21. 准确性、效率、可靠性、安全性、及时和适用性是软件 (　　) 方面的重要因素。

　　A．可操作性　　　　　　　　　　　　B．可维护性

　　C．可迁移性　　　　　　　　　　　　D．耐久性

22. 可变性、可修正性、灵活性以及可测试性是软件 (　　) 方面的重要因素。

　　A．可操作性　　　　　B．可维护性　　　　　C．可迁移性　　　　　D．耐久性

23. 代码可重用性、互操作性和可移植性是软件 (　　) 方面的重要因素。

　　A．可操作性　　　　　B．可维护性　　　　　C．可迁移性　　　　　D．耐久性

13.10　实验与思考：Visio 初步

一、实验目的

1）理解软件工程的基本概念，包括软件、软件生存周期、软件生存周期过程等，熟悉软件

生存周期各阶段的定义和内容。

2）通过因特网搜索与浏览，了解网络环境中主流的软件工程技术网站，掌握通过专业网站不断丰富软件工程最新知识的学习方法，尝试通过专业网站的辅助与支持来开展软件工程应用实践。

3）了解 Visio 工具软件的功能特色、安装、工作环境和基本操作等各方面的基本知识。掌握应用 Visio 工具绘制软件开发图形的基本操作。

二、工具/准备工作

在开始本实验之前，请回顾本章的相关内容。

需要准备一台带有浏览器并能够访问因特网的计算机，该机器需要安装有 Microsoft Office Visio 2003 软件。

三、实验内容与步骤

1. 概念分析

请利用所学概念回答下列问题，必要时请借助于教科书、网络等寻求资料。注意发挥自己的批判性思考能力、逻辑分析能力以及创造力。

1）请查阅有关资料，给出"软件"的定义：

_____

_____

2）"软件生存周期"是软件工程技术的重要基础，是对软件的一种长远发展的看法，这种看法把软件开始开发之前和软件交付使用之后的一些活动都包括在软件生存周期之内。

请查阅有关资料，给出"软件生存周期"的定义：

_____

_____

_____

3）由于工作对象和范围的不同以及经验的不同，对软件生存周期过程中各阶段的划分也不尽相同。但是，这些不同划分中有许多相同之处。相关的软件工程国家标准把软件生存周期划分为八个阶段，这八个阶段是：

① _____

② _____

③ _____

④ _____

⑤ _____

⑥ _____

⑦ _____

⑧ _____

你认为把软件生存周期划分为不同阶段的意义何在？

_____

_____

4)"软件生存周期过程"概念进一步完善了关于软件生存周期的定义,其主要内容是:

_____

_____

_____

5)请查阅有关资料,给出"软件工程"的定义:

_____

_____

6)何谓白盒测试?

_____

_____

7)何谓黑盒测试?

_____

_____

_____

8)内聚和耦合有何不同?

_____

_____

2. 搜索与浏览

请上网搜索和浏览,了解软件工程技术的应用情况,看看哪些网站在做着软件工程的技术支持工作?请在表 13-1 中记录搜索结果。

> **提示:**
>
> 一些软件工程专业网站的例子包括:
>
> http://www.csai.cn （希赛网,原 www.51cmm.com——软件工程专家网）
>
> http://soft.zdnet.com.cn （至顶网——软件,企业级 IT 资源门户）
>
> http://dev.yesky.com （天极——开发者网络——软件）
>
> http://www.uml.net.cn （火龙果软件——UML 软件工程组织）

表 13-1 软件工程专业网站实验记录

网站名称	网　　　址	内容描述

请记录在本实验中你感觉比较重要的两个软件工程专业网站。

1)网站名称: _____

2)网站名称: _____

3．软件开发绘图工具 Visio 概述

从 1990 年开始研发的 Visio 软件通过提供许多应用领域的基本图形模块，允许用户通过拖放图件来组合出自己所需要的图形，使用十分简单，大大简化了用户的工作，产品受到广泛的欢迎。1999 年，Microsoft 以股票交易方式并购了 Visio 公司，不久之后，便推出了新版本的 Visio 软件。至此，和大家熟悉的 Word、Excel、PowerPoint、FrontPage、Access 等软件一样，Visio 也成为 Microsoft Office 家族的一员，得到了 Microsoft 强大的技术支持。

Visio 是一个软件开发的绘图工具，是建立流程图、组织图、日程表、行销图、布置图等各种图形图表最快速、最简便的工具之一。Visio 带有一个绘图模板集，包含了用于各种商业和工程应用的符号。其中的软件和系统开发模板提供了流程图、数据流图、实体-联系（E-R）图、UML 图以及其他许多图形符号。模板提供了一个用于存储图表元素的定义和描述信息的有限资料库，并且这些模板还在不断地补充和发展中，其使用范围也将越来越广泛。图 13-3 显示了其中的"软件"模板和"网络"模板。

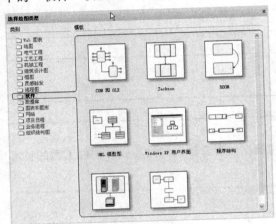

（a）"软件"模板

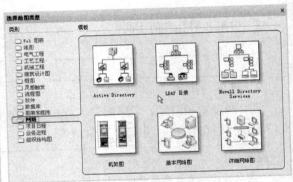

（b）"网络"模板

图 13-3　Visio 的模板

4．Visio 操作实践

下面来学习 Visio 的工作界面和基本操作。

（1）Visio 的工作环境

Visio 的工作环境包括工作窗口、菜单、工具栏、定位工具以及帮助等内容。

1）工作窗口。对应所打开 Visio 文件的不同，工作窗口也会有所差异，但其基本样式类似。图 13-4 所示是一个新建的 Visio 数据流程图文件的工作窗口。

① 菜单：通过单击菜单命令的操作，可以实现 Visio 的各项功能。

② 工具栏：可以快速执行各项功能和操作，是菜单的快捷方式。

③ 绘图页面：相当于一张图纸，可以在它上面生成并编辑图形。一个绘图文件可以产生多个绘图页面，可以通过"页面标签"来切换。

④ 网格：在绘图时对图形的位置进行校正，但打印时一般并不显示。

⑤ 标尺：用于对图形进行更为精确的定位。

⑥ 绘图窗口：相当于一个工作台，在上面放置绘图页面等其他组件。

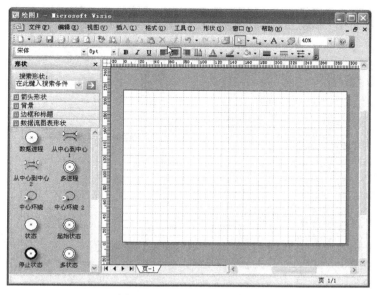

图 13-4　Visio 的工作窗口

⑦ 形状（又称图件）：是 Visio 中最核心的部分。通过鼠标的拖动而在绘图页面中产生对应的图形副本。将鼠标指针在图件上停留片刻，可以看到对该图件的注释，即对该图件功能和使用范围的说明。

⑧ 模具：存放各种图件的仓库。

2）视窗的调整。主要依靠菜单中的"视图"、"窗口"命令和"视图"工具栏来实现。视窗调整中常见的操作包括：

① 缩放操作：利用该操作可以调整页面的显示比例，以便更有效地进行绘图操作，且该功能改变的只是页面在屏幕上的显示效果，对实际大小并无影响。

② 显示方式调整：当有多个文件同时打开时，可以用"并排"、"水平"和"层叠"三种排列方式来显示视窗。并排排列可在"窗口"菜单中选择"平铺"命令；水平排列可在按下<Ctrl>键的同时，在"窗口"菜单中选择"平铺"命令；层叠排列可在"窗口"菜单中选择"层叠"命令。

3）任务窗格。这项功能提供了一些常用的命令选项。Visio 的任务窗格功能主要有开始工作、帮助、剪贴画、信息检索、搜索结果、新建绘图、模板帮助、共享工作区、文档更新和审阅等。在"视图"菜单中选择"任务窗格"命令，可以调出任务窗格并显示在屏幕右侧。

4）小视窗。Visio 有四个小视窗，堪称其"显微镜"，它们分别是扫视和缩放窗口、自定义属性窗口、大小和位置窗口、绘图资源管理器窗口。可以通过"视图"菜单中的相应命令来打开它们，还可以使小视窗始终处于绘图窗口的最上层。利用这四个小视窗，可以更加方便快捷地观看并修改图形的各种信息。打开这四个小视窗后的效果如图 13-5 所示。

四个小视窗的功能分别为：

① 扫视和缩放窗口：该视窗将显示出完整的绘图页面略图。移动或改变红色矩形框的位置和大小可以局部放大绘图页面中对应位置的图形，并实现改变结果的同步显示。

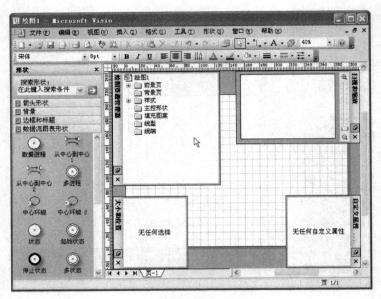

图 13-5　Visio 的四个小视窗

② 自定义属性窗口：在绘图页面选中图形，则在该窗口中可以看到所选图形的自定义属性，可以在此对自定义的属性值进行修改。

③ 大小和位置窗口：利用该视窗可以显示和修改所选择图形的位置坐标和尺寸。

④ 绘图资源管理器窗口：该视窗列出了当前打开绘图文件中的所有资源数据，例如页面、图形、图层、背景页、图件等。

练习 1

① 操作并熟悉 Visio 的工作窗口。

② 分别新建几个绘图文件，调整并观察它们的显示方式。

③ 打开并观察三个任务窗格。

④ 打开并观察小视窗，体会它们中各个栏目的含义。

（2）菜单

Visio 的菜单栏提供了各种绘图命令，包括文件、编辑、视图、插入、格式、工具、形状、窗口和帮助等九个菜单项。通过菜单操作，可以完成几乎所有的图形编辑功能。

用户还可以在系统默认菜单的基础上，通过"工具"菜单中的"自定义"命令来定制个性化菜单，即根据个人的使用习惯，在原有菜单命令的基础上，添加新的菜单命令或是添加新的菜单。

练习 2

① 观察菜单栏中的各个命令。

② 尝试在菜单栏中添加一个新的菜单项，并在该菜单项下添加几个常用的菜单命令（如打开、保存命令等）。

（3）工具栏

Visio 提供了 12 个工具栏，利用它们可以完成对绝大多数对象的操作，而且使用效果同菜单命令是一样的。还可以使用"自定义"选项来定制包含特殊要求的工具栏。

练习 3

① 打开并观察所有的工具栏，尽量找出其命令按钮同菜单命令的对应关系。

② 试着添加一个新的工具栏，其中包含"插入图片"和"插入符号"两个命令按钮。

（4）定位工具

作为一种绘图软件，提供必要的工具以进行精确定位是非常重要的。Visio 提供了多种定位工具，主要有标尺、网格、参考线和连接点等四种。可以在"视图"菜单下找到这些工具。

1）标尺：分为垂直标尺和水平标尺两种，分别位于绘图窗口的左侧和上方。标尺的单位可以根据需要，在"文件"菜单中单击"页面设置"命令，在对话框"页属性"选项卡的"度量单位"中进行修改。

默认情况下，水平标尺和垂直标尺的坐标零点都位于绘图页面的左下角，而绘图窗口左上角处水平标尺和垂直标尺相交的位置称为"辅助点"，在按下<Ctrl>键的同时，用鼠标拖动"辅助点"，可以改变标尺坐标零点的位置；双击"辅助点"可以将坐标原点恢复成默认值（及绘图页面的左下角处），如图 13-6 所示。

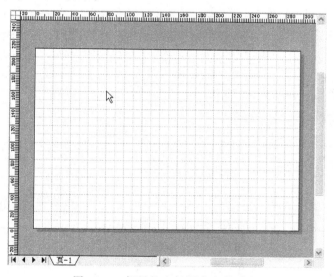

图 13-6　标尺的坐标原点和辅助点

2）网格：在绘制图形时网格是必不可少的，它的作用是对齐对象，使图形的整体效果整齐美观。网格只是起到辅助绘图的作用，在实际打印时一般并不出现。

网格的格式设置（如网格线的粗细、间距等）可以通过在"工具"菜单中选择"标尺和网格"命令来进行。

3）参考线（定位导线）：这同样也用于帮助对齐各种图形。与网格不同的是，参考线可以在绘图窗口中随意产生和移动，而且在移动参考线时，所有和它对齐的图形也将随之移动。

将鼠标指针置于水平或垂直标尺上，当形状变为双箭头时，按住鼠标左键并拖动，参考线就会自动产生并随鼠标移动。参考线平常为蓝色虚线，而在被选中时变为绿色粗实线。

若是在"辅助点"处开始进行拖动操作，最终将会产生一个小型的十字参考线——辅助点。选中参考线，再按<Delete>键即可将其删除。

4）连接点：这是 Visio 的最大特色之一。Visio 的图形一般都有若干连接点，利用这些连接点，不但可以准确定位，而且可以通过连接点的"粘和"操作将多个图形连为一体，相当方便快捷。

在"视图"菜单中选择"连接点"命令，可以显示图形上的连接点，所有的连接点都标记为蓝色叉号。在 Visio 中，连接点可以根据实际需要随意增加、移动和删除。

练习 4

使用标尺、网格、定位导线和连接点、体会它们的定位功能。

（5）文件操作

文件操作通常包括新建、打开、保存和保护等。Visio 中的文件操作同其他软件相比有一定差别。

1）新建文件。在每次进入 Visio 程序时，首先看到的都是"新建和打开文件"窗口，如图 13-7 所示。

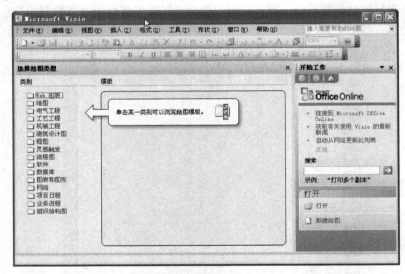

图 13-7 "新建和打开文件"窗口

该窗口分为两部分：选择绘图类型和新建绘图。在"选择绘图类型"部分按类别列出了 Visio 提供的适用于各种场合的绘图模板。双击新建绘图文件要使用的模板，便可以生成一个新的基于该模板的绘图文件。若不想使用任何现成模板，那么直接单击右侧任务窗格中"打开"栏下的"新建绘图"即可。

2）打开文件。进入 Visio 时，单击右侧任务窗格中"打开"栏的"打开"项，可以在"打开"对话框中选择已经存在的 Visio 文件、打开文件的类型等，选定后，单击"打开"按钮即可将其打开。

如果已经处在 Visio 的绘图工作状态，可在"文件"菜单中选择"打开"命令，或者单击工具栏上"打开"按钮。

3）保存文件。在"文件"菜单中选择"保存"命令，或者直接单击工具栏上的"保存文件"按钮，都可以保存文件。如果是第一次保存文件，会弹出"另存为"对话框。

设定完毕后单击"保存"按钮，将弹出"属性"对话框，可对"常规"、"摘要"和"内容"三个选项卡进行相应设置。最后，单击"确定"按钮即完成保存操作。

4）保护文件。在 Visio 中，可以对文件设置保护，可以设置哪些对象需要保护，哪些对象不需要保护。

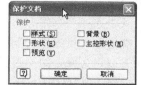

具体操作方法：在"视图"菜单中选择"绘图资源管理器窗口"命令，打开"绘图资源管理器窗口"小视窗，右击当前打开的文件，在弹出的快捷菜单中选择"保护文档"命令。此时，将弹出"保护文档"对话框，如图 13-8 所示。

图 13-8　设定需要保护的部分

在此可以选择设定想要保护的部分（选中复选框）。设定完毕，单击"确定"按钮使之生效。

（6）绘图页面操作

Visio 为绘图页面提供了强大的编辑功能，利用它们可以完成绘图页面的打印格式页面设置、绘图页的增加和删除以及背景页的生成等各种操作。

1）页面属性设定。在绘图文件的打开状态下，可以对绘图页面的属性进行设定。在"文件"菜单中选择"页面设置"命令，将弹出"页面设置"对话框，可在其中进行"打印设置"、"页面尺寸"、"绘图缩放比例"、"页属性"和"布局和排列"等操作。

2）增加新绘图页。当建立一个新的绘图文件时，Visio 已经自动生成了一个新的绘图页，其命名为"页-1"并显示在"页面标签"中。每个绘图文件都可以包含多个绘图页，在每个绘图页中都可以绘制各自的图形。

为增加新的绘图页，可右击绘图窗口下方的"页面标签"，在弹出的快捷菜单中选择"插入页"命令，此时，将弹出"页面设置"对话框，可在其中填入新绘图页的各项属性，如类型、名称等，然后单击"确定"按钮即可。当然，也可以使用系统默认值而直接单击"确定"按钮。

3）删除绘图页。在"编辑"菜单中选择"删除页"命令，或者使用右键快捷菜单，可选择删除某个绘图页。

4）重命名绘图页。右击要重命名的绘图页的"页面标签"，在弹出的快捷菜单中单击"重命名页"命令，即可对绘图页名称进行修改。

5）背景页操作。在绘图文件中加入背景页，可以使图形显得更加美观和专业。生成背景页有多种方法，最简单的方法是利用 Visio 提供的"背景"模具。

当打开 Visio 程序时，就是使用某个模具来建立新文件，则"背景"模具一般是自动打开的；如果"背景"模具没有自动打开，则可以依次选择"文件"→"形状"→"其他 Visio 方案"→"背景"命令，或者单击"常用"工具栏上的"形状"按钮进行选择，如图 13-9 所示。

图 13-9　"背景"模具

用鼠标选中"背景"模具中任意一个图件，并拖放到绘图页面上，此时将弹出一个对话框询问是否要为所选择的绘图页增加一个背景页，单击"是"按钮，系统自动生成一个背景页，内容便是刚才选取并拖动的图形。

用户也可以用自己绘制的页面作为背景。操作步骤如下：

步骤 1：新建一个页面，其"页属性"类型设为"前景"，背景设为"无"。

步骤 2：在该新建页上绘制自己的图形或写上文字。

步骤 3：编辑完毕后，在"文件"菜单中选择"页面设置"命令，在弹出对话框的"页属性"选项卡下将类型设置为"背景"。单击"确定"按钮，则该页被设置为背景页。

步骤 4：此时再切换到"页–1"页面，在"文件"菜单中选择"页面设置"命令，打开"页面设置"对话框，在"页属性"选项卡的背景选项列表中，可以看到在前面设置的几个背景选项。从中选择一个作为"页–1"的背景页面。

类似地，可以进行删除背景页的操作。但需要注意的是，在删除背景页之前，需要先将其从所有以它为背景的绘图页面中移除，否则会出现警告对话框，且不能完成背景页的删除操作。

6）页眉与页脚的设定。与 Office 系列的其他软件一样，Visio 的页眉和页脚也是给绘图页面编上页码，加入作者、日期和文件名称等各种附加信息，使得打印出来的图形更美观、更专业和方便读者阅读。页眉与页脚的设置方法：在"视图"菜单中选择"页眉和页脚"命令，在弹出的"页眉和页脚"对话框的对应栏中填入内容即可。

7）其他设定。Visio 还允许对它的其他一些功能进行设定。这些功能设定主要集中在"选项"对话框中。在"工具"菜单中选择"选项"命令，可在对话框的不同选项卡中对不同类型的功能进行相应的设定。

（7）制作第一个 Visio 图形

在对 Visio 有了初步了解的基础上，接下来，我们来制作第一个 Visio 图形。将要制作的图形是一个关于演示 C 程序运行步骤的流程图。

步骤 1：启动 Visio，进入"新建和打开文件"窗口。

步骤 2：在"选择绘图类型"栏的"类别"中选择"流程图"→"基本流程图"模板，Visio 自动启动相关模板，并生成新的空白绘图页。

可以看到，窗口左侧是绘图模具，里面放置了大量绘图所需的图件，如图 13-10 所示。将鼠标指针指向图件图标时，将自动显示该图件的用途。

步骤 3：在模具中选中一个图件，将其拖放到绘图页面上的合适位置。

步骤 4：重复上述拖动步骤，将进程、判定、顺序数据和终结符等图件拖入页面中，并排列如图 13-11 所示。

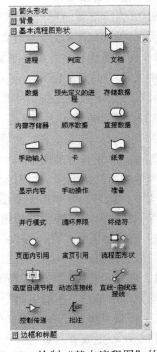

图 13-10　绘制"基本流程图"的图件

步骤 5：单击"常用"工具栏上的"连接线工具"按钮（注意观察鼠标指针形状的变化），将鼠标移动到第一个要连接图形的连接点附近，当连上图形时，在连接点处会出现红色方框，表示连接线和连接点已经连上了。

步骤 6：按下鼠标，移动到下一个图形的连接点上，待出现红色边框时松开鼠标，此时完成两图形间的连接。

步骤 7：重复上述步骤，完成其他图形之间的连接，如图 13-12 所示。

步骤 8：所有图形连接完毕后，单击"常用"工具栏上的"指向工具"按钮，退出连接状态，恢复到鼠标选取状态。

步骤 9：接着进行线型设定。单击要改变线型的连接线将其选中（若要同时选择多条连接线需在按下<Shift>键的同时进行选取），然后单击"格式"工具栏上的"线型"按钮选择线型。

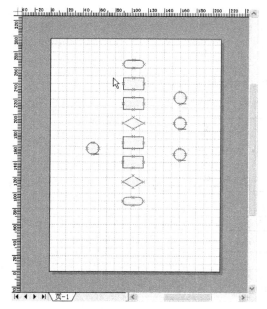

图 13-11　拖动图件构成流程图的基本框架

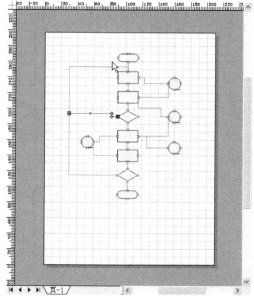

图 13-12　完成流程图的连接

步骤 10：在第一个图形上双击，进入文字编辑模式，输入文字"开始"。如果对文字的字体和大小不满意，可以先将文字选中，然后在"格式"工具栏的"字体"和"字号"选项中进行设置。

步骤 11：重复上述步骤，在图形中输入其他文字。连接线上的文字也可以通过双击连接线进入文字编辑模式来输入。

至此，流程图便基本制作完成，为了显得更加美观和专业，还可以给它加上背景页以及页眉和页脚等。

步骤 12：保存文件。

（8）Visio 应用实践

通过上述操作，制作一份 Visio 绘图文件需要经过的六个主要步骤可以总结如下：

1）选择合适的模板建立绘图文件。

2）从模具中向绘图页拖入图件形成图形。

3）用连接线工具将相互间有关系的图形连接起来。

4）为图形和连接线加上适当的文字说明。

5）对绘图文件进行美化处理。

6）保存绘图文件。

下面，请根据已经取得的操作经验，制作一份程序流程图如图 13-13 所示。请注意体会整个过程中对文件和绘图页面的各种操作，并注意总结绘制过程中经历了哪些主要步骤。

请记录：

1）上述各项操作能够顺利完成吗？如果不能，请说明为什么。

2）Visio 绘制流程图实验完成，请交现场的实验指导老师确认。或者以<班级>_<学号>_<姓名>_程序流程图.vsd 为文件名保存该制作文件，并以电子邮件方式交给你的实验指导老师。

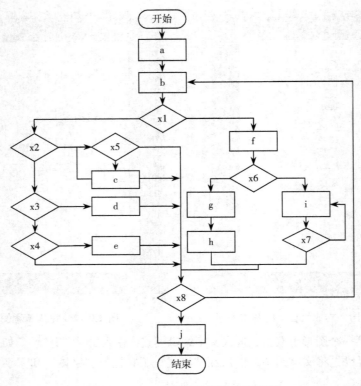

图 13-13　一个结构化程序的流程图

四、实验总结

_____

_____

_____

五、实验评价（教师）

_____

_____

13.11　阅读与思考：《人月神话》作者布鲁克斯

　　20 世纪最后一年（1999 年）的图灵奖授予了年已 69 岁的资深计算机科学家布鲁克斯（Frederick Phillips Brooks, Jr.）。20 世纪 60 年代初，布鲁克斯只有 29 岁时就主持并领导了被称为"人类从原子能时代进入信息时代标志"的 IBM/360 系列计算机（见图 13-14）的开发工作，取得了辉煌成功，从而名噪一时。以后，他作为硬件和软件的双重专家和出色的教育家始终活跃在计算机舞台上，在计算机技术的诸多领域中都做出了巨大的贡献。在计算机科学领域，布鲁克斯的名字俨然已经成了一个"神话"。

图 13-14　IBM/360 计算机

布鲁克斯 1931 年 4 月 19 日生于北卡罗来纳州的杜哈姆。1953 年从杜克大学毕业，并进入哈佛大学深造，1956 年取得博士学位。他的博士论文课题工作是在哈佛著名的计算实验室进行的，最终完成的博士论文题目为"自动数据处理系统的分析设计"。

在哈佛取得博士学位以后，布鲁克斯进入 IBM 公司设立在纽约波凯普茜的实验室当工程师，并在那里参加了 Harvest 和 Stretch 计算机的开发，任体系结构设计师。1959 年出任 IBM/360 项目的主持人。IBM/360 的开发总投资 5 亿美元，达到美国研究原子弹的曼哈顿计划投资的 1/4。在研制期间，布鲁克斯率领着 2 000 名程序员夜以继日地工作，单单 360 操作系统的开发就用了 5 000 个人年。因此，在 IBM 公司纪念其成立 50 周年的庆祝大会上，360 系列计算机被称为"公司历史上发布的最重要的产品"。

360 成功以后，布鲁克斯离开 IBM 回到故乡，为北卡大学创建了计算机科学系，并担任系主任长达 20 年（1964—1984 年）。除了教学以外，他还致力于发展美国的计算机技术和计算机在国防等方面的应用，有许多社会兼职。1966—1970 年，他是 ACM 全国委员会的委员；1973—1975 年出任 ACM 体系结构委员会的主席；1977—1980 年布鲁克斯在美国国家研究院计算机科学技术部任职；1983—1984 年他是美国国防科学委员会人工智能攻关领导小组的成员，1986—1987 年是上述委员会另一个攻关领导小组"计算机模拟和训练"的成员；1985—1987 年他担任军用软件攻关小组组长。1987 年布鲁克斯当选为美国工程院院士，他同时也是英国皇家学会和荷兰皇家科学与艺术院的外籍院士。

在 IBM System/360 大型计算机的开发期间，由于复杂的需求，以及当时软件工程水平低下，System/360 的开发工作陷入了前所未有的、最可怕的"软件开发泥潭"，并催生了布鲁克斯最著名的失败论著——《人月神话》（*The Mythical Man-Month*）。1975 年出版的《人月神话》一书，是软件工程经典名著。1995 年，为纪念该书发行 20 周年，第二版上市，其第一次发行印数就达 250 000 册。

资料来源：引自软件名人堂（http://www.sawin.cn/HallOfFame/），有删改。

结合本课程的学习，建议你找出时间来阅读一下布鲁克斯的《人月神话》，尝试从广泛阅读中体会学习的乐趣和汲取丰富的知识。阅读后，建议你找个机会和老师、同学们来分享所获得的体会和认识。

第 14 章

信息安全与风险责任

信息安全，又称数据安全、网络安全、计算机安全等，是指信息网络的硬件、软件及系统中的数据受到保护，不因偶然的或者恶意的原因而遭到破坏、更改或泄露，系统连续可靠正常地运行，信息服务不中断。

信息安全是一门涉及计算机科学、网络技术、通信技术、密码技术、信息安全技术、应用数学、数论、信息论等多种学科的综合性学科。从广义上说，凡是涉及网络上信息的保密性、完整性、可用性、真实性和可控性的相关技术和理论都属于数据安全的研究领域。

如今，基于网络的信息安全技术已是未来信息安全技术发展的重要方向。由于因特网是一个全开放的信息系统，窃密和反窃密、破坏与反破坏广泛存在于个人、集团甚至国家和地区之间，资源共享和信息安全一直作为一对矛盾体而存在着，网络资源共享的进一步加强以及随之而来的信息安全问题也日益突出。

14.1　基于计算机系统的风险

今天的计算机用户正在为避免数据丢失、被窃以及损坏而努力。数据的丢失，是指数据不能被访问，这通常是因为偶然被删去而导致的；数据被窃并不意味着数据丢失，而是在未经授权的情况下数据被访问或者被复制；数据不准确的原因包括数据输入错误、被蓄意或者偶然修改、没有及时编辑以反映当前事实等。

尽管计算机病毒以及犯罪被人们广泛关注，但实际上，许多数据出现问题仅仅是因为操作错误、电源不正常或者硬件失效等偶然原因造成的。

1. 操作错误

操作错误是指计算机用户所犯的错误，这常常是不可避免的。尽管如此，但如果用户注意力集中，并且养成了有助于避免出错的一些好习惯，那么操作性错误就可以大大减少。

2. 掉电、电源尖峰、电源浪涌

所谓掉电是指整个计算机系统完全停止供电，这常常是因为某些不能控制的事件而导致的，例如跳闸、电线毁坏等。由于不能对计算机系统进行持续供电，存储在 RAM 中的数据就会丢失。即使只是短暂的电源终止，也会使计算机重新启动，并丢失 RAM 中的所有数据。

闪电以及供电公司的故障可能导致电源尖峰或者电源浪涌，从而损坏敏感的计算机元件。电源尖峰是指电压在持续很短的一段时间（例如小于百万分之一秒内）突升；电源浪涌是指电压在持续较长的时间里（例如百万分之几秒内）突降。电源尖峰和电源浪涌比掉电更容易损坏计算机系统，可能会损坏主板及磁盘驱动设备的电路板等。

　　UPS（不间断电源，见图 14-1）是防止掉电、电源尖峰和电源浪涌的最好防护手段，它包含一个可以持续性地提供电源的电池，并可以防止电源尖峰和电源浪涌到达计算机的电路系统。UPS 可以在短暂的停电中为计算机持续供电，使之继续工作，或者在长久停电的情况下给出充足的时间来保存机器内的文件, 停止程序的运行等。UPS 是网络服务器的关键设备，也推荐个人采用。采购 UPS 取决于计算机所需要的功率及 UPS 的功能。

图 14-1　SANTAK UPS

3．硬件失效

　　计算机部件的可靠性一般是通过平均故障时间来衡量的,这是一个统计数据，由实验设备的工作时间除以实验阶段出现的故障数量而得到。这个标准很容易误导消费者。例如, 硬盘驱动器的 MTBF 是 125 000 小时，大约是 14 年的时间，其意思是，平均起来，硬盘驱动器有可能工作 125 000 小时不出故障。但是, 实际情况是, 很可能它工作 10 小时就出故障。所以, 应该考虑硬件失效问题，而不是只希望不出现故障。

　　硬件失效的影响取决于失效的部件。大多数的硬件失效只会造成不便，例如，显示器、RAM芯片故障等。但是，如果硬盘驱动器出现了问题就可能会造成很大的损失，因为可能丢失存储在硬盘上所有的数据。除非已经对硬盘上的程序，尤其是数据文件做了完整的最新备份。

14.2　计算机病毒

　　"病毒"一词源于生物学，人们通过分析研究发现，计算机病毒在很多方面与生物病毒有相似之处，以此借用生物病毒的概念。在我国《计算机信息系统安全保护条例》中的相关定义是："计算机病毒，是指编制或者在计算机程序中插入的破坏计算机功能或者毁坏数据，影响计算机使用，并能自我复制的一组计算机指令或者程序代码。"

　　计算机病毒实际上是一种在计算机系统运行过程中能够实现传染和侵害计算机系统功能的程序。在系统穿透或违反授权攻击成功后，攻击者通常要在系统中植入一种能力，为攻击系统、网络提供条件。例如，向系统中侵入病毒、蛀虫、特洛伊木马、陷门、逻辑炸弹，或通过窃听、冒充等方式来破坏系统正常工作。

　　因特网是目前计算机病毒的主要传播源。

14.2.1　计算机病毒的产生

　　随着计算机应用的普及，早期就有一些科普作家意识到可能会有人利用计算机进行破坏，提出了"计算机病毒"这个概念。不久，计算机病毒便在理论、程序上都得到了证实。

　　1949 年，计算机创始人冯·诺依曼发表论文《复杂自动机器的理论和结构》，提出了计算机程序可以在内存中进行自我复制和变异的理论。此后，许多计算机人员在自己的研究工作中应用和发展了程序自我复制的理论。1959 年，AT&T 贝尔实验室的三位成员设计出具有自我复制能力，并能探测到其他程序在运行时能将其销毁的程序。1983 年，Fred Cohen 博士研制出一种在运行过程中可以复制自身的破坏性程序，并在全美计算机安全会议上提出和在 VAX Ⅱ/150 机上演示，从而证实了计算机病毒的存在，这也是公认的第一个计算机病毒程序的出现。

随着计算机技术的发展，出现了一些具有恶意的程序。最初是一些计算机爱好者恶作剧性质的游戏，后来有一些软件公司为防止盗版在自己的软件中加入了病毒程序。1988 年，罗伯特·莫里斯（Robert Morris）制造的蠕虫病毒是首个通过网络传播而震撼世界的"计算机病毒侵入网络案件"。后来，又出现了许多恶性计算机病毒。

计算机病毒会抢占系统资源、删除和破坏文件，甚至对硬件造成毁坏，而网络的普及使得计算机病毒传播更加广泛和迅速。

14.2.2 恶意程序

所谓恶意程序是指一类特殊的程序，它们通常在用户不知晓也未授权的情况下潜入，具有用户不知道（一般也不许可）的特性，激活后将影响系统或应用的正常功能，甚至危害或破坏系统。恶意程序的表现形式多种多样，有的是改动合法程序，让它含有并执行某种破坏功能；有的是利用合法程序的功能和权限，非法获取或篡改系统资源和敏感数据，进行系统入侵。

根据恶意程序威胁的存在形式不同，将其分为需要宿主程序和不需要宿主程序可独立存在的威胁两大类，如图 14-2 所示。前者基本上是不能独立运行的程序片段，而后者是可以被操作系统调度和运行的自包含程序。

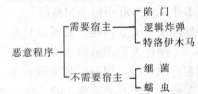

图 14-2 恶意程序的分类

事实上，随着恶意程序彼此间的交叉和互相渗透（变异），这些区分正变得模糊起来。恶意程序的出现、发展和变化给计算机系统、网络系统和各类信息系统带来了巨大的危害。

1）陷门。陷门是进入程序的秘密入口。知道陷门的人可以不经过通常的安全访问过程而获得访问权力。陷门技术本来是程序员为了进行调试和测试程序时避免烦琐的安装和鉴别过程，或者想要保证存在另一种激活或控制程序的途径而采用的方法。如通过一个特定的用户 ID、秘密的口令字、隐蔽的事件序列或过程等，这些方法都避开了建立在应用程序内部的鉴别过程。

当陷门被无所顾忌地用来获得非授权访问时，就变成了威胁。如一些典型的可潜伏在用户计算机中的陷门程序，可将用户上网后的计算机打开陷门，任意进出；可以记录各种口令信息，获取系统信息，限制系统功能；还可以远程对文件或注册表等进行操作。

在有些情况下，系统管理员会使用一些常用的技术来加以防范。例如，利用工具给系统打补丁，把已知的系统漏洞给补上；对某些存在安全隐患的资源进行访问控制；对系统的使用人员进行安全教育等。这些安全措施是必要的，但绝不是足够的。只要是在运行的系统，总是可能找出它的漏洞而进入系统，问题只是进入系统的代价大小不同。另外，信息网络的迅速发展是与网络所能提供的大量服务密切相关的。由于种种原因，很多服务也存在这样或那样的漏洞，这些漏洞若被入侵者利用，就成了有效进入系统的陷门。

2）逻辑炸弹。在病毒和蠕虫之前，最古老的软件威胁之一就是逻辑炸弹。逻辑炸弹是嵌入在某个合法程序里面的一段代码，被设置成当满足特定条件时就会"爆炸"，执行一个有害行为的程序，如改变、删除数据或整个文件，可能会引起机器关机，甚至破坏整个系统等。

3）特洛伊木马。特洛伊木马是指一个有用的，或者表面上有用的程序或命令过程，但其中包含了一段隐藏的、激活时将执行某种有害功能的代码，可以控制用户计算机系统的程序，并可能造成用户的系统被破坏甚至瘫痪。特洛伊木马程序是一个独立的应用程序，不具备自我复制能力，但具有潜伏性，常常有更大的欺骗性和危害性，而且特洛伊木马程序可能包含蠕虫病毒程序。

　　特洛伊木马的一个典型例子是被修改过的编译器。该编译器在对程序（例如系统注册程序）进行编译时，将一段额外的代码插入到该程序中。这段代码在注册程序中构造陷门，使得可以使用专门的口令来注册系统。不阅读注册程序的源代码，永远不可能发现这个特洛伊木马。

　　4）细菌。细菌是一些并不明显破坏文件的程序，它们的唯一目的就是繁殖自己。一个典型的细菌程序除了在多进程系统中同时执行自己的两个副本，或者可能创建两个新的文件（每一个都是细菌程序原始源文件的一个复制品）外，可能不做什么其他事情。那些新创建的程序又可能将自己两次复制，依此类推，细菌以指数级再复制，最终耗尽所有的处理机能力、存储器或磁盘空间，从而拒绝用户访问这些资源。

　　5）蠕虫。蠕虫是一种可以通过网络进行自身复制的病毒程序。一旦在系统中激活，蠕虫可以表现得像计算机病毒或细菌。可以向系统注入特洛伊木马程序，或者进行任何次数的破坏或毁灭行动。普通计算机病毒需要在计算机的硬盘或文件系统中繁殖，而典型的蠕虫程序则不同，只会在内存中维持一个活动副本，甚至根本不向硬盘中写入任何信息。此外，蠕虫是一个独立运行的程序，自身不改变其他程序，但可携带一个具有改变其他程序功能的病毒。

　　为了自身复制，网络蠕虫使用了某种类型的网络传输机制（例如电子邮件）。网络蠕虫表现出有潜伏期、繁殖期、触发期和执行期的特征。

14.2.3　反病毒技术

　　现在，成熟的反病毒技术已经能够做到对已知病毒的彻底预防和杀除，这主要涉及三大技术，即实时监视技术、自动解压缩杀毒技术和全平台反病毒技术。系统对于计算机病毒的实际防治能力和效果要从以下三方面来评判：

　　1）防毒能力。指预防病毒侵入计算机系统的能力。该能力根据系统特性，通过采取相应的系统安全措施预防病毒侵入计算机。

　　2）查毒能力。指发现和追踪病毒来源的能力。对于确定的环境（包括内存、文件、引导区、网络等），应该能够准确地发现计算机系统是否感染有病毒，并能给出统计报告，报告病毒的名称、来源等。此能力由查毒率和误报率来评判。

　　3）解毒能力。指从感染对象中清除病毒，恢复被病毒感染前的原始信息的能力。根据不同类型病毒对感染对象的修改，并按照病毒的感染特性所进行的恢复，其恢复过程不能破坏未被病毒修改的内容。此能力用解毒率来评判。

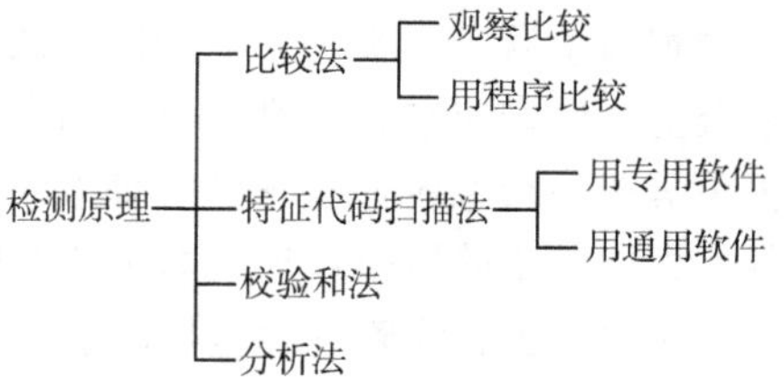

图 14-3　检测方法原理

　　检测计算机病毒主要基于四种方法，如图 14-3 所示。

　　1）比较法。用原始备份与被检测的引导扇区或被检测的文件进行比较。可以靠打印的代码清单或程序来进行比较。

　　2）特征代码扫描法。病毒的特征代码是病毒程序编制者用来识别自己编写程序唯一的代码串，因此也可利用病毒的特征代码检测病毒程序和防止病毒程序传染。

　　特征代码扫描法所用的软件称为病毒扫描软件。病毒扫描软件由两部分组成：一部分是病毒代码库，含有经过特别选定的各种计算机病毒的代码串；另一部分是利用该代码库进行扫描的程序。打开被检测文件，在文件中搜索，检查文件中是否含有病毒数据库中的病毒特征代码。

如果发现病毒特征代码，由特征代码与病毒一一对应，便可以断定被查文件中感染有何种病毒。面对不断出现的新病毒，采用病毒特征代码扫描法的检测工具，必须不断更新版本。

3）校验和法。根据正常文件的内容计算其校验和，将该校验和写入文件中或写入别的文件中保存。在文件使用过程中，定期或每次使用文件前检查根据文件现在内容算出的校验和与原来保存的校验和是否一致，因而可以发现文件是否感染，这种方法叫校验和法。

这种方法既能发现已知病毒，也能发现未知病毒，但它不能识别病毒类别。由于病毒感染并非文件内容改变的唯一原因，所以校验和法常常误报警。而且，此种方法会影响文件的运行速度。

4）分析法。一般使用分析法的人是反病毒技术人员。使用分析法的目的在于确认被观察的磁盘引导区和程序中是否含有病毒。如果有病毒，确认病毒的类型和种类，判定其是否是一种新病毒。如果是新病毒，搞清楚病毒体的大致结构，提取特征代码或特征字，用于增添到病毒代码库供病毒扫描和识别程序用。通过详细分析病毒代码，可以为相应的反病毒措施制定方案。

病毒检测的分析法是反病毒工作中不可或缺的重要技术，任何一个性能优良的反病毒系统的研制和开发都离不开专门人员对各种病毒的详尽而认真的分析。但分析法要求使用者具有比较全面的有关操作系统结构功能调用以及关于病毒方面的各种知识，这是与检测病毒的前三种方法不一样的地方。

14.3 风 险 管 理

所谓风险就是潜在的问题，已知确定会发生的问题不是风险。风险源于实际工作环境的不确定性。不同行业中风险的具体类别也不相同。如在软件工程中，可能的风险包括技术风险（如目前还比较薄弱的技术领域）、来自用户的风险（如用户对项目执行情况的确认、用户新需求对原来需求的影响）、关键开发人员离职的风险、开发队伍管理不善的风险（如资源配置和协调落后）等。

风险管理（risk management）一词最初是由美国的肖伯纳博士于 1930 年提出的，其定义是：风险管理就是使用适当的工具和方法把风险限制在可以接受的限度内。我国台湾地区的专家袁宗蔚把风险管理定义为：在对风险的不确定性及可能性等因素进行考察、预测、收集、分析的基础上，制定出包括识别风险、衡量风险、积极管理风险、有效处置风险及妥善处理风险所致损失等一整套系统而科学的管理方法。尽管定义的细节不尽相同，但风险管理的目的却是一致的，即以一定的风险处理成本达到对风险的有效控制和处理。

一般来说，风险管理包括以下几个阶段：

1）风险评定。这是风险管理的出发点，也是风险管理的核心，包括风险识别、风险分析、风险优先级评定等。

2）选择处理风险的方法。即对各种处理风险的方法进行优化组合，把风险成本降到最低。

3）风险管理效果评价。就是分析、比较已实施的风险管理技术和方法的结果与预期目标的契合程度，以此来评判管理方案的科学性、适应性和收益性。同时，当项目风险发生新变化（如目标平台改变，项目成员变动，用户需求变动）的时候，风险的优先级以及风险处理的方法也要相应改变。所以，风险管理效果评价的另一个内容就是对风险评定及管理方法进行定期检查、修正，以保证风险管理方法适应变化了的新情况。

1．建立政策和规程

对于计算机，所谓的容许使用政策指的是规定应该如何使用计算机系统的规则和条例。政策通常由管理者制定，一些单位通过它来约束计算机设备、服务和数据的访问者。例如，某单位向其员工提供电子邮件账户，但是公司的容许使用政策禁止员工使用公司所有的电子邮件系统来收发非业务性邮件。该政策也规定不保护电子信件的隐私权，尤其是根据某种信息怀疑信件的内容包含非法的或者不道德的数据时。

容许使用政策的优点是定义了如何使用一个计算机系统，使用户明白限制和惩罚，并且为不遵守政策的个人提供一个合法的或者工作方面的框架。政策的制定对于整个数据安全过程来讲不是开销很大的步骤。它不需要特殊的软件和硬件，需要的只是组织、修订、公布和执行的时间。

容许使用政策通常不能防止导致数据丢失或者破坏的操作错误，但是许多这样的操作错误还是可以避免的。用户长期养成的比较好的习惯可以大大减少他们犯错误的机会。这些习惯，被组织正规化和采用后就称为最终用户规程。

此外，防止对设备破坏的最好办法是限制对计算机系统的物理接触。如果潜在的犯罪分子没办法使用计算机或者终端，那么他们对数据的偷窃和破坏就会增加困难。

2．限制在线访问

显然，并不是每个人都有权访问银行或者商业公司的计算机上的数据。但是，从通信的基本构造和技术上来讲，每个连接到因特网的用户都有可能与这些系统进行交互。随着计算机网络技术的发展，数据的访问必须限制在合法用户范围之内的问题越来越重要。由此带来的问题是：如何辨认是不是合法用户，尤其是从几千米以外的地方登录的用户？这样就涉及个人身份鉴定问题。

有多种个人身份鉴定的方法，例如某个人所带的某种东西，某个人知道的某些信息，某个人唯一的物理特征等。任何方法都可以识别一个人，并且每种方法都有其自身的优缺点。

1）身份卡：包含照片、指纹或者条形码等，是医院和政府等机构识别身份的主要方法之一。

2）用户 ID 和口令：这是限制对计算机系统访问的常用方法。当使用多用户系统或者网络时，通常必须有一个用户 ID 和口令。

3）生物测定法：是根据某些唯一的物理特征，如指纹或者视网膜上的血管组织等。和口令不同，生物测定数据不会被忘记、丢失或者转借。生物测定技术已经发展成为能够内置于个人计算机系统上的实用技术，并且可以替代口令。生物测定技术包括手形扫描、声音识别、面部识别，以及指纹扫描（见图 14-4）等。

（a）指纹识别仪

（b）德国超市实行指纹付款

图 14-4　指纹扫描

3．用户权限

限制非法进入系统的一种方法是设定用户权限。用户权限是指限制每个用户可以访问的文件和目录的规则。当申请到某个计算机系统的账号时，系统管理员会给予一定的权限，允许访问特定的目录以及其中的文件。比如，在计算机实验室中，用户也许只具有访问包含特定软件的目录的读权限。大多数网络和主机的系统管理员可以给用户提供删除权限、创建权限、写权限、读权限和文件查找权限等。

只授予用户工作所需要的最低权限，可以防止一些意外的以及故意的数据破坏行为。

4．数据加密

当数据被非法读取后，这些数据就不再是秘密的了。尽管有口令保护和物理安全措施限制访问计算机数据，但黑客仍然能够访问计算机中的数据。诸如信用卡账号、银行记录和医疗信息之类的重要数据应该保存为加密格式，以阻止被进入计算机的黑客获取。除此之外，当通过因特网传输此类数据时，也应该使用加密格式。

加密是对数据进行混乱的拼凑或者隐藏信息的过程，从而使数据难以理解，除非使用密钥进行解密或者破译，把它转换成原始的形式。加密是防止非法使用数据的最后一道防线。数据被加密后，非法用户得到的只是一堆杂乱无章的数据，而不是有意义的信息。

无论是微型计算机、小型计算机还是大型计算机都有数据加密软件。软件的成本与它的复杂程度相关。加密软件对于一些部门是非常必要的，例如传送和存储资金信息的金融机构。

5．因特网安全

从因特网上下载一个文件后，在运行之前应该使用病毒检测软件进行检测，确保这个文件没有被病毒感染。但是，一些站点会自动往用户的计算机发送程序，在用户还没来得及进行病毒检测之前就运行。因特网的许多安全问题源于两个技术：Java 小程序和 ActiveX 控件。

Java 小程序的作用是在网页上增加处理和交互的能力。例如，一个 Java 小程序可以统计网上购物花费的总金额。当访问包含 Java 小程序的网页时，它被自动下载到用户的计算机上，在一片称为沙盒的认为是安全的区域执行。从理论上讲，沙盒限制了 Java 小程序的运行和它对计算机的 RAM 以及磁盘上文件的破坏。但是，一些黑客能够突破沙盒的安全机制，创建有害的 Java 小程序，破坏或者偷窃数据。

ActiveX 控件是另一种给网页添加处理和交互功能的方法。使用 ActiveX 控件的程序会自动下载到用户的计算机上。与 Java 小程序不同，ActiveX 控件的执行没有受到沙盒的限制，它可以全权访问用户的计算机系统。所以，黑客可能利用 ActiveX 控件引起混乱。

这个问题的一种解决方法是使用数字证书技术对 ActiveX 控件的作者进行识别。一个有效的程序包含有作者的数字签名。从理论上讲，一般的有害的程序都是没有作者的数字签名的。浏览器程序可以对没有签名的程序发出警告，由使用者决定是否运行这样的程序。许多网页包含的是合法的 Java 小程序和 ActiveX 控件，如果不接受，很可能会错过有价值的信息和交互的机会。具有连接到因特网的主机和局域网的公司通常运行防火墙来屏蔽潜在的有害程序。

6．提供冗余

意外的事件会破坏数据和设备。导致停机，使计算机系统不能正常工作。将停机时间降低到最小和最可靠的方法是备份数据和设备。备份设备是指提供双份计算过程中与关键功能相关的设备，也称为硬件冗余。

硬件冗余是因特网主机服务机构必须考虑的关键问题，因为它们必须保证所驻留的成百上千网页和电子商务站点的持续工作。主机服务机构为了保证提供可靠的服务，必须实现服务器、路由器和通信链路的冗余。硬件冗余也降低了公司对于外面维修技术的依赖性，但付出这种代价时必须权衡停机和维修期间对收入的影响。

14.4　数 据 备 份

备份是指对文件或者磁盘的内容建立一个副本。如果原始文件丢失或者被破坏，可以通过备份文件把数据恢复到原来的工作状况。数据备份可能是为用户数据提供全面的安全保证的最好方法，可以使用户数据避免硬盘失效、外部破坏、操作失误以及自然灾害带来的损失。

建议所有计算机用户都应该进行备份。为了保证数据的安全，应该根据特定计算的需要制定数据备份计划。需要考虑的因素是：数据的价值、存储在计算机上数据的数量、数据更新的频率，以及所使用的备份设备的类型。随着这些因素的改变，备份计划也应该变化。

备份要远离计算机本身。因为如果备份和计算机很接近，火灾或者水灾在损毁计算机的同时会破坏备份。

14.5　习　　题

1. 不经意的文件删除是一个＿＿＿＿＿＿＿＿错误的例子。
2. 掉电会导致计算机 RAM 以及硬盘上的数据全部丢失。对不对？＿＿＿＿＿＿＿＿
3. ＿＿＿＿＿＿＿＿所包含的电池在电源系统短时间掉电的时候为计算机持续供电。
4. 电源尖峰和电源浪涌可能会破坏计算机电路板上的电子元器件。对不对？＿＿＿＿＿＿＿＿
5. MTBF 表示的是一个电子设备可以工作多长时间。对不对？＿＿＿＿＿＿＿＿
6. 数据的最好保险是及时进行＿＿＿＿＿＿＿＿。
7. ＿＿＿＿＿＿＿＿是当计算机执行它所附着的文件时能进行自我复制的程序。
8. ＿＿＿＿＿＿＿＿病毒寄存在文档中，而不是可执行文件上。
9. ＿＿＿＿＿＿＿＿是一个可能含有病毒或者时间炸弹的软件包。
10. ＿＿＿＿＿＿＿＿可以自我复制，但不需要附着在可执行文件上。
11. 许多反病毒软件是通过查找称为＿＿＿＿＿＿＿＿的唯一性字节序列来识别病毒的。
12. ＿＿＿＿＿＿＿＿是权衡计算机数据面临的危害和可牺牲性数据量以及保护关键数据的成本的过程。
13. ＿＿＿＿＿＿＿＿是信息系统部门为了限制员工安装没有经过批准的软件而制定的条例。
14. 最终用户规程可以帮助减少人为的数据删除和破坏的错误。对不对？＿＿＿＿＿＿＿＿
15. 如果网络管理员分配了＿＿＿＿＿＿＿＿，用户只能访问某些文件和程序。
16. 黑客有时候通过开发和测试阶段后没有删除的＿＿＿＿＿＿＿＿而实现未经过授权的进入计算机系统。
17. ＿＿＿＿＿＿＿＿是 Web 服务器用于存储有关访问 Web 站点信息的数字消息。
18. ＿＿＿＿＿＿＿＿是指计算机系统不能进行正常工作的时间的计算机通用语言。
19. Web 主机服务机构也许会把硬件＿＿＿＿＿＿＿＿作为为客户维护持久性可靠服务的策略。
20. MTBF 指定计算机使用 UPS 的时间。对不对？＿＿＿＿＿＿＿＿

21. _____病毒会感染 exe 文件，而_____病毒附在文档和电子表格上。

22. 病毒在发作前可能会潜伏在计算机中一段时间，所以定期进行病毒扫描可以防止数据灾难的发生。对不对？_____

23. 反病毒软件会在数据中搜索病毒_____。

24. _____专家负责分析计算机系统的缺陷，这些缺陷使得系统易受病毒蠕虫、未经授权访问和物理破坏等的威胁。

25. 使用五个字符的口令比由两个字典单词组成的口令更加难以攻破。对不对？_____

26. _____是在安全过程中所创建的，可以屏蔽正常的安全措施，当安装结束后应该删除它。

27. _____被存储在计算机中，包含所访问 Web 站点收集的信息。

14.6　实验与思考：安全与管理

一、实验目的

1）描述在掉电或者硬件失效的情况下，如何保护计算机数据避免丢失。

2）了解计算机病毒的原理，熟悉计算机系统感染病毒的一般症状。

3）说出病毒、特洛伊木马、蠕虫、逻辑炸弹以及时间炸弹等概念的不同。熟悉避免、检测以及消除计算机病毒的技术。

4）了解流行的数据安全技术的优点和缺点。

5）了解风险管理的内涵，了解数据备份技术。

二、工具/准备工作

在开始本实验之前，请回顾本章的相关内容。

需要准备一台带有浏览器并能够访问因特网的计算机。

三、实验内容与步骤

1．你的系统安全吗

以下是一些普通的计算机用户经常会犯的安全性错误，请对照并根据自己的实际情况做出选择（在供选择的答案前面打"√"，注意：单选）。

1）使用没有过电压保护的电源。这个错误真的能够毁掉计算机设备及其所保存的数据。你可能以为只在雷暴发生时，系统才会有危险，但其实任何能够干扰电路、使电流回流的因素都能烧焦你的设备元件。有时甚至一个简单的动作，比如打开与计算机设备在同一个电路中的设备（如电吹风、电加热器或者空调等高压电器）就能导致电涌。如果遇到停电，当恢复电力供应时也会出现电涌。

使用电涌保护器能够保护系统免受电涌的危害，但是请记住，大部分价钱便宜的电涌保护器只能抵御一次电涌，随后需要进行更换。不间断电源（UPS）更胜于电涌保护器，UPS 的电池能使电流趋于平稳，即使断电，也能给你提供时间，从容地关闭设备。

请选择：

☐ A．我懂并已经做到了　　　　　　☐ B．我懂得一点，但觉得没必要

☐ C．知道电涌的厉害，但不知道 UPS　☐ D．现在刚知道，我会关注这一点

☐ E．不知道也无所谓，我是外行我怕谁

2）不使用防火墙就上网。许多家庭用户会毫不犹豫地启动计算机开始上网，而没有意识到他们正将自己暴露在病毒和入侵者面前。无论是宽带调制解调器或者路由器中内置的防火墙，还是调制解调器或路由器与计算机之间的独立防火墙设备，或者是在网络边缘运行防火墙软件的服务器，或者是计算机上安装的个人防火墙软件（如 Windows XP 中内置的防火墙，或者第三方防火墙软件），总之，所有与互联网相连的计算机都应该得到防火墙的保护。

在笔记本式计算机上安装个人防火墙的好处在于：当用户带着计算机上路或者插入酒店的上网端口，或者与无线热点相连接时，已经有了防火墙。拥有防火墙不是全部，你还需要确认防火墙是否已经开启，并且配置得当，能够发挥保护作用。

请选择：

☐ A．我懂并已经做到了　　　　　　☐ B．我懂得一点，但觉得没必要

☐ C．知道有防火墙但没有用过　　　☐ D．现在刚知道，我会关注这一点

☐ E．不知道也无所谓，我是外行我怕谁

3）忽视防病毒软件和防间谍软件的运行和升级。事实上，防病毒程序令人讨厌，它总是阻断一些你想要使用的应用，而且为了保证效用还需要经常升级。尽管如此，在现在的应用环境下，你无法承担不使用防病毒软件所带来的后果。病毒、木马、蠕虫等恶意程序不仅会削弱和破坏系统，还能通过你的计算机向网络其他部分散播病毒。在极端情况下，甚至能够破坏整个网络。

间谍软件是另外一种不断增加的威胁。这些软件能够自行在计算机上进行安装（通常都是在你不知道的情况下），搜集系统中的情报，然后发送给间谍软件程序的作者或销售商。防病毒程序经常无法察觉间谍软件，因此需要使用专业的间谍软件探测清除软件。

请选择：

☐ A．我懂并已经做到了　　　　　　☐ B．我懂得一点，但觉得没必要

☐ C．知道防病毒，但不知道防间谍　☐ D．现在刚知道，我会关注这一点

☐ E．不知道也无所谓，我是外行我怕谁

4）安装和卸载大量程序，特别是测试版程序。由于用户对新技术的热情和好奇，经常安装和尝试新软件。免费提供的测试版程序能够使你有机会抢先体验新的功能。另外，还有许多可以从网上下载的免费软件和共享软件。

但是，安装软件的数量越多，使用含有恶意代码的软件，或者使用编写不合理的软件而可能导致系统工作不正常的概率也就越高。另一方面，过多的安装和卸载也会弄乱 Windows 的系统注册表，因为并不是所有的卸载都能将程序剩余部分清理干净，这样的行为会导致系统逐渐变慢。

你应该只安装自己真正需要使用的软件，只使用合法软件，并且尽量减少安装和卸载软件的数量。

请选择：

☐ A．我懂并已经做到了　　　　　　☐ B．我懂得一点，但觉得没必要

☐ C．有点了解但不知道什么是注册表　☐ D．现在刚知道，我会关注这一点

☐ E．不知道也无所谓，我是外行我怕谁

5）磁盘总是满满的并且非常凌乱。频繁安装和卸载程序（或增加和删除任何类型的数据）都会使磁盘变得零散。信息在磁盘上的保存方式导致了磁盘碎片的产生，这样就使得磁盘文件变得零散或者分裂，导致在访问文件时，磁头不会同时找到文件的所有部分，而是到磁盘的不同地址上找回全部文件。这样使得访问速度变慢。如果文件是程序的一部分，程序的运行速度就会变慢。

可以使用 Windows 自带的"磁盘碎片整理"工具（依次选择"开始"→"所有程序"→"附件"→"系统工具"命令）来重新安排文件的各个部分，以使文件在磁盘上能够连续存放。

另外一个常见的能够导致性能问题和应用行为不当的原因是磁盘过满。许多程序都会生成临时文件，运行时需要磁盘提供额外空间。

请选择：

☐ A．我懂并已经做到了   ☐ B．我懂得一点，但觉得不重要

☐ C．有点知道但不懂"磁盘碎片整理"   ☐ D．现在刚知道，我会关注这一点

☐ E．不知道也无所谓，我是外行我怕谁

6）打开所有的附件。收到带有附件的电子邮件就好像收到一份意外的礼物，总是想窥视一下具体内容。但是，电子邮件的附件可能包含能够删除文件或系统文件夹，或者向地址簿中所有联系人发送病毒的编码。

最容易被洞察的危险附件是可执行文件（即扩展名为 exe、cmd 的文件）以及其他很多能自行运行的文件，如 Word 的 doc 和 Excel 的 xls 文件等，其中能够含有内置的宏。脚本文件（Visual Basic、JavaScript、Flash 等）不能被计算机直接执行，但是可以通过程序进行运行。

过去一般认为纯文本文件（txt）或图片文件（gif、jpg、bmp）是安全的，但现在也不是了。文件扩展名也可以伪装，入侵者能够利用 Windows 默认的特性设置，将文件的实际扩展名隐藏起来，这样收件人会以为它是图片文件，但实际上却是恶意程序。

你只能在确信附件来源可靠并且知道是什么内容的情况下再打开附件。即使带有附件的邮件看起来似乎来自你可以信任的人，也有可能是某些人将他们的地址伪装成这样，甚至是发件人的计算机已经感染了病毒，在他们不知情的情况下发送了附件。

请选择：

☐ A．我懂并已经做到了   ☐ B．我懂得一点，但觉得并不严重

☐ C．知道附件危险但不太了解扩展名   ☐ D．现在刚知道，我会关注这一点

☐ E．不知道也无所谓，我是外行我怕谁

7）点击所有链接。点击电子邮件或者网页上的超链接有可能将你带入植入 ActiveX 控制或者脚本的网页，利用这些就可能进行各种类型的恶意行为，如清除硬盘，或者在计算机上安装后门软件，这样黑客就可以潜入并夺取控制权。

错误的链接也可能会带你进入含有不良内容的网站。如果你使用的是工作计算机就可能会因此麻烦缠身。

在点击链接之前请务必考虑一下。有些链接可能被伪装在网络钓鱼信息或者那些可能将你带到别的网站的网页里。例如，链接地址可能是 www.a.com，但实际上会指向 www.b.com。一般情况下，用鼠标在链接上滑过而不点击，就可以看到实际的 URL 地址。

请选择：

☐ A．我懂并已经做到了   ☐ B．我懂得一点，但觉得并不严重

□ C. 以前遇到过但没有深入考虑　　　□ D. 现在刚知道，我会关注这一点

□ E. 不知道也无所谓，我是外行我怕谁

8）共享或类似共享的行为。分享是一种良好的行为，但是在网络上，分享则可能将你暴露在危险之中。如果你允许文件和打印机共享，别人就可以远程与你的计算机连接，并访问你的数据。即使没有设置共享文件夹，在默认情况下，Windows 系统会隐藏每块磁盘根目录上可管理的共享。一个黑客高手有可能利用这些共享侵入你的计算机。解决方法之一就是，如果你不需要网络访问你计算机上的任何文件，就请关闭文件和打印机共享。如果确实需要共享某些文件夹，请务必通过共享级许可和文件级（NTFS）许可对文件夹进行保护。另外还要确保你的账号和本地管理账号的密码足够安全。

请选择：

□ A. 我懂并已经做到了　　　　　　　□ B. 我懂得一点，但觉得并不严重

□ C. 知道共享文件和文件夹有危险，但不知道共享打印机也危险

□ D. 现在刚知道，我会关注这一点　　□ E. 不知道也无所谓，我是外行我怕谁

9）用错密码。这是使得我们暴露在入侵者面前的又一个常见错误。即使网络管理员并没有强迫你选择强大的密码并定期更换，你也应该自觉这样做。不要选择容易被猜中的密码，且密码越长越不容易被破解。因此，建议你的密码至少为八位。常用的密码破解方法是采用"字典"破解法，因此，不要使用字典中能查到的单词作为密码。为安全起见，密码应该由字母、数字以及符号组合而成。很长的无意义的字符串密码很难被破解，但是如果你因为记不住密码而不得不将密码写下来的话，就违背了设置密码的初衷，因为入侵者可能会找到密码。例如，可以造一个容易记住的短语，并使用每个单词的第一个字母，以及数字和符号生成一个密码。

请选择：

□ A. 我懂并已经做到了　　　　　　　□ B. 我懂得一点，但觉得并不严重

□ C. 知道密码但不了解密码　　　　　□ D. 现在刚知道，我会关注这一点

□ E. 不知道也无所谓，我是外行我怕谁

10）忽视对备份和恢复计划的需要。即使你听取了所有的建议，入侵者依然可能弄垮你的系统，你的数据可能遭到篡改，或因硬件问题而被擦除。因此，备份重要信息，制定系统故障时的恢复计划是相当必要的。

大部分计算机用户都知道应该备份，但是许多用户从来都不进行备份，或者最初做过备份但是从来都不定期对备份进行升级。应该使用内置的 Windows 备份程序或者第三方备份程序以及可以自动进行备份的定期备份程序。所备份的数据应当保存在网络服务器或者远离计算机的移动存储器中，以防止水灾、火灾等灾难情况的发生。

请牢记数据是你计算机上最重要的东西。操作系统和应用都可以重新安装，但重建原始数据则是难度很高甚至根本无法完成的任务。

请选择：

□ A. 我懂并已经做到了　　　　　　　□ B. 我懂得一点，但灾难毕竟很少

□ C. 知道备份重要但不会应用　　　　□ D. 现在刚知道，我会关注这一点

□ E. 不知道也无所谓，我是外行我怕谁

请汇总并分析：上述 10 个安全问题，如果 A 选项为 10 分，B 选项为 8 分，C 选项为 6 分，D 选项为 4 分，E 选项为 2 分，请汇总，你的得分是（　　　　）分。

用户总是会用层出不穷的方法给自己惹上麻烦。与你的同学和朋友们分享这个"傻事清单"，将能够避免他们犯这些原本可以避免发生的错误。你觉得呢？请简述你的看法：

_____

2．提高系统的安全级别

针对个人用户的蠕虫病毒一般通过网络（主要是电子邮件、恶意网页形式）传播，这一类恶意网页主要含有恶意的 ActiveX 或 Applet、JavaScript 代码，所以，在 Windows 的 IE 设置中将 ActiveX 插件和控件、Java 脚本等全部禁止，就可以大大减少被网页恶意代码感染的概率。

步骤 1：在 Windows 环境下运行 IE 软件，在 IE 窗口的"工具"菜单中选择"Internet 选项"命令，打开对话框如图 14-5 所示。

步骤 2：选择"安全"选项卡，单击"自定义级别"按钮，会弹出"安全设置"对话框，如图 14-6 所示。

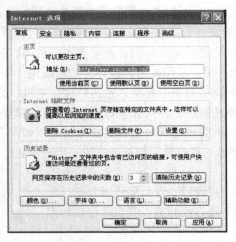
图 14-5　设置因特网选项

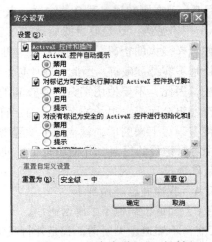
图 14-6　"安全设置"对话框

步骤 3：在其中把所有 ActiveX 插件和控件以及与 Java 相关的选项设置为"禁用"。

步骤 4：完成后，单击"确定"按钮退出设置对话框。

但是，这样做了，在以后的网页浏览过程中有可能会使一些正常应用 ActiveX 的网站无法浏览。

四、实验总结

_____

_____

_____

五、实验评价（教师）

_____

_____

14.7　阅读与思考：计算机职业的职业特点

随着信息技术的不断发展，计算机作为一种必要的工作工具已经浸透到各个传统行业中，各个行业中的计算机专业人员，虽然身处不同机构，却从事着相近的工作，已经形成了一个具有明确职业特点、工作条件、职业道德和行为准则的独立职业。

1．计算机职业的形成

计算机行业聚集了所有从事理论研究、软硬件研发、网络和基础应用的专业工作人员，也使他们由原有的各个行业分离出来形成了一个新的职业——计算机职业。计算机职业人员包括在计算机行业内从事理论研究、软硬件研发、网络服务、销售等方面的计算机专业人员，以及在各个行业中专门从事计算机管理的专业人员。

按照一般分类，计算机职业人员大体可分为以下几类：

1）技术类人员：即从事计算机专业技术工作的网络与硬件设计、运行维护人员、软件设计及开发人员、系统测试与优化人员等。

2）近技术类人员：即在各类机构中从事与计算机技术相关工作的系统与需求分析人员、项目实施与咨询人员等。

3）营销类人员：即专门从事计算机类产品营销的市场策划人员、销售人员、客户服务人员。

4）后勤类支持人员：即为计算机技术岗位服务的后勤支持人员。

2．计算机职业的职业特点

计算机职业的从业人员门类繁多，工作的内容、范围和成果等都不尽相同，而工作对象却有着相对的一致性。计算机职业的职业特点可归纳为工作范围广泛化、工作内容多元化、工作对象特定化、工作成果多样化等四个方面。

1）工作范围广泛化。计算机职业人员不仅存在于计算机行业，还分布在社会的各行各业。除了计算机行业内传统的门类划分（如硬件工程、软件研发、网络应用等）以外，服务于非计算机行业的计算机职业人员其职业特点既包括了计算机职业特点，也有很强的所在行业的行业特点。

2）工作内容多元化。对计算机职业人员而言，其工作内容就是通过对计算机及相关设备的应用，实现其所需的工作成果。由于计算机职业工作范围广泛，计算机职业人员的工作内容也具有多元化的特点。从事不同具体工作的计算机职业人员其工作内容之间有着较大的差异。例如，计算机职业人员的工作内容包括办公软件应用、数据库应用、计算机辅助设计、计算机辅助制造、专业排版、计算机通信管理、网络管理、计算机维修、图形图像处理、多媒体软件制作、应用程序设计编制、会计软件应用、网页制作、数字音频视频编辑、企业信息管理等。

3）工作成果多样化。所谓工作成果，就是从事一项工作所要达到的目的。从事每一种职业的工作都有其预期的工作成果。计算机职业人员工作内容的多样性，决定了其工作实现的工作成果更是各不相同。

4）工作对象特定化。计算机职业人员最大的共同之处就在于他们的工作对象是相同的并且是特定的，那就是计算机及其相关设备，其工作内容、工作成果都必须通过这一工作对象得以实现。工作对象的特定化也是计算机职业不同于其他行业的显著特点之一。

3．计算机职业的工作条件

由于在工作对象、工作内容等方面所具有的特殊性，计算机职业人员的工作条件有一定的要求，这一点与其他行业略有不同。

1）硬件条件。分为环境条件和设备条件两个方面。环境条件包括环境温度、环境湿度、洁净要求、电源要求和防止强磁场干扰等；设备条件是指从事相应工作所需的计算机及相关设备，以及相应的软件设备等。

2）人员条件。又分为素质条件和道德条件两个方面。

由于计算机职业是一项专业性极强的技术类职业，所以对从业人员有着较高也较为特殊的素质能力条件要求，包括基础能力、专业知识、运用工具或技术的能力以及行业经验等。在学校学到的知识和技能，如开发、设计、测试、管理、计划等能力都属于基础能力；专业知识是指发现问题和解决问题的能力；运用工具或技术的能力包括所掌握的程序设计语言、操作系统和工具等；行业经验指对自己所处行业理解的深刻程度。在这四个技能中，前二者是最有价值的。

作为一名合格的计算机职业人员，除了需要具有工作所需的能力素质外，还需要符合计算机职业所特有的职业道德要求。

资料来源：李晨，文化发展网 （http://www.ccmedu.com/），有删改

第15章

职业、职业素质与法律

随着计算机技术特别是网络技术的迅猛发展和广泛应用，由新技术带来的诸如网络空间的自由化、网络环境下的知识产权、计算机从业人员的价值观与职业素质等社会和职业问题已极大地影响着信息产业的发展，并引起业界人士的高度重视。无论是购买计算机还是选择职业，作为一个专业学生，同时也是消费者，了解计算机行业非常重要。

15.1 IEEE/ACM《计算学科教学计划》的相关要求

1990 年，IEEE/ACM 研究的《计算学科教学计划》（CC1991 报告）将"社会、道德和职业的问题"列入计算学科主领域中，并强调它对计算学科的重要作用和影响。之后，CC2001 充分肯定了 CC1991 关于"社会、道德和职业的问题"的论述，并将它改为"社会和职业的问题"，继续强调它对计算学科的重要作用和影响。

"社会和职业的问题"属于学科价值观方面的内容。《计算学科教学计划》要求计算专业的学生不但要了解专业，还要了解社会。例如，要求学生了解计算学科的基本文化、社会、法律和道德方面的固有问题；了解计算学科的历史和现状；理解它的历史意义和作用。另外，作为未来的实际工作者，他们还应当具备一些其他方面的能力，如能够回答和评价有关计算机对社会的冲击这类严肃问题，并能预测将已知产品投放到给定环境中去会造成什么样的冲击；知道软件和硬件的卖方及用户的权益，并树立以这些权益为基础的道德观念；意识到他们各自承担的责任，以及不承担这些责任可能产生的后果等。

《计算学科教学计划》将"社会和职业的问题"主领域划分为以下 10 个子领域：

1）计算的历史。

2）计算的社会背景。

3）道德分析的方法和工具。

4）职业和道德责任。

5）基于计算机系统的风险与责任。

6）知识产权。

7）隐私与公民的自由。

8）计算机犯罪。

9）与计算机有关的经济问题。

10）哲学框架。

15.2　计算机的社会背景

计算机技术和网络技术正在使世界经历一场巨大的变革，这种变革不但体现在人们的日常工作和生活中，而且深刻地反映在社会经济、文化等各个方面。比如：网络信息的膨胀正在逐步瓦解信息集中控制的现状；与传统的通信方式相比，计算机通信更有利于不同性别、种族、文化和语言的人们之间的交流，更有助于减少交流中的偏见和误解。如今，网络建设的发展已经成为衡量一个社会信息化程度的重要标准。

15.2.1　网络的社会内涵

人们逐渐认识到，为了让网络长远地造福于社会，就必须规范对网络的访问和使用。这就对政府、学术界和法律界提出了挑战，人们面临的一个难题就是如何制订和完善网络法规。具体地说，就是如何在计算机空间里保护公民的隐私，规范网络言论，保护电子知识产权，以及保障网络安全等。

20世纪80年代以来，美国政府相继颁布了多项法律法规，初步建立了因特网法制的整体框架。颁布于1986年的《计算机反欺诈和滥用法》，主要目的是惩处计算机欺诈和与计算机有关的犯罪行为，被视为惩治计算机黑客犯罪的里程碑；1997年7月1日发布的《全球电子商务框架》报告，阐述了美国政府在建立全球电子商务基础结构上的原则立场，是划时代的政策性文件；1998年10月28日，由美国总统克林顿签署的《数字千年版权法》，对网络上的软件、音乐、文字作品的著作权给予了新的保护。

澳大利亚堪培拉大学在其制订的《网络使用和用户的责任与义务》中规定：该校的网络，包括因特网和E-mail，必须并只能用于与该校有关的事务；用户必须以一种礼貌的、负责任的方式进行网上通信；用户必须遵守国家立法和学校制订与网络相关的规章、制度和政策，还规定学校有权利也有义务监督本校网络的使用与访问，以保证其与国家立法和学校的法规、制度和政策相符合。

在我国，网络立法已经受到有关方面的高度重视，近年来出台了多部有关网络使用规范、网络安全和网络知识产权保护的规定。如1997年5月20日修正的《中华人民共和国计算机信息网络国际联网管理暂行规定》，2000年发布的《互联网信息服务管理办法》、《中文域名注册管理办法（试行）》、《教育网站和网校暂行管理办法》、《计算机病毒防治管理办法》、《关于音像制品网上经营活动有关问题的通知》、《计算机信息系统国际联网保密管理规定》和《全国人大常委会关于维护互联网安全的决定》等，这些管理规定的制订标志着我国网络法规的起步。

15.2.2　知识产权保护

所谓"知识产权"，是指人们可以就其智力创造的成果依法享有的专有权利。按照1967年7月14日在斯德哥尔摩签订的《关于成立世界知识产权组织公约》第二条的规定，知识产权应当包括以下权利：

1）关于文学、艺术和科学作品的权利。

2）关于表演艺术家的演出、录音和广播的权利。

3）关于人们努力在一切领域的发明的权利。

4）关于科学发现的权利。

5）关于工业品式样的权利。

6）关于商标、服务商标、厂商名称和标记的权利。

7）关于制止不正当竞争的权利。

8）在工业、科学、文学或艺术领域里一切其他来自知识活动的权利。

世界各国大都有自己的知识产权保护法律体系。在美国，与出版商和多媒体开发商关系密切的法律主要有四部：《版权法》、《专利法》、《商标法》和《商业秘密法》。版权在我国称为著作权。

信息时代的知识产权问题要复杂得多，法律条文之外的讨论、争议和争论为知识产权问题增加了丰富的内容，同时这些讨论、争议和争论的存在又是完善现有知识产权保护法律体系的必要前提。

目前，在我国软件只能申请发明专利，且申请条件较严。因此，一般软件通常用著作权法来保护。软件开发者依照《中华人民共和国著作权法》和《计算机软件保护条例》对其设计的软件享有著作权。著作权包括如下人身权和财产权：

1）发表权，即决定作品是否公之于众的权利。

2）署名权，即表明作者身份，在作品上署名的权利。

3）修改权，即修改或者授权他人修改作品的权利。

4）保护作品完整权，即保护作品不受歪曲、篡改的权利。

5）使用权和获得报酬权。

加入 WTO 之后，我国对知识产权的保护越来越重视。但软件的知识产权保护问题较为复杂，它和传统出版物的版权保护既相似又有不同。随着国际贸易和国际商业往来的日益发展，知识产权保护已经成为一个全球性的问题。各国除了制订自己国家的知识产权法律之外，还建立了世界范围内的知识产权保护组织，并逐步建立和完善了有关国际知识产权保护的公约和协议。1990 年 11 月，在关税与贸易总协定（乌拉圭回合）多边贸易谈判中，达成了《与贸易有关的知识产权协议》草案，它标志着保护知识产权的新的国际标准的形成。

15.2.3　隐私保护

隐私，又称私人生活秘密或私生活秘密。隐私权，即公民享有的个人生活不被干扰的权利和个人资料的支配控制权。具体到计算机网络与电子商务中的隐私权，可从权利形态来分：隐私不被窥视的权利、不被侵入的权利、不被干扰的权利、不被非法收集利用的权利；也可从权利内容上分：个人特质的隐私权（姓名、身份、肖像、声音等）、个人资料的隐私权、个人行为的隐私权、通信内容的隐私权和匿名的隐私权等。

在西方，人们对权利十分敏感，不尊重甚至侵犯他人的权利被认为是最可耻的。随着我国改革开放和经济的飞速发展，人们也开始逐渐对个人隐私有了保护意识。人们希望属于自己生活秘密的信息由自己来控制，从而避免对自己不利或自己不愿意公布于众的信息被其他个人、组织获取、传播或利用。因此，尊重他人隐私是尊重他人的一个重要方面，隐私保护实际上体现了对个人的尊重。

在保护隐私安全方面，目前世界上可供利用和借鉴的政策法规有：《世界知识产权组织版权条约》（1996 年）、美国的《知识产权与国家信息基础设施白皮书》（1995 年）、美国的《个人隐私权和国家信息基础设施白皮书》（1995 年）、欧盟的《欧盟隐私保护指令》（1998 年）、加拿大的《隐私权法》（1983 年）等。

在我国已有的法律法规中，涉及隐私保护也有一些规定。《宪法》第 38 条规定：中华人民共和国公民的人格尊严不受侵犯。禁止用任何方式对公民进行非法侮辱、诽谤和诬告陷害。第 39 条规定：中华人民共和国公民的住宅不受侵犯。禁止非法搜查或者非法侵入公民的住宅。第 40 条规定：中华人民共和国公民的通信自由和通信秘密受法律的保护。除因国家安全或者追查刑事犯罪的需要，由公安机关或者检察机关依照法律规定的程序对通信进行检查外，任何组织或者个人不得以任何理由侵犯公民的通信自由和通信秘密。

《民法通则》第 100 条规定：公民享有肖像权，未经本人同意，不得以营利为目的使用公民的肖像。第 101 条规定：公民、法人享有名誉权，公民的人格尊严受到法律保护，禁止用侮辱、诽谤等方式损害公民、法人的名誉。

在宪法原则的指导下，我国刑法、民事诉讼法、刑事诉讼法和其他一些行政法律法规分别对公民的隐私权保护作出了具体的规定，如《刑事诉讼法》第 152 条规定：人民法院审判第一审案件应当公开进行。但是有关国家秘密或者个人隐私的案件，不公开审理。

目前，我国出台的有关法律法规也涉及计算机网络和电子商务中的隐私权保护，如《计算机信息网络国际联网安全保护管理办法》第 7 条规定：用户的通信自由和通信秘密受法律保护。任何单位和个人不得违反法律规定，利用国际联网侵犯用户的通信自由和通信秘密。《计算机信息网络国际联网管理暂行规定实施办法》第 18 条规定：用户应当服从接入单位的管理，遵守用户守则；不得擅自进入未经许可的计算机系统，篡改他人信息；不得在网络上散发恶意信息，冒用他人名义发出信息，侵犯他人隐私；不得制造、传播计算机病毒及从事其他侵犯网络和他人合法权益的活动。

在电子信息时代，网络对个人隐私权已形成了一种威胁，计算机系统随时都可以将人们的一举一动记录、收集、整理成一个个人资料库，使人们仿佛置身于一个透明的空间，毫无隐私可言。隐私保护，已成为关系到现代社会公民在法律约束下的人身自由及人身安全的重要问题。人们认识到，仅靠法律并不能达到对个人隐私完全有效的保护，而发展隐私保护技术就是一条颇受人们关注的隐私保护策略。发展隐私保护技术的直接目的就是为了使个人在特定环境下（如因特网和大型共享数据库系统中），从技术上对其私人信息拥有有效的控制。

15.2.4 职业和道德责任

"职业化"通常也被称为"职业特性"、"职业作风"或"专业精神"等，应该视为从业人员、职业团体及其服务对象——公众之间的三方关系准则。该准则是从事某一职业，并得以生存和发展的必要条件。实际上，该准则隐含地为从业人员、职业团体（由雇主作为代表）和公众（或社会）拟订了一个三方协议，其中规定的各方的需求、期望和责任就构成了职业化的基本内涵。如从业人员希望职业团体能够抵制来自社会的不合理要求，能够对职业目标、指导方针和技能要求不断进行检查、评价和更新，从而保持该职业的吸引力。反过来，职业团体也对从业人员提出了要求，要求从业人员具有与职业理想相称的价值观念，具有足够的、完成规定服务所要求的知识和技能。类似地，社会对职业团体以及职业团体对社会都具有一定的期望和需求。任何领域提供的任何一项专业服务都应该达到三方的满意，至少能够使三方彼此接受对方。

"职业化"是一个适用于所有职业的一个总的原则性协议，但具体到某一个行业时，还应考虑其自身特殊的要求。虽然职业道德规范没有法律法规所具有的强制性，但遵守这些规范对行业的健康发展是至关重要的。

道德准则被设计来帮助计算机专业人士决定其有关道德问题的判断。许多专业机构（诸如美国计算机协会、英国计算机协会、澳大利亚计算机协会以及美国计算机伦理研究所等）都颁布了道德准则，每种准则在细节上存在着差别，但是为专业人士行为提供了整体指南准则。

计算机伦理研究所颁布的最短准则如下：

1）不要使用计算机来伤害他人。

2）不要干扰他人的计算机工作。

3）不要监控他人的文件。

4）不要使用计算机来偷窃。

5）不要使用计算机来提供假证词。

6）不要使用或者复制你没有付费的软件。

7）不要在没有获得允许的情况下使用他人的计算机资源。

8）不要盗用他人的智能成果。

9）应该考虑到自己所编写程序的社会后果。

10）使用计算机时应该体现出对信息的尊重。

美国计算机协会（ACM）为专业人士行为制订的道德准则包含 21 条，包括"美国计算机协会成员必须遵守现有的本地、州、地区、国家以及国际法律，除非有明确准则要求不必这样做"。

在计算机日益成为各个领域及各项社会事务中心角色的今天，那些直接或间接从事软件设计和软件开发的人员，有着既可从善也可从恶的极大机会，同时还可影响着周围其他从事该职业的人的行为。为能保证使其尽量发挥有益的作用，就必须要求软件工程师致力于使软件工程成为一个有益的和受人尊敬的职业。为此，1998 年，IEEE-CS 和 ACM 联合特别工作组在对多个计算学科和工程学科规范进行广泛研究的基础上，制订了软件工程师职业化的一个关键规范《软件工程资格和专业规范》。该规范不代表立法，它只是向实践者指明社会期望他们达到的标准，以及同行们的共同追求和相互的期望。该规范要求软件工程师应该坚持以下八项道德规范：

原则 1：公众。从职业角色来说，软件工程师应当始终关注公众的利益，按照与公众的安全、健康和幸福相一致的方式发挥作用。

原则 2：客户和雇主。软件工程师应当有一个认知，什么是其客户和雇主的最大利益。他们应该总是以职业的方式担当他们的客户或雇主的忠实代理人和委托人。

原则 3：产品。软件工程师应当尽可能地确保他们开发的软件对于公众、雇主、客户以及用户是有用的，在质量上是可接受的，在时间上要按期完成并且费用合理，同时没有错误。

原则 4：判断。软件工程师应当完全坚持自己独立自主的专业判断并维护其判断的声誉。

原则 5：管理。软件工程的管理者和领导应当通过规范的方法赞成和促进软件管理的发展与维护，并鼓励他们所领导的人员履行个人和集体的义务。

原则 6：职业。软件工程师应该提高他们职业的正直性和声誉，并与公众的兴趣保持一致。

原则 7：同事。软件工程师应该公平合理地对待他们的同事，并应该采取积极的步骤支持社团的活动。

原则 8：自身。软件工程师应当在他们的整个职业生涯中，积极参与有关职业规范的学习，努力提高从事自己的职业所应该具有的能力，以推进职业规范的发展。

另外，在软件开发的过程中，软件工程师及工程管理人员不可避免地会在某些与工程相关的事务上产生冲突。为了减少和妥善地处理这些冲突，软件工程师和工程管理人员就应该以某种符合道德的方式行事。

1996 年 11 月，IEEE 道德规范委员会指定并批准了《工程师基于道德基础提出异议的指导方针草案》，草案提出了九条指导方针：

1）确立清晰的技术基础：尽量弄清事实，充分理解技术上的不同观点，而且一旦证实对方的观点是正确的，就要毫不犹豫地接受。

2）使自己的观点具有较高的职业水准，尽量使其客观和不带有个人感情色彩，避免涉及无关的事务和感情冲动。

3）及早发现问题，尽量在最低层的管理部门解决问题。

4）在因为某事务而决定单干之前，要确保该事务足够重要，值得为此冒险。

5）利用组织的争端裁决机制解决问题。

6）保留记录，收集文件。当认识到自己处境严峻的时候，应着手制作日志，记录自己采取的每一项措施及其时间，并备份重要文件，防止突发事件。

7）辞职：当在组织内无法化解冲突的时候，要考虑自己是去还是留。选择辞职既有好处也有缺点，作出决定之前要慎重考虑。

8）匿名：工程师在认识到组织内部存在严重危害，而且公开提请组织的注意可能会招致有关人员超出其限度的强烈反应时，对该问题的反映可以考虑采用匿名报告的形式。

9）外部介入：组织内部化解冲突的努力失败后，如果工程人员决定让外界人员或机构介入该事件，那么不管他是否决定辞职，都必须认真考虑让谁介入。可能的选择有执法机关、政府官员、立法人员或公共利益组织等。

15.3　计算机犯罪与立法

计算机犯罪的概念是 20 世纪五六十年代在美国等信息科学技术比较发达的国家首先提出的。国内外对计算机犯罪的定义都不尽相同。美国司法部从法律和计算机技术的角度将计算机犯罪定义为：因计算机技术和知识起了基本作用而产生的非法行为。欧洲经济合作与发展组织的定义是：在自动数据处理过程中，任何非法的、违反职业道德的、未经批准的行为都是计算机犯罪行为。

一般来说，计算机犯罪可以分为两大类：使用了计算机和网络新技术的传统犯罪和计算机与网络环境下的新型犯罪。前者例如网络诈骗和勒索、侵犯知识产权、网络间谍、泄露国家秘密以及从事反动或色情等非法活动等，后者比如未经授权非法使用计算机、破坏计算机信息系统、发布恶意计算机程序等。

我国刑法认定的几类计算机犯罪包括：

1）违反国家规定，侵入国家事务、国防建设、尖端科学技术领域的计算机信息系统的行为。

2）违反国家规定，对计算机信息系统功能进行删除、修改、增加、干扰造成计算机信息系统不能正常运行，后果严重的行为。

3）违反国家规定，对计算机信息系统中存储、处理或者传输的数据和应用程序进行删除、修改、增加的操作，后果严重的。

4）故意制作、传播计算机病毒等破坏性程序，影响计算机系统正常运行，后果严重的行为。

这几种行为基本上包括了国内外出现的各种主要的计算机犯罪。

一般来说，防范计算机犯罪有以下几种策略：

1）加强教育，提高计算机安全意识，预防计算机犯罪。

2）健全惩治计算机犯罪的法律体系。健全的法律体系一方面使处罚计算机犯罪有法可依，另一方面能够对各种计算机犯罪分子起到一定的威慑作用。

　　3）发展先进的计算机安全技术，保障信息安全。比如使用防火墙、身份认证、数据加密、数字签名和安全监控技术、防范电磁辐射泄密等。

　　4）实施严格的安全管理。计算机应用部门要建立适当的信息安全管理办法，确立计算机安全使用规则，明确用户和管理人员职责；加强部门内部管理，建立审计和跟踪体系。

15.4　计算机职业

　　在过去几十年中，计算机行业以其创造性、开拓性和技术性创造了以前从未有过的工作岗位。研究数据显示，计算机和数据处理服务行业被认为是发展最快的行业，系统分析员、计算机工程师和数据处理设备维修人员被认为是社会需求量最大的几个职业之一。

1．工作的分类

　　今天，几乎每个工作都要使用计算机，但并非使用计算机的人都属于计算机行业。为了清楚计算机工作，将其分成三类：计算机专业工作、计算机相关工作和计算机使用工作。计算机专业工作包括计算机编程、芯片设计和网络管理等那些没有计算机就不再存在的工作；计算机相关工作是一些普通工作在计算机行业的变形，这些工作在其他行业也存在，如计算机销售、图形设计等；计算机使用工作需要使用计算机来完成某些任务，这些任务并不仅仅是计算。

　　拥有计算机专业工作的个人经常被称为"计算机专业人士"。在这三种工作中，计算机专业工作要求有充分的准备，对那些喜欢计算机、热爱计算机的人有很大的吸引力。

2．计算机专业

　　从事计算机软硬件的设计和开发工作要求经过很高程度的培养/培训和具有丰富的工作经验。很多大学都可以授予计算机工程、计算机科学和信息系统的学位，它们为计算机专业工作提供了高质量的教育，这些专业之间有重叠的地方，但是它们的重点不同。

　　计算机工程学位要求有良好的工程、数学和电子技术知识。计算机工程的毕业生一般从事计算机硬件和外围设备的设计工作，属于"芯片"级。

　　计算机科学学位要求有良好的数学和计算机编程知识。它的主要学习对象是计算机，其主要目标是如何让计算机更有效地工作。计算机科学的毕业生通常是初级程序员，以后可以晋升到软件工程师、面向对象/GUI 开发人员或者应用程序开发中的项目经理。

　　信息系统学位集中于商业或组织机构中的计算机应用。它需要掌握商业、会计、计算机编程、通信、系统分析和人类心理学等知识。对于那些数学功底不够又想成为计算机专业人员的学生，导师会建议他们选择信息系统的学位。信息系统的毕业生毕业后，一般从事初级程序员、技术支持工程师的工作，以后可以晋升为系统分析员、项目管理人员、数据库管理员、网络管理员或其他管理职位。

3．准备从事计算机行业工作

　　在寻找有发展潜力的计算机工作时，教育和经验非常重要。除了需要计算机工程、计算机科学和信息系统的学位以外，还要考虑如何通过兼职、服务、培训和自学得到充分的工作经验，这些经验是正规教育的合理补充。

　　拥有自己的计算机、安装软件、解决软硬件问题等，为熟悉市场计算标准提供了很好的经验。为了让学历证书更有效，可能需要考虑参加认证学习。社会上有很多计算机工作方面的认证考试，包括程序设计、系统分析和网络管理等。例如，在计算机公司中从事网络管理，就应当考虑通过 Novell NetWare、Microsoft、CISCO 认证系统工程师等的认证考试。

时刻留意专业领域的就业市场以及特殊开发技能和综合知识很重要。将多种知识和能力综合起来并灵活运用，会产生创造性的想法来解决问题。特殊技能（例如熟练使用 Visual Basic 编程）将使你能够解决特定工作中的问题。这些技巧将是寻找新的工作时所需的计算机技能，可以使你在求职时比其他人更有竞争力。

计算机工程、计算机科学和信息系统的毕业生一般工作在舒适的办公室或实验室环境中。许多高科技公司给雇员提供了良好的环境。但是，实际的工作条件决定于所在的公司和特定的项目。

不少计算机专业人员喜欢自己找项目来做，自己负责合同、咨询等事宜。合同程序员和技术专家都为自己工作，寻找短期项目，谈判磋商项目收益率。他们自己安排时间表，通常每天要工作很长时间，要获得成功，需要动力和自律。

4．寻找工作的技巧

为寻找工作，第一步就是真实地评估自己的资历和需求。资历包括计算机技能、教育背景、工作经验、沟通能力和个人品质等。将你的资历和某份工作的要求进行比较，就会发现自己成功的概率。要明确自己理想的工作地点、工作条件、公司风格和薪水。通过比较需求和雇主所提供的工作条件，你就会知道一旦被雇用，你是否会喜欢这份工作。我们的目标是找到工作，找到自己喜欢的、有机会晋升并且报酬也可以的工作。

今天，通过因特网了解就业市场很容易。你需要准备一份简历，上面有求职目标、经验、技能和教育程度。有些求职顾问建议在寻求高技术工作岗位时，没有必要按照传统的规则来书写简历。例如，如果你有很多的工作技能可以写，就没有必要局限于一张纸。你的简历应当显示出你的经验，没有必要过分压缩；除非要申请的工作是 Web 页面制作或图形设计，否则没有必要把简历做得像杂志的页面；要记住公司的文化有差异，例如，在 IBM 公司需要穿衬衣打领带，而在雅虎公司却可以穿牛仔裤和凉鞋。你可以使用 Word 来制作自己的简历以适应不同雇主公司的文化。

发布个人求职信息的标准的方法就是将申请和简历通过邮件寄出去。不过，还有其他更有效的方法。许多公司可以使用传真来接收简历以减少处理时间。电子邮件也是一个加速处理的方法。如果可能，要注意在申请表中写明电子邮件地址。如果有个人主页的话，还可以在自己的主页上粘贴自己的简历。这个方法也很有效，它可以展示你对申请工作的熟练程度。

15.5 习　　题

一、填空题

1．术语"计算机专业人员"被模糊地定义为工作在 IT 产业中的程序员和系统分析员。对或错？_____

2．MCSE 是计算机_____考试的例子。

3．术语"职业_____"指的是能反映工作者价值观的在职选择和行为。

4．_____是指基于社会道德允许行为的立法文件。

5．《_____千年版权法案》规定绕过复制保护技术是违法的。

6．_____是指一种不私下主动泄露任何所获得的信息的义务。

7．计算机专业人员有时很难评估项目是否是对社会_____的，因为项目小组的成员可能得不到有关产品应用的细节信息。

8. _____是指在组织中的决定揭发可能与组织使命相悖或威胁公共利益的在职行为的人。

二、概念理解

请利用所学概念回答下列问题，必要时请借助于教科书、网络等寻求资料。注意发挥自己的批判性思考能力、逻辑分析能力以及创造力。

1. 教育和_____是寻求有发展潜力的计算机行业职位的关键。

2. _____学位集中于计算机在商业和组织机构中的应用。

3. CC1991 和 CC2001 等报告关于"社会和职业的问题"的主要论述是什么？

_____

_____

_____

4. 计算机网络有何社会内涵？

_____

_____

5. 职业化的本质是什么？

_____

_____

6. 软件工程师应具备哪些基本的道德规范？

_____

_____

7. 什么是风险管理？如何进行风险评定？

_____

_____

8. 什么是知识产权？它包括哪些权利？

_____

_____

9. 简要分析隐私权在国内外的法律基础。

_____

_____

10. 我国刑法认定的计算机犯罪有哪几类？

_____

_____

_____

15.6 实验与思考：Project 初步

一、实验目的

1）熟悉《计算学科教学计划》关于"社会和职业的问题"的教育内容与要求。

2）熟悉计算问题、网络问题的社会背景，了解本专业的相关法律和条例。

3）熟悉计算机从业人员的职业素质要求及其应有的道德责任，了解计算机行业的就业机会和求职的基本知识。

4）掌握项目管理软件 Project 的基本操作，了解 Project 的应用领域。

二、工具/准备工作

在开始本实验之前，请回顾本章的相关内容。

需要准备一台安装有 Microsoft Office Project 2003 软件的计算机。

三、实验内容与步骤

1．网络搜索与分析

请利用因特网进行搜索并获取相关资料，撰写短文分析计算机工作的自己业和就业问题，内容包括：

1）你的信息来源？

2）你所调查的城市中可以提供程序员工作的就业机会丰富吗？

3）各工作岗位给程序员提供的平均工资是多少？

4）对程序员的教育程度的最低要求是什么？

5）用什么语言进行程序设计的程序员的需求量最大？

请将报告另外附纸粘贴在这里：

_____

2．项目管理 Project 初步

就一般而言，如果没有软件系统的支持，软件工程项目管理的技术和方法的实现是比较困难的，因为不仅需要用模型来描述它们，其中还需要进行大量的计算。

Microsoft Project 和 Excel 都是实现项目管理技术应用的很好的工具。一项统计调查显示，Project 是最常用的计算机项目管理工具。人们使用 Project 的目的是进行项目控制和跟踪、详细的时间安排、早期的项目计划、沟通、报告、高级计划、甘特图、CPM 和 PERT；而人们使用 Excel 的主要目的，是为了进行成本预算、成本分析、方差分析、跟踪和报表，以及创建工作分解结构（WBS）。

安装 Project 软件后，依次选择"开始"→"所有程序"→Microsoft Office Project 命令，就可启动 Microsoft Project 软件，基本操作界面如图 15-1 所示。

关闭窗口退出 Project 程序时，系统会将当前打开的所有项目文件一并关闭。

（1）Project 菜单

Project 菜单以下拉式命令选项呈现，包括"文件"、"编辑"、"视图"、"插入"、"格式"、"工具"、"项目"、"协作"、"窗口"和"帮助"等。有关下拉式菜单的个性化特点，即一次全部或

部分呈现命令，可依次选择"工具"→"自定义"→"工具栏"命令，然后切换到"选项"选项卡中进行设置。

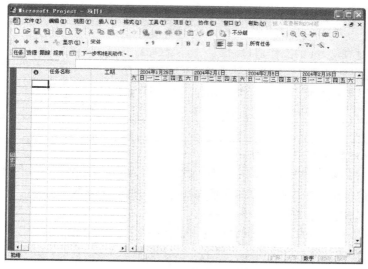

图 15-1　Microsoft Project 用户界面

1）"文件"菜单：用于实现 Project 文件的新建、打开、保存、输出和关闭等操作。

2）"编辑"菜单：用于实现对 Project 文件的编辑，包括撤销、剪切、复制、粘贴、查找、替换等操作，还包括对任务的删除、链接等操作。

3）"视图"菜单：用于对许多常用的视图工作表进行操作，包括甘特图、任务分配状况、日历、网络图、资源工作表、资源使用状况和资源图表等。

4）"插入"菜单：可为 Project 文件加入新任务和项目，插入列、分页符以及绘图、对象、超链接等功能。

5）"格式"菜单：用于为 Project 文件的内容，包括字体、条形图、时间刻度、网格以及版式等设置格式。

6）"工具"菜单：提供了 Project 项目管理各项操作中常用的工具功能，例如在项目间链接、调配资源、跟踪等。

7）"项目"菜单：提供了排序、筛选任务、分组等项目管理功能。

8）"协作"菜单中的命令，提供了项目协同作业方面的管理功能。

（2）Project 工具栏

Project 工具栏是由许多小的操作工具按钮组成的，这些按钮的功能实际上在菜单栏里都可以找到并运行，只不过它以按钮方式出现，可以直接打开，省略了许多中间步骤，所以更加便捷。工具栏的默认设置包括"常用"工具栏和"格式"工具栏，如果想要在屏幕上打开其他的工具栏，可以选择"视图"菜单中的"工具栏"命令，从中进行选择。

（3）Project 视图栏

Project 视图栏中列出了常用的视图工作表按钮（见图 15-2，如果操作界面中没有，可选择"视图"菜单中的"视图栏"命令），只需在想要显示的图

图 15-2　视图栏

标上单击，右边的视图编辑区域就会显示出所选定的工作图表。例如，单击"甘特图"图标时，在视图栏的右边会出现甘特图的工作表与条形图；而单击"日历"图标时，视图栏的右边则会出现以日历格式显示的窗口。

练习：

1）操作并熟悉 Project 的工作窗口。

2）分别新建几个项目文件，调整并观察它们的显示方式。

请记录：操作能够顺利完成吗？如果不能，请说明为什么。

3．用 Project 制订第一份计划

在了解 Project 的基本操作界面之后，我们来尝试使用 Project 制订第一份计划。

假设某出版社信息出版中心拟在温州雁荡山组织一次关于新版计算机专业教材的研讨会，会期三天。为此，通常的会议准备工作步骤是：

1）征求社领导和部分作者、编辑的意见，设计一个三天的会议安排。

2）根据日程安排，编制费用预算，报主管领导批准。

3）编制一个工作计划，安排合适的人选负责。

4）通知并确定参加该会议的人员，以便按人数预订酒店、准备交通工具。

5）做好其他准备工作。待一切齐备后按时出发。

打开 Project 软件，开始编制项目管理计划。从"文件"菜单中选择"新建"命令，选择"空白项目"，并选择当前日期为项目开始日期，如图 15-3 所示。

为把这次会议的标题和其他相关信息一并输入到系统中，以备需要时可以随时取得，选择"文件"菜单下的"属性"命令并输入有关信息，见图 15-4 所示。

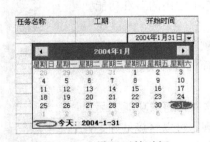

图 15-3　设置开始时间

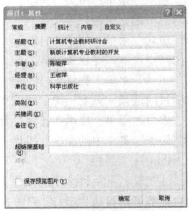

图 15-4　设置项目属性信息

单击"确定"按钮返回甘特图视图。在甘特图视图上先把需要做的工作列举出来，大体上按先后次序进行整理，并估计每项工作所需要的时间，结果如图 15-5 所示。

这些工作不能同时进行。例如，只有在预算编制好以后领导才能审批。可以使用 Project 提供的建立链接关系的功能，将任务关联起来（如可以把工期数据图符拖动到对应的日期单元格中），最后的结果如图 15-6 所示。

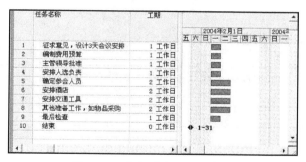

图 15-5　任务列表和持续时间

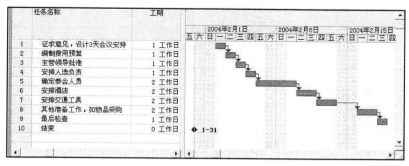

图 15-6　项目甘特图

请记录：操作能够顺利完成吗？如果不能，请说明为什么。

4．实例研究

借助于软件工程的一些思想方法，我们来研究一个"完成大学教育"的实例。

作为一位完成学历、攻读学位的在校大学生，考虑把完成大学学业当成是一个项目，这个大项目将持续很多年，并且所花费的甚至将远远多于你和你的家庭承受能力；一些学生在管理"完成大学学业"这个项目上比其他人做得更好；有不少学生却会完全失败；有些学生则利用学籍管理制度的有关规定延期完成学业并且超出了预算。

像任何其他项目一样，为了获得成功，你应该遵循某些"完成大学教育"的方法，即应该遵循完成从计划开始到成功完成等一系列的活动和任务的准则。

尝试规划：

1）你的个人大学教育完成生命周期的各个阶段是什么？

2）每个阶段的主要活动有哪些？

3）有助于你完成这些活动的技术有哪些？在完成大学教育的过程中，你可能会创建什么模型？请注意区分你建立的那些使你完成大学教育的模型和那些有助于你计划和控制完成大学教育的过程的模型。

4）有助于你创建这些模型的工具有哪些？

试就上述问题，以"完成大学学业"为题目编写规划报告，并请将规划安排用 Project 设计体现出来。报告按<班级>_<学号>_<姓名>_学业规划.doc（.mpp）作为文件名保存，并在要求的日期之前，以电子邮件方式交给你的实验指导老师：

请记录：

1）上述实验步骤能够顺利完成吗？

_____

2）请简单描述你在操作过程中所遇到的问题（如果有的话）：

_____

_____

四、实验总结

_____

_____

_____

_____

五、实验评价（教师）

_____

_____

_____

15.7 阅读与思考：计算机职业从业人员的职业道德与原则

作为一种特殊职业，计算机职业有其自己的职业道德和行为准则，这些职业道德和行为准则是每一个计算机职业从业人员都要共同遵守的。

1. 职业道德的概念

所谓职业道德，就是同人们的职业活动紧密联系的符合职业特点所要求的道德准则、道德情操与道德品质的总和。每个从业人员，不论从事哪种职业，在职业活动中都要遵守道德。如教师要遵守教书育人、为人师表的职业道德，医生要遵守救死扶伤的职业道德等。职业道德不仅是从业人员在职业活动中的行为标准和要求，而且是本行业对社会所承担的道德责任和义务。职业道德是社会道德在职业生活中的具体化。

作为一种特殊的道德规范，职业道德有以下四个主要特点：

1）在内容方面，职业道德要鲜明地表达职业义务、职业责任以及职业行为上的道德准则。

2）在表现形式方面，职业道德往往比较具体、灵活、多样。它从本职业的交流活动的实际出发，采用制度、守则、公约、承诺、誓言以及标语口号等形式。

3）从调节范围来看，职业道德一方面用来调节从业人员内部关系，加强职业、行业内部人员的凝聚力，另一方面也用来调节从业人员与其服务对象之间的关系，用来塑造本职业从业人员的形象。

4）从产生效果来看，职业道德既能使一定的社会或阶层的道德原则和规范"职业化"，又能使个人道德品质"成熟化"。

2. 职业道德基础规范

作为一名合格的计算机职业从业人员，在遵守特定的计算机职业道德的同时，首先要遵守一些最基本的通用职业道德规范，这些规范是计算机职业道德的基础组成部分。它们包括：

1）爱岗敬业：所谓爱岗就是热爱自己的工作岗位，热爱本职工作；而敬业是指用一种严肃的态度对待自己的工作，勤勤恳恳，兢兢业业，忠于职守，尽职尽责。爱岗与敬业总的精神是相通的，是相互联系在一起的，爱岗是敬业的基础，敬业是爱岗的表现。爱岗敬业是任何行业职业道德中都具有的一条基础规范。

2）诚实守信：是指忠诚老实信守承诺。诚实守信是为人处世的一种美德。诚实守信不仅是做人的准则也是做事的原则。诚实守信是每一个行业树立形象的根本。

3）办事公道：是在爱岗敬业、诚实守信的基础上提出的更高一个层次的职业道德的基本要求。是指从业人员办事情处理问题时，要站在公正的立场上，按照同一标准和同一原则办事的职业道德规范。

4）服务群众：这是为人民服务精神更集中的表现，服务群众就是为人民群众服务，这一规范要求从业人员要树立服务群众的观念，做到真心对待群众，做每件事都要方便群众。

5）奉献社会：就是不期望等价的回报和酬劳，而愿意为他人、为社会或为真理、为正义献出自己的力量，全心全意地为社会做贡献，是为人民服务精神的更高体现。

3. 计算机职业从业人员职业道德的最基本要求

法律是道德的底线，计算机职业从业人员职业道德的最基本要求就是国家关于计算机管理方面的法律法规。多年来，全国人大、国务院和国家机关各部委等陆续制订了一批管理计算机行业的法律法规，例如《全国人民代表大会常务委员会关于维护互联网安全的决定》、《计算机软件保护条例》、《互联网信息服务管理办法》、《互联网电子公告服务管理办法》等，这些法律法规应当被每一位计算机职业从业人员牢记，严格遵守这些法律法规正是计算机职业从业人员职业道德的最基本要求。

4. 计算机职业从业人员职业道德的核心原则

一个行业的职业道德，有其最基础、最具行业特点的核心原则。世界知名的计算机道德规范组织 IEEE-CS/ACM 软件工程师道德规范和职业实践（SEEPP）联合工作组曾就此专门制订过一个规范，根据此项规范，计算机职业从业人员职业道德的核心原则主要有以下两项：

原则一：计算机职业从业人员应当以公众利益为最高目标。

这一原则可以解释为以下八点：

1）对他们的工作承担完全的责任。

2）用公益目标节制软件工程师、雇主、客户和用户的利益。

3）批准软件，应在确信软件是安全的、符合规格说明的、经过合适测试的、不会降低生活品质、影响隐私权或有害环境的条件之下，一切工作以大众利益为前提。

4）当有理由相信有关的软件和文档，可以对用户、公众或环境造成任何实际或潜在的危害时，向适当的人或部门揭露。

5）通过合作全力解决由于软件、及其安装、维护、支持或文档引起的社会严重关切的各种事项。

6）在所有特别是与公众相关的有关软件、文档、方法和工具的申述中，力求正直，避免欺骗。

7）认真考虑诸如体力残疾、资源分配、经济缺陷和其他可能影响使用软件益处的各种因素。

8）应致力于将自己的专业技能用于公益事业和公共教育的发展。

原则二：客户和雇主在保持与公众利益一致的原则下，计算机专业人员应注意满足客户和雇主的最高利益。

这一原则可以解释为以下九点：

1）在其胜任的领域提供服务，对其经验和教育方面的不足应持诚实和坦率的态度。

2）不明知故犯地使用非法或非合理渠道获得的软件。

3）在客户或雇主知晓和同意的情况下，只在适当准许的范围内使用客户或雇主的资产。

4）保证他们遵循的文档按要求经过某一人授权批准。

5）只要工作中接触的机密文件不违背公众利益和法律，对文件所记载的信息须严格保密。

6）根据其判断，如果一个项目有可能失败，或者费用过高，违反知识产权法规，或者存在问题，应立即确认、文档记录、收集证据和报告客户或雇主。

7）当知道软件或文档有涉及社会关切的明显问题时，应确认、文档记录、和报告给雇主或客户。

8）不接受不利于为他们雇主工作的外部工作。

9）不提倡与雇主或客户的利益冲突，除非出于符合更高道德规范的考虑，在后者情况下，应通报雇主或另一位涉及这一道德规范的适当的当事人。

5．计算机职业从业人员职业道德的其他要求

除了基础要求和核心原则外，作为一名计算机职业从业人员，还有一些其他的职业道德规范应当遵守，比如：

1）按照有关法律、法规和有关机关团内的内部规定建立计算机信息系统。

2）以合法的用户身份进入计算机信息系统。

3）在工作中尊重各类著作权人的合法权利。

4）在收集、发布信息时尊重相关人员的名誉、隐私等合法权益。

6．计算机职业从业人员的行为准则

所谓行为准则就是一定人群从事一定事务时其行为所应当遵循的一定规则，一个行业的行为准则就是一个行业从业人员日常工作的行为规范。参照《中国科学院科技工作者科学行为准则》的部分内容，对计算机职业从业人员的行为准则列举如下：

1）爱岗敬业。面向专业工作，面向专业人员，积极主动配合，甘当无名英雄。

2）严谨求实。工作一丝不苟，态度严肃认真，数据准确无误，信息真实快捷。

3）严格操作。严守工作制度，严格操作规程，精心维护设施，确保财产安全。

4）优质高效。瞄准国际前沿，掌握最新技术，勤于发明创造，满足科研需求。

5）公正服务。坚持一视同仁，公平公正服务，尊重他人劳动，维护知识产权。

资料来源：李晨，文化发展网（http://www.ccmedu.com/），有删改

第章

计算机导论实验总结

至此，我们顺利完成了本书有关计算机导论的全部实验。为巩固通过实验所了解和掌握的相关知识和技术，请就所做的全部实验进行系统的总结。由于篇幅有限，如果书中预留的空白不够，请另外附纸张粘贴在边上。

16.1 实验的基本内容

1）本学期完成的计算机导论实验主要有（请根据实际完成的实验情况填写）：

① 第 1 章实验主要内容：

_____

_____

② 第 2 章实验主要内容：

_____

_____

③ 第 3 章实验主要内容：

_____

_____

④ 第 4 章实验主要内容：

_____

_____

⑤ 第 5 章实验主要内容：

_____

_____

⑥ 第 6 章实验主要内容：

_____

⑦ 第 7 章实验主要内容：

⑧ 第 8 章实验主要内容：

⑨ 第 9 章实验主要内容：

⑩ 第 10 章实验主要内容：

⑪ 第 11 章实验主要内容是：

⑫ 第 12 章实验主要内容：

⑬ 第 13 章实验主要内容：

⑭ 第 14 章实验主要内容：

⑮ 第 15 章实验主要内容：

2）请回顾并简述：通过实验，你初步了解了哪些有关计算机学科、计算机教育、计算机行业、计算机市场、计算机职业等的重要概念（至少 3 项）？

① 名称：_____

　简述：_____

　_____

② 名称：_____

　简述：_____

　_____

③ 名称：_____

　简述：_____

　_____

④ 名称：_____

　简述：_____

　_____

⑤ 名称：_____

　简述：_____

　_____

16.2　实验的基本评价

1）在全部实验中，你印象最深，或者相比较而言你认为最有价值的实验是哪一个？

①　_____

　你的理由：_____

　_____

②　_____

　你的理由：_____

　_____

2）在所有实验中，你认为应该得到加强的实验是哪一个？

①　_____

　你的理由：_____

　_____

②　_____

　你的理由：_____

　_____

3）对于本课程和本书的实验内容，你认为应该改进的其他意见和建议是什么？

_____

_____

_____

16.3　课程学习能力测评

请根据你在本课程中的学习情况，客观地对自己在计算机导论知识方面做一个能力测评。请在表 16-1 的"测评结果"栏中合适的项下打"√"。

表 16-1　课程学习能力测评

关键能力	评价指标	测评结果				
		很好	较好	一般	勉强	较差
课程主要内容	1. 了解本课程的主要内容，熟悉本课程的全部或者大多数基本概念					
	2. 熟悉本课程的网络学习环境					
	3. 了解通过网络自主学习的必要性和可行性					
	4. 掌握通过网络提高专业能力、丰富专业知识的学习方法					
对计算学科本身的认识	1. 了解计算学科的历史背景					
	2. 理解计算本质与学科定义					
	3. 熟悉计算学科优秀代表人物及其典型事迹					
	4. 了解计算学科的社会背景、职业特点和职业道德					
对学科基础知识的了解	1. 熟悉计算学科知识体系和各主领域的主要内容					
	2. 掌握计算机及其数据表示的基本概念，熟悉基本用户界面和 GUI					
	3. 熟悉微型计算机主板的主要部件，熟悉各种存储部件间的区别，了解 CPU 执行指令的过程和影响 CPU 性能的因素					
	4. 熟练掌握 Word、Excel、PowerPoint 等基础应用软件的基本操作，熟悉相关软件的主要功能和应用领域					
	5. 掌握 Visio、Access、Project 等专业应用软件的基本操作，熟悉相关软件的主要功能和应用领域					
对学科专业方向的了解	1. 了解计算学科的五个专业学科领域					
	2. 了解"计算教程 CC2004"等重要文件对计算学科建设的重要意义					
自我管理与交流能力	1. 培养自己的责任心掌握、管理自己的时间					
	2. 知道尊重他人观点，能开展有效沟通，在团队合作中表现积极					
	3. 能获取并反馈信息					
解决问题与创新能力	1. 能根据现有的知识与技能创新地提出有价值的观点					
	2. 能运用不同思维方式发现并解决一般问题					

说明："很好"为 5 分，"较好"为 4 分，其余类推。各栏目合计为 100 分，你给自己的测评分是：_____。

16.4　课程实验总结

16.5　实验总结评价（教师）

参 考 文 献

[1] 周苏. 新编计算机导论[M]. 北京：机械工业出版社，2008.

[2] 周苏. 办公软件高级应用案例教程[M]. 北京：中国铁道出版社，2008.

[3] PARSONS J J，OJA D. 计算机文化[M]. 原 13 版. 吕云翔，等，译. 北京：机械工业出版社，2011.

[4] PARSONS J J，OJA D. 计算机文化[M]. 原 4 版. 田丽韫，等，译. 北京：机械工业出版社，2003.

[5] 周苏，等. 移动商务[M]. 北京：中国铁道出版社，2012.

[6] FOROUZAN B A. 计算机科学导论[M]. 刘艺，等，译. 北京：机械工业出版社，2004.

[7] 陈道蓄. 计算机学科发展与专业规范[M]. 北京：高等教育出版社，2005.

[8] 董荣胜，古天龙. 计算机科学与技术方法论[M]. 北京：人民邮电出版社，2002.

[9] 周苏，王文. 软件工程学教程[M]. 4 版. 北京：科学出版社，2011.

[10] 周苏，王文. 软件工程学实验[M]. 3 版. 北京：科学出版社，2011.

[11] 周苏，等. 项目管理与应用[M]. 北京：中国铁道出版社，2012.

[12] 周苏，等. 数字艺术设计基础[M]. 北京：清华大学出版社，2011.

[13] 周苏，等. 人机界面设计[M]. 2 版. 北京：科学出版社，2011.

[14] 周苏，多媒体技术与实践[M]. 2 版. 北京：科学出版社，2009.

[15] 周苏，等. 信息安全技术[M]. 北京：科学出版社，2007.